初心不惑

社会学所40年

上海社会科学院社会学研究所课题组 / 编

1986年12月,社会学与人口学研究所年终总结会议

1989年9月,社会学所举行建所十周年庆祝会后全所合影

1996年5月,"社会学课题设计与操作研究班"合影

2000年1月,社会学所举行建所二十周年庆祝会后全所合影

2002年3月,国际社会学学会主席一行访问社会学所的座谈会合影

2006年9月,"家庭暴力:有效预防和系统应对"国际研讨会

2006年12月,"城市化、性别与公共健康"国际研讨会合影

2010年3月,社会学所举行建所三十周年座谈会

2012年10月,社会学所赴山东泰安市大陡山村调研合影

2016年10月,全国社会科学院系统社会学所所长会议合影

2018年10月,社会学所承办上海市社会学年会

2019年5月,"纪念五四运动一百周年"理论研讨会合影

编 委 会

组长：李　骏
顾问：杨　雄　王莉娟
成员：刘　漪　程福财
　　　　朱　妍　魏莉莉　束方圆

前言
PREFACE

上海社会科学院社会学研究所成立于1980年1月25日,是社会学自改革开放后恢复重建以来,最早成立的专业研究机构之一。当时参与筹建的有李剑华、黄彩英、薛素珍等同志,均于解放前在国内外著名高校主修社会学。经历1985—1987年短暂的机构更名和2015年青少年研究所的整建制并入,社会学所在张开敏、丁水木、卢汉龙、周建明、杨雄等历任所长的领导和几代同仁的奋斗下,至今已走过40年不平凡的岁月。截至2020年1月25日,全所共有科研人员32名、行政人员3名,领导班子为李骏(所长)、程福财(副所长)、刘漪(办公室主任)。

为庆祝和纪念社会学所成立40周年,我们成立了编委会,出版《初心不惑:社会学所40年》一书。本书分为四个部分。第一部分是"社会学所沿革",简要介绍了社会学所的机构与人事沿革,包括青少年研究所的领导更替。第二部分是"社会学所与我",包括离退休老同志和在职同事的口述史和自传体文章。我们向全所发布了征文通知,按自愿原则,共收集到42篇文稿。秉持尊重原作原意、尽量不作改动的原则,我们将这些文稿全部收录于本书,按当事人年龄排序。第三部分是"社会学所大事记",以上海社会科学院建院50周年时出版的《上海社会科学院院史(1958—2008)》《院事揽要：上海社会科学院大事记(1958—2008)》和建院60周年时出版的《上海社会科学院史事编年(1958—2018)》史料为基础，进一步补充了相关资料，再稍作编辑修改完成。第四部分是"社会学所重要成果"，列出了自建所以来获得的市级、国家级哲学社会科学基金项目和获奖信息。因此，通过本书，读者可以快速、全面、深入地了解社会学所的40年历史，包括人物、事迹、成果，尤其是蕴含于其中的每一份沉甸甸的感情。

所内许多同仁为本书的出版作出了贡献。夏江旗、朱妍、张友庭、刘炜、束方圆、苑莉莉等采访了大部分离退休老同志并整理了口述史资料。刘漪、束方圆、郑思琪等收集整理了沿革、大事记和重要成果，杨雄（社会学所原所长）、王莉娟（社会学所原办公室主任）提出了宝贵的意见和建议，李骏对内容体例作统筹安排，朱妍对大部分内容作统稿校对。由于人手有限，编辑、校对工作难免有疏漏失误之处，还请各位同仁和读者谅解指正。

2020年是具有特殊意义的一年，继改革开放40周年、新中国成立70周年之后，中华民族即将全面建成小康社会实现第一个百年奋斗目标。社会学所恰逢此时迎来40周年，衷心祝愿她一路前行、不断奋进！

本书编委会
2020年2月

目　录
CONTENTS

001　前言

CHAPTER 01　社会学所沿革　001

CHAPTER 02　社会学所与我　005

007　许妙发　追忆社会学家李剑华同志
　　　毛雷杰
016　吴锦芳　我在社会学所的研究经历
020　金志堃　不负托付　不忘使命
028　丁水木　我的社会学研究之路
038　倪新明　我与少先队研究的不解之缘
048　姚佩宽　心系教育　心系儿童
054　吴书松　夕阳故人情：我与社会学研究所
065　陈建强　不忘初心　永葆童心
071　卢汉龙　无愧初心治"群学"
088　潘大渭　人间清欢著述事
105　刘汶蓉　社会学所的家庭研究：徐安琪研究员访谈录
　　　薛亚利
　　　张　亮

CHAPTER
01

社会学所沿革

机构沿革

1980年1月25日,中共上海市委组织部同意并报请市委批准同意建立社会学研究所(筹)。

1981年4月,中共上海市委同意成立青少年研究所,该所受上海社会科学院和共青团上海市委双重领导,隶属上海社会科学院。11月,青少年研究所正式宣布成立。

1985年4月,经中共上海市委批准,上海社会科学院社会学与人口学研究所成立。

1987年12月,经中共上海市编委批准,成立上海社会科学院人口学研究所,原社会学与人口学研究所同时更名为社会学研究所。

2015年1月,上海社会科学院党政联席会议决定,青少年研究所整建制并入社会学研究所。

人事沿革

社会学研究所

1981年3月,经市委同意,李剑华任上海社会科学院顾问,兼管社会学研究所(筹)工作。6月,社会学研究所(筹)建立所务委员会,李剑华为负责人,黄彩英任党支部书记。

1984年3月,部门经济研究所人口理论研究室并归社会学所(筹),增补张开敏为社会学所所务委员。

1985年10月,张开敏任所长,丁水木任党支部书记兼副所长。

1988年6月,丁水木任所长,陈烽、吴书松任副所长。

1993年6月,卢汉龙任副所长。

1994年5月,卢汉龙任所长。

2001年6月,孙克勤、潘大渭任副所长。

2006年11月,陆晓文任副所长。

2009年3月,周建明任所长。

2012年5月,李煜任副所长。

2013年9月,杨雄任所长。

2016年10月,程福财任副所长。

2017年9月,李骏任副所长。

2019年11月,李骏任所长。

青少年研究所

1982年8月,段镇任所党支部书记。

1985年1月,段镇任所长,金志堃任副所长。

1987年6月,苏颂兴任副所长。

1988年6月,金志堃任所长。

1992年9月,苏颂兴任所长,倪新明任副所长。

1996年1月,陈建强任副所长。

2000年12月,杨雄任所长,孙抱弘任副所长。

2012年5月,程福财任副所长。

CHAPTER 02

社会学所与我

许妙发　毛雷杰
追忆社会学家李剑华同志

　　李剑华，男，社会学家、法学家，中共党员。1900年生，四川省大邑县人。1921年赴日留学，在东京的日本大学进修社会学。1925年毕业回国后，历任上海学艺大学、上海法科大学、上海法学院、国立劳动大学、复旦大学、中国公学院等院校的社会学教授。1928年参与筹建"东南社会学会"，1930年被推选为"中国社会学社"编辑委员。1932年3月参加上海左翼社会科学家联盟。先后主编《流火月刊》(1931年)、《现象月刊》(1933年)，1934年加入中国共产党，在南昌从事党的地下工作。1949年后，历任上海市人民政府劳动局副局长、华东军政委员会劳动部副部长、上海第一医学院马列主义教授、华东政法大学劳动法教授、上海财经学院工业经济系主任。1981年起担任上海社会科学院顾问，兼管社会学所工作。1985年离休。1993年去世。主要著作有：《劳动问题与劳动法》(1928年)、《犯罪学》(1930年)、《社会学史纲》(1930)、《监狱学》(1936年)、《犯罪社会学》(1937年)等，是最早运用马克思主义观点研究社会问题的中国社会学家之一。

在我国老一辈社会学家中，李剑华教授可以说是最富传奇色彩的一位。他曾因主编《流火月刊》《现象月刊》等左翼进步刊物，身陷囹圄，他又曾先后接受谢觉哉、周恩来与李克农等人的直接领导，打入国民党政府上层，积极从事党的隐蔽战线的革命工作，临危不惧，掩护战友，直至迎来解放。更难能可贵的是，他同时也是著作等身的社会学家，不仅是中国社会学的开创者之一，而且一生始终与中国社会学的成长、发展和重建紧密相连。

我们两人在80年代初进入社会学所工作，曾协助李剑老工作过几年，从这位"世纪同龄人"处得到许多指导，受益良多。此外，毛雷杰在1988年曾陪同李剑老回四川，历时一月有余；许妙发则专门梳理过李剑老的革命史与学术史，并写就"剑气书香觉后生"一文，收录于社会学所1995年编写的《李剑华先生纪念集》中。今年时值社会学所成立40周年，我们回忆李剑老的革命斗争史与社会学研究历程，由朱妍、刘炜两位后辈学人援笔成文，以寄追念。

一、儒侠温文　剑气书香

1921年，深受辛亥革命、"五四"运动民族主义和民主主义精神熏陶的青年学子李剑华，中学毕业后，在家人的支持下，毅然东渡留学。进入东京的日本大学社会科不久，他看到"日本大学设有社会学，觉得名词新鲜"，当即决定以这门新学科作为自己的主修方向。在主修社会学期间，他有机会读到不少马克思主义著作，而且与日本共产党人和旅日的中国共产党人有了直接接触。

1925年，风华正茂的李剑华学成回国，先是在民间筹办的上海学艺大学教授社会学，之后又在上海法学院、复旦大学等多所院校担任社会学教授，专门讲授社会学史、劳动法以及犯罪社会学等课程。当时的中国社会学还处于初创阶段,除了开始出现译介的国外社会学作品,社会学一时还不能被人们接受和承认。如果想扶持和推广一门新兴学科,就一定要为它创造条件,比如,"在同好中组织学会,交流思想",以及"既要出版书籍,也要出版定期刊物"。

正是基于这种认识,1928年9月,李剑华与其他陆续留学归来的青年社会学者一同发起和筹备建立了中国社会学界的第一个地区性学术研究团体——东南社会学会,《社会学刊》也由此创刊。1929年冬,根据许仕廉、陶孟和等一批社会学家的提议,又在原有东南社会学会的基础上,共同商定成立了一个全国性的社会学团体——中国社会学社。1930年2月,李剑华被推选为《社会学刊》编委。

归国后,在繁忙的授课之余,李剑华抓紧点滴空隙,甚至不惜"割出拼命求活的时间,动手搜集材料",埋头撰文,笔耕不辍。1928年,第一本社会学著作《劳动问题与劳动法》问世。书中专门针对童工、女工、劳动时间、工资薪酬、工会和劳动保险等各类问题,做了深入探讨。李剑华发现,这些问题的出现一方面源自"欧美和日本高度资本主义之外来榨取",而另一方面也由于"国内劳资的阶级斗争"。只有完全搞清劳动问题与劳动法产生的时代与阶级背景,才能借助国家的力量来制定合理的劳动法,"既可以取缔资本家的专横,又可以防止劳动者的铤而走险。"不但如此,李剑华站在劳动大众的立场上,对西方社会学家一贯强调的"劳动法是雇主和被雇佣者基于平等地位的契约关系"一说,也进行了驳斥。他认为,劳动立法的目的,就是要免除或限制在理论上应该平等但事实上却不平等的雇佣关系,以及那些因这种不平等而产生的社会不公正事实。当时获悉此书即将出版的消息时,李剑华教授昔日留学东京时的同窗学友、日本社会学家浅野研真教授特地为此书作序,指出"这一部著作,对于中国社会将予以很大的文化史的意义"。

李剑华教授的另一本社会学专著《社会学史纲》也在1930年付梓出版。他写此书主要出于两个方面的原因:其一,社会学传入中国多年,但这门新学科仍然被不少人误解,他们常常把"社会科学""社会主义""社会运动""社会问题""社会政策"与社会学混为一谈,反而使社会学变成"不明白的东西了"。其二,过去社会学课程用的教材"往往不加选择,至为杂芜",教授的内容又照搬欧美学说,缺乏独立见解。李剑华决心为社会学正本清源,在汲取国外学者的长处和充分占有资料的基础上,提出自己的学术观点。他认为,社会学归根结底由两大思潮组成:"把社会学捧上社会科学王座"的综合的社会学与"把社会学从社会科学的王座上请下来"的特殊社会科学的社会学。而社会学的变迁和发展就是"由百科全书的社会学到特殊社会科学的社会学,由综合社会学到纯正社会学,这是社会学史上发展的途径"。可以说,这一精辟归纳在当时已经有一定的理论影响。

从30年代中期开始,李剑华投身于党的地下工作。即便在那段艰险的岁月里,他也依然保持着一位学者的本色。1935年至1936年间,李剑华又接连出版了《犯罪社会学》与《监狱学》两本书,为犯罪问题的根源和监狱制度的改良提供了独到的见解。

抗战胜利后,李剑华又以劳工问题专家的身份,出任上海社会局劳工处处长。当时,上海的工人运动蓬勃发展,劳资纠纷层出不穷。他遵照党的指示,在处理"工潮"的过程中,充分利用民族资本与官僚资本之间的矛盾,巧妙凭借自身的"处长"职权,迫使资方接受工人的要求,配合工人取得了斗争胜利。不仅如此,李剑华还以"劳资纠纷频繁发生全在于经济原因"为由,积极建议采纳按生活指数计薪的方法,并建立起编制和发布生活指数的专门机构。1946年春,上海的企业已广泛推行这种计薪方法,保障了工人的生活。

1949年新中国成立,李剑华先后担任上海市人民政府劳动局副局长、华东军政委员会劳动部副部长。虽然在"文革"中遭受冲击,但他始终坚守信念、无怨无尤。党的十一届三中全会后,社会学重新恢复了名誉。李剑老当时年已耄耋,所受的不公正对待也终于得到彻底平反。

二、"夕阳未必逊晨曦"

1980年1月25日,上海社会科学院社会学研究所成立。翌年3月13日,中共上海市委批复,同意李剑华担任上海社会科学院顾问,兼管社会学所工作。自此,李剑老不顾自己体弱多病,毅然出任社会学所负责人,与第一任党支部书记黄彩英一起开始了社会学的学科恢复与梯队组建工作。

其实,李剑老当时已经在中国社会科学院法学所当顾问了,但他早年的社会学研究与社会活动经历让他放不下社会学,而且他曾经在30年代以地下党身份坚持革命工作的中共江苏省委旧址就在现在徐汇区天平街道辖区内的永嘉路上,他也因此怀念上海,这两重情感让他放弃了中国社科院的顾问身份,回到了上海,回到了上海社会科学院,并以80岁高龄在百废待兴、缺衣少食之时开始一场艰苦的社会学"创业",挑起了重建社会学的重担。

1981年6月,社科院党委讨论决定建立社会学所所务委员会,李剑老又担任了所务委员会的负责人,擘画社会学所的人才培养和学科建设。李剑老与黄彩英等同志一起重点抓了三件事,一是四处招募人才，二是整理、编译资料与工具书，三是设定所的研究方向。

在人才方面，积极地从社会上招募早年毕业于社会学专业的大学生，以及不同语种的外语人才，并与中国社科院合招青年人才。还延请了著名的老社会学家成为社会学的第一批特聘研究员，包括应成一、范定九、言心哲几位先生。他们都是早年留学海外，在二三十年代即活跃于国内外社会学界的老前辈，彼时都已退休。这些老先生成为所的特聘研究员后，所里的后辈们可以常常请教。

李剑老还积极培养所内的青年人才，包括派遣科研人员赴全国参加社会学培训班，并在所里推广了"以老带新"的活动，即让受训者与未受训者一起工作。李剑老还邀请到了费孝通、雷洁琼、吴泽霖等著名学者来所交流。对于研究生培养，李剑老也非常重视，还亲自担任了我所第一批社会学硕士生，即胡建平和严春松两名同志的导师。

在组织机构方面，李剑老负责的所务委员会主管各项科研工作，制订研究方向，并建立了秘书室和资料室。他给予资料室非常重要的地位，认为资料是社科研究的命脉。在此之外，社会学所也设立了几个研究室，包括社会学理论、婚姻家庭研究、劳动就业、青少年研究等。研究室就代表了社会学所当时的重要研究领域，这是结合了所的发展方向与学者的研究背景而决定的，李剑老在这方面做了方向性和旗帜性的指引，黄彩英老师据此承担了大量操作性的实务工作，最终能够将研究方向落实。

在科研方面，李剑华教授组织了科研人员翻译国外社会学方面的相关文献资料，并组织编辑《社会学参考资料》，刊登国内外社会学的最新研究动态。更重要的一项工作是，李剑华与特聘研究员之一的范定九两位共同主编了《社会学简明辞典》，言心哲等 30 余人撰稿。李剑老作为主编，从条目框架到具体释文均亲自过问、逐条审阅，期间因用眼过度而使眼疾加重，眼底出血，他对此的用心尽力之深由是可见。全书约 32 万字，收录社会学常用词目和相关学科词目 1 086 条，于 1984 年由甘肃人民出版社出版，是我国社会学学科恢复重建后的第一本社会学专科工具书，具有里程碑式的意义，它的出版有力推动了我国马克思主义社会学的发展，为重建中的中国社会学献上了一份厚礼。

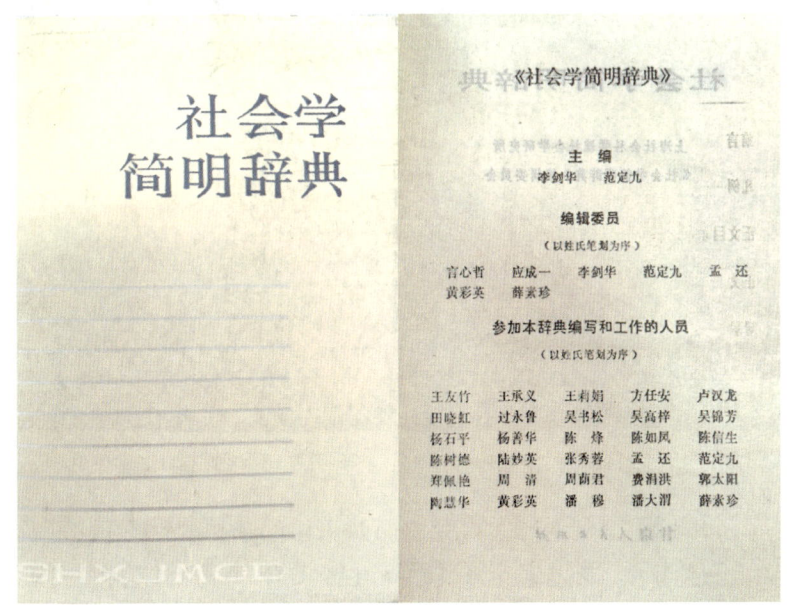

图 1 《社会学简明辞典》封面及扉页

李剑老平日里待人随和，对战友、同事情谊深厚，老先生的高风亮节也是无须赘言。记得有一次他托人在社科院复印几份稿子，加起来不到二三十元，复印社的同志出于对老先生的爱戴，没有收费，他得知后坚持要求补缴费用。1985 年，我们晚辈有一次陪同李剑老去探望社科院的一位院领导，这位老领导是其早年的革命战友，当时已处于弥留之际，他从病房出来后扶着门框默默无语半晌，我们才发现他一直在垂泪，在场的人无不动容。李剑老去世前一日所里同事去探望他，老先生还询问了社会学所同仁的近况。

图 2　同事们探望李剑华夫妇（1988 年，右起毛雷杰、李剑华、胡绣凤、肖凤）

1988 年，李剑老与夫人受邀回四川访问，时隔半个多世纪后再度回到家乡，老先生感慨良多。在曾家岩 50 号（周公馆）参观时，他淡然地对陪同人员详细讲述了他们夫妇俩在那里居住时所亲身经历的敌后情报工作，甚至还指出了房内陈设的错漏之处。在场的同志们都宛如上了一节生动的党课，震撼不已。

1989 年，90 岁高龄的李剑华教授在社会学研究所建所 10 周年的庆祝会上发表了讲话，指出社会学不应该是空洞的理论，并希望方方面面都对社会学多加关照,这门学科现在的基础尚很薄弱,但对党和政府的决策有很大的参考价值。李剑老在讲话中还真诚勉励青年科研人员,要埋头苦干,做好党和政府的参谋与助手。

1993年12月23日,李剑老在上海仙逝,享年94岁。翌年,社会学所编纂了《世纪同龄人——李剑华先生纪念集》,以缅怀他光辉的一生。该文集收录了他生前未发表过的诗文和反映他学术思想的部分著作、"文革"后参加重要活动的珍贵照片,以及生前挚友亲朋发来的挽联、挽诗和纪念文章。时任所长卢汉龙在文集的序言中特别提到,编纂本集的目的之一也是让全所同仁得以回报李剑老对社会学所的关心和厚爱。

今年正是社会学所成立40周年,回忆过往,尤为感佩李剑华教授的学人风采。他求真求实的治学之道兼以敢于担当的济世之志,无疑奠定了本所的学术风范与发展旨归。这位世纪同龄人的一生是学者和战士交相辉映的一生。他的革命斗志和高风亮节是留给后人的珍贵精神财富,而他的学术论著则是中国社会学的经典瑰宝。

讲述人:许妙发、毛雷杰;访谈整理:朱妍、刘炜

吴锦芳
我在社会学所的研究经历

> 吴锦芳，女。1929年生，1946年进入沪江大学文学院社会学系就读，1950年本科毕业后进入华东财委会工业交通处工作。1953年进入华东地方工业局轻工业科工作。1954年华东局撤销，调入上海市重工业一局业务处工作。1956年调入上海市内燃机配件制造公司计划科。1958年进入上海汽车发动机厂生产科工作。1980年1月进入社会学研究所。1987年6月退休。

我生在旧上海一个大商人的家庭，祖父被称为"颜料大王"，只有我父亲一个孩子。虽然父亲淡泊名利，一心只想在大学教书，但家里的产业仍然得交给他。母亲学问不高，但经商的劲头很足，所以母亲也成为家族产业事实上的打理人。我是家里最小的孩子，兄和姊各有一位，都比我大八九岁。我和母亲、阿哥、阿姐的性格都不太一样，喜欢安静，不喜欢商场竞争，也可以说不是特别有进取心，对于管理家里的资产和产业毫无兴趣。

我是1946年进入沪江大学（注：上海理工大学的前身）读本科的，当时想考外语系，但最终进入了社会学专业。在读期间，我在统计等科目的成绩较好，这也为后来分配工作进入工业计划部门打下了基础。新中国成立伊始,因为对局势犹疑不定,家里很多亲人出走海外,而我当时尚未毕业,就选择了留在国内。1950年,我从沪江大学毕业,分配到了华东局财委(华东财政经济委员会)工业处。1954年,中央决定撤销大区一级党政机构,华东局由此被撤销,我又调入上海市重工业一局。之后,因为我对统计比较了解,将我分到上海汽车发动机厂生产科,专门做生产资料调度和计划统计的工作。发动机厂有很大一块工作在嘉定安亭,为此有8年时间我住在安亭。

我是80年代初进入上海社会科学院的,当时社科院重建需要招聘一些人,我也希望调回市区工作,由于我在沪江大学学的是社会学专业,就同意我入职筹建中的社会学所。当时社会学所的负责人是李剑华同志,他既是社科院的顾问,又是所里事务的第一负责人。我被分在资料室,主要负责研究资料的整理和归档,与我同室的还有王承义。社会学所当时确定了几个研究方向,包括劳动就业、青少年研究、老年群体、妇女研究、社会福利这几个应用类方向,还有一个社会学基础理论的研究方向。

应用类和基础理论的研究工作我都有参与。在基础理论方面,社会学所当时计划编写一本社会学的专业辞典,就是为了对社会学研究起到促进和帮助作用,供广大学习者、研究者参考。我们当时的编纂人员构成是比较薄弱的,有一些是年迈的社会学老前辈,比如李剑华、言心哲、范定九等几位同志,有一些虽然在解放前后毕业于西南联大、沪江大学、金陵大学的社会学专业,但都转行干别的工作几十年,比如像我这样的,要对社会学的专业知识进行检索整理,难度是很大的。但大家对这项工作都十分投入,认真检索,反复校对,最终于1984年出版,出版后还获了奖。我现在回想起来,编纂辞典过程中的辛苦还是历历在目。

在应用类的调查研究方面,我也做了一些工作。有的工作是我自己特别感兴趣的,比如说"闲暇研究"。1982年,我就对卢湾区工人俱乐部的文艺工作者做了调查,研究他们的业余生活。我和同事一起调查了100名业余积极分子,其中一大半是男性,他们参加摄影队、曲艺队、京剧组、管弦乐队;女性则对越剧、沪剧等戏剧团体特别热衷。我自己就是一个文艺积极分子,所以对研究他们很感兴趣。而且那个时候,中央也提出要关心人民群众文化生活,党委的工作重点要落实在这上面,物质文明和精神文明都要建设好,我们这个调查也是所里一个新的研究方向。

当时刚刚开始有建议要缩短工时,我在1983年、1984年的时候先是利用自己的校友关系网,对沪江大学的50位毕业生(分别属于50—53届,其中男性30名,女性20名)做了有关业余生活的调查访问,发现受访者用于工作的时间明显超过每天8小时,而在体育锻炼、个人休闲娱乐方面投入的精力显著不足;90%以上的受访者表示,工作时间之外几乎完全被买、汰、烧占据,平均每人每天花两小时,女性的家务劳动时间更是男性的两倍;休息日的家务劳动量要翻倍,因为平时没法安排的大扫除、洗被单、修理家具家电等事情都集中在休息日。当时这个调查就已经提出,要增加生产简便食品和家用电器设备,要建立家务劳动服务机构和儿童保育机构,让人们能够在一定程度上从家务劳动中解放出来,这也是比较前沿的。后来,这个研究报告发在《社会学文集》上,是我在社会学所工作后公开发表的第一篇文章。在闲暇研究方面,我还编译过有关美国蓝领工人闲暇的研究成果,作为内部资料,供相关研究者参考。

1985年,我利用以前在工业系统的关系,联络社会学所去安亭调查那里职工的闲暇生活。当时的市领导芮杏文也特别关心这个问题,可能是因为市区工业向郊区发展,很多职工在郊区工作,周末要回到市区,如果只休息一天,通勤是很辛苦的。我们去安亭调研的时候,恰巧听说芮书记也在那里蹲点,就感到自己关心的这个问题确实在政策上也有意义。

除了闲暇时间,我还对当时新兴的一些经济组织形态作了职工调查,包括"工业企业初级管理人员素质调查"(1984年)、"销售管理机构调查"(1984年)、"中外合营企业的工会调查"(1985年),等等。

总的来说,我在社会学所参与的工作并不是很多,但一直得到所里同志们的关心,十分感谢,希望社会学所蒸蒸日上,越办越好。

社会学所建所二十周年时与女同事们合影
(1990年,右二为吴锦芳)

访谈整理:朱妍、刘炜、束方圆

金志堃
不负托付　不忘使命

金志堃，男，副研究员，中共党员。1932年生，1946年初开始参加上海中共地下党领导的上海银钱业同人联谊会的活动。1951—1954年筹办上海团校；1954—1966年在共青团上海市委组织部任职；1972—1981年在上海市人民政府机关事务管理局任职。1981年11月起筹办青少年研究所，历任筹备小组组长、副所长兼党支部书记、所长。1992年离休。国家哲学社会科学"六五规划项目"课题组负责人，出版专著《当代中国青年职工状况》。负责"上海少年司法制度研究"，出版专著《发展中的少年司法制度》，获得司法部科研二等奖，还参与了全国第一部《上海青少年保护法》的地方法规的制订。曾先后担任中国青少年犯罪学会、上海市社会学学会、上海职工思想政治工作研究会、上海性教育研究会等学术团体的理事，以及上海工读教育研究会顾问。离休后，继续任国际青年社会学研究会副主席、中国青年社会学研究会副会长和上海青年社会学研究会会长。

我1932年出生于苏州市郊外一个历史悠久的古镇（洞庭东山）。家道中落，高小毕业后又读了两年私塾，1946年春节后就到上海谋生了。先在姑父的钱庄当了三个月的学徒后,就被介绍到上海一个最大的钱庄当练习生了。很幸运的是,在那里接触到了中共地下党的同志,他介绍我在晚上去参加上海银钱业同仁联谊会的各种进步活动,参加三期文艺讲习班,看了不少中外名著,又看到了《西行漫记》等介绍中国共产党和解放区的书,看了共产党人写的《新人生观》等,觉得自己应投身到改变这个不合理的社会的实际斗争中去。我是1949年4月被批准入党的。

上海解放后,我就参加了筹建基层青年团的工作。1950年10月去市委党校学习了一年,之后分配到团上海市委工作,先被派去筹建上海团校,当过班主任、组织科长等,1954年又调至团市委组织部工作。1972年又被调到市政府机关事务局,当过业务组、纪检组的副组长。1978年,共青团恢复活动后,被调回团市委任常委、组织部长兼机关党委书记。当时主要是重建和恢复团的工作,以及在机关内部平反历次政治运动中的冤假错案,达到百余人之多。

1981年,市委组织部和团市委给我重新安排工作,当时有两个选择:一个是市委组织部要我去普陀区委当组织部长,另一个是市委决定要筹办上海青少年研究所,调我到上海社会科学院去。那时我已经快50岁了,联系青少年时期参加革命的经历与后来长期从事青年工作、与青年打交道的经历,我有着始终不能摆脱的对青年人的深刻情结。做研究工作不是我的优势,但为了青少年的事业,做青少年理论建设,我做一粒铺路的石子还是可以的,而且做研究工作,可以独立自主地做一些有意义的实事,所以我选择了去筹办青少年研究所。

"文革"后,青年一度生活艰难,思想困惑混乱。党中央决定在中国社科院与团中央合作创建青少年研究所,当时设想在五个大区也要建立青少所。有条件的省份,都可以建青少所。上海市委负责宣教方面工作的书记夏征农同意上海建立青少所,放在上海社科院体制内。市委组织部因所长人选一直不定,就决定先建一个筹备小组。团市委派我、段镇(原团市委少年部长)、施惠群(原《青年报》总编),社科院派沈依新(原普陀区团委书记、区委宣传部长),四人为组员,指定我为召集人,给 20 个编制,先工作起来,但沈依新因病未到任,施惠群去了市政府工作。后来,市委组织部与院党委决定,青少所作为处级单位开展工作,段镇任所长,负责少年研究;我任所支部书记、副所长,负责青年研究。1988 年,段镇同志离休,我任所长,直到 1992 年 12 月离休。2015 年,院党委决定青少所整建制并入社会学所,但院长王战在两所合并的大会上一再强调了青少年研究的重要性。

图 1　在上海社科院举办的少先队科研协作会议与会代表合影
(1984 年,前排右二为金志堃)

青少所自筹建开始，是从研究青少年中的突出问题开始的。段镇同志的少年研究集中在少先队工作的研究上。青年政治思想教育的研究是青年研究的重点，涉及如何认识和评价青年，以及对青年人政治思想教育的正确导向。有几件事可以讲一下。

1981年开始，知青要求回城。上海部分返城知青集会、游行，到市政府请愿。当时市委书记陈国栋要求团市委与这些青年直接接触，去和他们交谈、做工作，加以正确的引导。青少所同志都参加了这个工作，对许多青年逐个做工作，讲形势、讲政策，认真听取他们的困难和要求，取得了较好效果。胡耀邦和团中央表扬了上海团市委的工作。青少所集中全所力量，收集整理了与他们交谈做工作的情况，在上海市第一次理论工作会议上，我作了"对部分青年政治观的分析报告"，新华社上海记者把这些报告上报，新华社领导把此报告作为内参印发给了中央领导参阅。

有一段时间中学反映学生"早恋"严重，破坏了学校风纪，视作一个社会的大问题。其实处于青春期的中学生，开始了性的萌发两性相吸，自以为交朋友了。"文革"后出现这种情况，也是有客观原因的。过去的禁锢解除了，性的萌发是青年人自然的人性表露，需要对青年人进行性的启蒙教育。我所姚佩宽同志在学校有过这方面的教育实践，就与市教委政教处合作，编写教材和教学参考资料，开展了中学生青春期教育试验。从怎样正确认识性生理、性心理、性道德的教育，对学生进行正面的启蒙教育。这一活动得到国家教委和市教委的支持，曾召开过四次全国性青春期教育研讨会，取得了开创性的实效。

青年的思想教育涉及人的全面发展，以及青年与社会发展的互动，我们曾就青年与现代化、青年的社会参与、青年的创造性教育，做过许多调查研究，出版了一些专著。我在1990年担任国际

图 2　第一届"全国青春期教育理论与实践"研讨会合影
（1989 年，前排右六为金志堃）

社会学协会青年社会学研究会副主席后,曾主持举办了两次亚洲地区为主的国际学术研讨会,苏颂兴同志继任这一职位后,也召开了多次研讨会,大大扩大了我们的国际视野。

"文革"后,在青年中党员数量过少,中学基本没有学生党员,大学一、二年级党员极少,很不利于开展学生工作,对比上海地下党在解放战争三年中,在地下工作条件下曾发展了 2 000 多名党员,在学生运动中发挥了骨干作用。我和团市委学校部原部长朱繁泉合作向党中央上报了一份《建议在高中发展新党员的报告》,还附上了上海几个学校的经验总结。这份报告得到了中组部的肯定,中学发展新党员的工作在诸多重点学校有了更好的进展。

青少年犯罪,也是当时比较突出的社会问题。"文革"时的打

图3 "现代化与青年"高级研讨班(1993年,前排右三为金志堃)

砸抢、武斗给青少年留下了恶劣的影响,那时刑事犯罪中70%都是青少年。他们中的大多数既是犯罪者,又是受害者,对他们必须关心爱护,加强教育引导。上海是首先建立保护青少年权益机构的地方,第一个建立了少年法庭和少年检定科、少年管教所,教育学院广泛建立工读学校,青少所都主动参与了研究,起到了推动的作用。

1983年,我所主办的《上海青少年研究》(后改名为《当代青年研究》)公开发行。办刊宗旨强调理论创新,要提出问题、解决问题,不讲人家已经讲过的话,要有自己的见解和新意,这份刊物曾在国内有过较好的评价。

对现实生活中遇到的问题作研究是必须的,但青年研究应有它的基础理论,才能逐步成熟,形成青年理论学科化。青年研究应运用成熟的学科理论,深入青年领域,形成各类基础理论,并运用唯物辩证理论和方法,探讨青年工作的规律性。自从事青年研究以来,我逐渐认识到理论研究工作者的使命,就是理论要与现实生

图 4　上海市少年法庭工作交流研讨会合影（1993 年，前排右二为金志堃）

活的实践相结合，应研究现实问题，但研究须有科学理论指引。这是一个辩证的关系。中国作为一个新兴的发展中国家，面临着艰巨的社会主义现代化的历史任务，当前又面临着百年未遇的大变局的世界背景，后现代化、信息化和第三次工业革命的浪潮日益深刻地影响着社会的发展与变革，同样也会影响到青年人，青年研究要重视这个不同于以往历史的新的时代特点。加强青年研究的基础理论建设，继续运用各成熟学科的理论与方法，联系青年研究面临的新的时代课题，做出新的科学认识，将使基础理论建设得到发展、逐步成熟，这也有助于青年理论建设进入更深层的哲学思考，对青年现象做出综合和科学的梳理，诸如对青年的本质特征、它与社会发展变革的关系与规律、青年自身的现代化与全面而自由发展等基本问题做出理论回答，为建设中国特色马克思主义的青年观和青年理论不懈努力。

我离休后与孙抱弘一起努力推动青年的基础理论建设,资助一些学者在这方面的研究,经常在小范围召开基础理论建设研讨会,出版了一些颇有影响力的著作,现在这一工作得到了院党委的支持,仍在积极推动中。

长期以来,我们与日本青少年研究所千石保先生一直在合作,曾送过近10人去该所做研习生,合作搞国际性的生活意识、劳动意识等问卷对比研究。1997年开始由千石保先生提议,得到我与团中央青少年研究中心的支持,开始了中国高中生学日文的学校进行作文比赛,获奖的学生赴北京拿奖,再从中选择6—15人去日本作一周的学习参观交流活动。这一活动坚持至今,一年一次,已经举办了23届。得奖学生1 000余人,去日本交流的约300人,其中不少已大学毕业,成为中日文化与经贸活动的积极参与者。

访谈整理:雷开春、裘晓兰

丁水木
我的社会学研究之路

丁水木,男,研究员,中共党员。1933年生。曾任中共上海市委研究室秘书处处长。1985年进入上海社会科学院社会学与人口学研究所工作,1988年担任社会学所首任所长。担任"七五"时期国家社科规划社会学学科组成员,1993—1994年任上海市政府决策咨询专家。曾任上海市社会学学会副会长、上海市妇女学学会副会长。1994年退休。主要从事社会学理论与社会问题研究。曾主持完成"七五""八五"期间国家社科基金项目。主笔的中共上海市委宣传部特批课题《转型时期上海市民社会心态调查与对策研究》获中国职工思想政治工作研究会全国优秀论文奖。

一、从市委"跳槽"到社科院

我的祖籍是浙江上虞,1933年出生在上海。我的父亲是从浙江来上海做工的,一会儿有活干,一会儿没活干,所以家里经济状况很不好。我一直希望能早点参加工作,可以让父母不那么辛苦,所以我读完高一就参加工作了,当时恰逢上海解放,我大约16周岁。不久后,我就到上海印钞厂做工了。当时这个工作是一位亲戚介绍的,他是新四军的南下干部,政治可靠,去印钞厂这样一个带有保密性质的单位做工,需要有政治上的担保才行。

我在印钞厂从学徒做起,干过很多工种。1952年9月,我加入了中国共产党。1954年底,厂党委送我到市委党校参加短期培训。学习结束后,我就被留在党校工作。1956年,组织上调我到市委办公厅的秘书部门工作,具体是处理文件和会务工作。1958年,市委办公厅成立了一个农村组,我转到农村组,一直工作到1966年。1977年,我又被调回办公厅,当时市委书记处书记之一是王一平同志,我担任他的秘书。

1980年底,我被调去处理新疆上海支青(支边青年)的相关工作。那时,上海支青在新疆有10万人,这10万人早在60年代初就过去了。一些返沪支青不时到人民广场集会请愿,要吃饭,要户口,要同样的社保待遇。返沪请愿的有两三万人,市领导希望将事态赶快平息下去。

为了解决支青的问题,我被派去新疆出差也有好几次,陪同上海市委和市政府副秘书长去新疆搞调查,商量怎么办。在新疆找方方面面的人座谈,了解情况,当然也包括和支青们谈话。我们在新疆开座谈会一度开不下去。我说你们支青有什么话要说,有什么苦要诉,再晚都可以,半夜12点、凌晨1点还讲不完,就讲到天亮。他们把我们当成从上海派过来的亲人一样倾诉。实际上,我一直感到,这种做法就像把劳动力当物资一样调拨,但人是不能随意调拨的,这样会和人的本性发生冲突。

几万人要从新疆回来,新疆那边根本压不住他们,地方政府就把转移户口与粮油关系的证件盖上图章,挂在树上,让自发回沪的支青们自己去填。从上海的角度看,这么多人一下子放进来,他们的吃饭、户口管理、房屋居住都是问题。过去,家里送支青去新疆,他们很不愿意,但还是去了,这样上海这边留下的亲属们的住房条件算是能宽松点,得到改善。现在,支青们又拖儿带女,一家家回来了,怎么办?

后来,新疆和上海两方谈判,新疆希望上海多收,但上海希望少收。最后,上海答应接纳5 000户,安排到哪里呢,并不在上海市区。上海市委划一笔专用经费,在苏北大丰农场专门造了些房子。临时搭起来的房子要容纳那么多人,说来也难办,只能勉强满足了些要求。支青当然都愿意回来,于是再成立专门小组,讨论哪些支青能够回沪,但具体条件不是那么容易定的,中间的困难可以想象。

1984年夏,中共上海市委研究室正式被批准为局级机构,我被任命为市委研究室秘书处处长。1985年秋,我自愿调到刚恢复建制的上海社会科学院工作,在当时可以算是"跳槽"了。那时我已经52岁了,觉得自己在政府机关待得太久了,想体会不同的经历,希望能够换一个工作环境。当时新来的市委秘书长劝我留下来,因为我喜欢写文章,喜欢搞调研,他自己也刚上任,需要得力助手,但我还是下决心调离政府机关。最后,组织上还是同意了。

那时,社科院的党委书记是严瑾同志,她征询我对工作岗位的意见。她说根据惯例,从市委调来的同志,社科院一般会安排一个较高行政级别的职务。当时上海社科院有经济所、文学所等8个研究单位是正局级建制,这些所的副所长、副书记都是副局级。到底要不要去,要去哪个所,领导也征求我的想法。我考虑到自己经济不太懂,文学是比较爱好,但真正要搞这方面研究,也可能不适应,我自己擅长的还是东跑西跑,搞搞社会调查。我就跟严瑾同志讲,我不去那八大所,要到改革开放后恢复的社会学所,社会学的研究工作比较合适我,也能发挥我的特长,领导表示尊重我的意愿。这样，我就来到社会学与人口学研究所担任支部书记兼副所长。所长是张开敏同志，当时 60 岁了，比我大 8 岁，也很快要退下来了。他让我负责社会学这一块，当时搞社会学研究的应该有十几位同志吧。

1988 年，经过市政府批准，上海社科院新建了两个副局级的研究所：社会学所和新闻学所。原来的社会学和人口学研究所一分为二，我被任命为社会学所所长。

图 1　与第一批进社会学所的老同志们合影
（左起为吴锦芳、陶慧华、周荫君、丁水木、陈信生、薛素珍、郑佩艳、方仁安）

二、紧贴现实做研究

进所后不久，大概是 1987 年，我就申报了一项课题，名称叫

"经济体制改革与现行户籍管理制度研究",后来获得国家社科基金立项。当时为什么会想到申请这个研究课题呢?一方面是处理新疆支青问题的工作经历让我对人的流动有一些思考;另一方面是上海外来人口越来越多,引发了很多社会经济问题。我当时就感到,在商品经济不断推进的背景下,户籍制度限制了人与劳动力的自由流动。所谓"树移死,人移活",劳动力的流动是有规律的,人往高处走,你不让他动是不行的。我们的目标是要实现城乡一体化发展,让农村居民和城市居民享受一样的社会福利、公共服务和商品经济发展带来的好处。

这个课题做了两年,由社会学所牵头,市委研究室、市公安局户政处、市政法领导小组办公室都有同志参与。公安、政法部门对于管理流动人口的思路肯定是以管控为主,但是在一个课题组里,他们也受到我们研究者的思路影响,大家的观点意见还是大体上一致的,他们作为实务部门也想了解情况、解决问题。当时的政府部门确实有这种尊重学者、尊重科学研究的精神,非常难能可贵。

我记得所里参加这个课题的还有吴书松、许妙发和王莉娟等几位同志。通过对闵行区和青浦县的户籍类型和户籍管理状况的实地调查,我们发现,以静态管理为主的户籍制度安排与日益加剧的人口动态状况很不协调。这一方面阻碍了郊县乡镇企业和市区小商品经济的持续发展;另一方面也不利于管理规模逐步扩大的流动人员。为什么户籍制度管理会出现这种问题呢?因为户口产生了价值属性。也就是说,在缺乏流动的情况下,户口实际上和物资福利、住房分配、就业就学这些物质利益都挂上了钩。当时,我们课题组已经提出了比较超前和大胆的改革建议:一是强化户籍管理的社会控制功能,淡化与物质利益挂钩的附加功能;二是建立双向流动机制,便于人口在大中小城市、小城镇之间自由流动;三是在大城市实行用工制度与户籍制度弹性挂钩,比方说,打破常住户口与固定工之间的单一挂钩模式,这样,合同工也能获得常住户口,临时工和轮换工也能办理暂住户口,可以活跃大城市的劳动力供应。户籍制度只能越来越活,不能越来越死。现在看来,这种观点在当时还是非常前沿的。

后来,我被中国社科院社会学所领导人推荐成为"七五"国家社科规划社会学学科组成员。1988年,我晋升为副研究员,1993年晋升为研究员。能取得这点进步,也是和我一直紧贴社会现实、认认真真搞研究有很大的关系。

80年代后期,还有一个很重要的社会经济问题,就是通货膨胀,商品价格涨得很厉害,老百姓也很有怨言。从现在来看,这种通货膨胀程度和苏联、东欧、拉美转型时期的价格飞涨相比要好得多,但当时已经非常严重了。这可能也是引发后来社会动荡的一个因素。在这样的情况下,大家又开始关注经济体制改革中的政治问题,也就是腐败。1989年5月,我写了一篇文章叫《腐败现象与惩治对策》,在《解放日报》上发表了,算是非常早讨论这个问题的研究者之一。我在这篇文章中提出,要研究和设计一种适合中国国情的权力制衡机制,第一步就是要把专职的反腐机构独立出来,不应该是同级党委和政府的职能部门,同时还要改造我们的文化,改革干部制度来淡化和消除人身依附关系。我借用社会学的"越轨"概念提出,改革是好的"越轨",而腐败是坏的"越轨",改革要推进,就要鼓励好的"越轨",防止坏的"越轨",我觉得可以考虑只在特定空间(例如特区、试验区、试点单位)允许违反规范,鼓励符合社会发展方向的创造性越轨。之后,我又关注社会稳定机制研究,在"八五"国家课题中也有一项相关研究,最终形成一本专著——《社会稳定的理论与实践——当代中国社会稳定机制研究》，于 1997 年出版。

差不多在关注社会稳定问题的同时，我集中在 1993—1994 年针对当时的市民社会心态做调查，并成立了"社会心态研究"课题组。这是由市委宣传部特批的"转型时期上海市民社会心态调查与对策研究"课题，与市思想政治工作研究会合作完成。我记得陶冶和李煜也是课题组成员。后来获得了中国职工思想政治工作研究会全国优秀论文奖、上海市社联论文三等奖。

我还专门调查过漕溪路上的华中水果交易栈，这是一个乡镇企业，属于徐汇区龙华乡漕溪村办的漕溪实业总公司下属的商业企业，它的创办人候余欣我是认识的，从中山西路水果批发站辞职，几年时间就成为上海西区水果交易行业的龙头企业。我对他们企业的经营模式很好奇，也做了多次调查走访，写了几份调研报告。那个时候的调研，大多数都不是政府委托的，都是我们自己有兴趣去开展的。

1978 年后，从坚持计划经济就是坚持社会主义，到计划经济与市场调节相结合，再到全面接受把市场经济体制作为国家经济体制改革的目标，市场经济得到了全面推进，社会心态也发生了巨大变化。所以调查要对不同群体、不同面向的社会心态进行深入分析，才能研究这种变化的轨迹。根据我们当时做的社会调查，贫富差距肯定是拉大了，也肯定有各种各样的社会丑恶现象，但总的来说，蛋糕做大了，大家都有得分，只是有人分得多，有人分得少，分得少的人可能会有牢骚、有抱怨，但总的来说老百姓的日子是越过越好了。最简单的评价标准，想买的东西买得到了，市场供应丰富了许多。

1993 年上半年，课题组进行了一次以定性分析为主的心态研究，形成了"计划经济向市场经济转型时期的社会心态调查和对策研究报告"。我们在市区各单位先后召开 80 多次座谈会，总共邀请各行各业 1 200 人左右。调查内容主要包括民众对当前形势、收入差距拉大、物价放开、不同所有制共存、国企改革和消费行为、土地批租和建立资本市场等问题的各种看法。比如，土地批租现在已经很常见了，是地方财政的主要来源，但在当时社会反响还是很大的。有不少人对黄金地段、有历史纪念意义的地段批租出去表示过疑虑，认为这样引进外资是"饥不择食"，也有不少人认为在动迁过程中有可能滋生"以权谋私"现象，甚至有人把土地批租和过去的租界联系了起来。所以，社会调查首先要实事求是，好让政府在社会心态上积极发挥引导作用。

在此基础上，我们又在同年 10 月开展了一次大规模问卷调查。调查对象涉及国企职工、乡镇企业职工、机关干部、中小学教师、个体户、农民、大学生、下岗待岗人员等十几个不同群体。我记得通过配额随机抽样的方法，回收了 1 500 份问卷，主要对上面这么多项调查内容做定量分析。当时社会成员的收入差距已经较大，我对这个印象很深。受访者大部分月收入在 200—500 元，一两千元以上的也有，最高有 12 000 元。即便是在岗职工，收入上也有相差 30 倍的。统计后发现，认为收入差距太大或偏大的受访者竟达到 9 成以上，从一个侧面反映了上海市民的心态。其中，认为钻改革空子或违法乱纪致富就是造成此种心态的主要原因。这也为政府后续改善干群关系、规范经商获利提供了一定参考。

三、社会学家是"补台派"

刚进所的时候，我自己感觉不是科班出身，学科基础也比较差，来当社会学所的领导，总要想办法加倍努力，弥补自己的不足。我这个人性格上比较要求上进，虽然当时没有现在的考核严格，做多做少都是自己决定的,也没有什么奖励,我还是希望能够成果多一些,年底总结的时候对自己、对所里都有个交代。于是,我就抓紧一切时间,认真学习社会学基础理论和方法。我写过好几篇有关社会角色、社会身份、社会地位的论文,有的还被中国人民大学的《人大复印报刊资料》全文转载。这也可以看作是对我努力学习的一种认可。

  我在社会学所任职期间,希望不要论资排辈,能给有能力的人多提供机会。在一次研究室主任的任命中,我就让同志们民主投票推荐人选,让愿意做、有能力的人成长为学科带头人。社会学所当时形成了三个研究室:理论研究室、社会生活研究室和社会调查研究室。我记得社会调查研究室主任是吴书松,社会生活研究室主任是徐安琪,理论研究室主任是陈烽。卢汉龙、潘大渭、费涓洪、许妙发、陆晓文等一批骨干也都渐渐成长起来了。

图2　刚卸任社会学所所长时与所同仁合影(1994年)

社会学家都喜欢谈论、研究社会问题，喜欢追根究底，当时有人觉得这会给社会稳定制造麻烦。我特地写了篇文章来讲这个问题。应当公正地说，任何社会都有社会问题，老的社会问题解决了，又会出现新的社会问题。我感觉，对现有社会制度来说，社会学家不是"拆台派"，反而是"补台派"。研究社会问题就是为了帮助解决社会问题，对社会更有利而不是有害。但把社会学只规定成稳定学也不行。没有发展，社会稳定就没有保证。社会学既要研究社会稳定，也要研究社会发展，这才是比较完整的说法。

　　因为入了社会学的行当，我就经常会思考什么是"社会"。我们在上世纪八九十年代做调研的时候，民间组织、社会组织还是非常少见的，即便有，规模也很小，缺乏资源，运行困难。但是我始终在考虑政府和社会的关系，我们的政府，你让他收缩不干也不可能，但现实中，政府也确实有很多事情管不了，在这种情况下，应该要有社会的参与，整个国家才能真正得到发展。

访谈整理：刘炜、朱妍、束方圆

倪新明
我与少先队研究的不解之缘

倪新明，男，副研究员，中共党员。1933年生，1952年7月毕业于上海震旦大学附中（高中），先后担任向明中学少先队大队辅导员、卢湾区"少年之家"主任、卢湾区少年宫副主任、卢湾区校外教育办公室主任等职。1982年进入上海社科院青少年研究所工作，曾担任少年研究室主任、副所长。长期从事中学少先队工作研究，曾担任上海市少先队工作学会理事、《少先队研究》副主编。1995年退休。在少先队理论建设、组织建设和辅导员队伍建设等方面作出了积极贡献，曾被评为上海市荣誉辅导员、上海少先队名师。曾参加编写《少先队教育学》，编译《苏联学校少先队工作》等，在《上海青少年研究》《当代青年研究》《上海少先队工作通讯》《少先队研究》《中学创造性教育》等刊物上发表论文多篇，主要代表作为《中学少先队工作与活动指导》《倪新明少先队教育文集》等。

一、与青少所结缘

我出生于 1933 年 12 月，1946 年进入上海震旦大学附中读书，1950 年 1 月参加中国新民主主义青年团（中国共产主义青年团前身），1951 年 7 月开始担任震旦大学附中团总支的少年委员，并于 1952 年 7 月毕业。高中毕业之后，1952 年我开始担任向明中学少先队大队辅导员，1953 年 12 月加入中国共产党，1958 年起任卢湾区"少年之家"主任，1960 年后先后担任卢湾区少年宫副主任、校外教育办公室主任。可以说，我从高中加入团组织之后，就一直在从事有关少先队的工作。

改革开放后，社会上各种青少年问题比较多也比较突出，国家也在恢复团组织和少先队组织，迫切需要对青少年问题专门加以研究。所以，团市委和上海社科院开始讨论共同筹建青少年研究所的事情。基本的思路是团市委相关的几个部长来牵头，人事、组织和经费等都放到社科院。1981 年，上海社会科学院青少年研究所正式成立，首任所长由团市委少年部原部长段镇同志担任，副所长由组织部原部长金志堃同志担任。他们俩一个研究少年问题，一个研究青年问题。

成立之初，青少年研究所缺乏理论研究人才，就在全市挑选精兵强将。因为我一直从事少先队工作就被邀请加入新成立的青少年研究所。后经两家单位协商并征求我本人的意见后，我于 1982 年 3 月到青少所报到。此后，我就一直在青少所扎根了。在十几年的青少所生涯中，我曾长期担任少年研究室主任，退休时的职称是副研究员。在退休之前，由于时任所长苏颂兴要去国外开展学术交流，组织上也安排我做过一段时间的青少所副所长。我是在

面向全国"。所以,刊物的稿源很广、质量也较高,在全国范围内都产生了很大影响。这个刊物的发行量最多的时候达到13 500份,在那个年代可以说是非常多了。

历届团中央分管书记都对这本杂志寄予厚望,团中央一些领导还曾担任过杂志的顾问。袁纯清同志在1996年新年之际还曾以"开少先队风气之先"为题,撰文热烈祝贺《少先队研究》创刊10周年。

图2 《少先队研究》的编委和工作人员合影(1996年,右四为倪新明)

可惜的是,这个杂志在青少所时一直都是内刊。因为当时我们所已经有一本公开刊物《当代青年研究》,同一个所一般不能有两本公开发行的刊物,所以申请刊号的事情一直没有落实下来。后来这个杂志被放在团市委之后,倒是把它发展成公开刊物了。

三、市、区、校跨单位合作研究

除《少先队研究》杂志之外，我们的另一个重要工作是少先队辅导员的培训工作。80年代，少先队恢复了，各学校有少先队辅导员，区里也有少先队教研员，队伍是壮大起来了，但很快就有了新的问题：谁来给少先队辅导员上课？

段镇说："理论研究不能脱离实践，要和实际工作结合在一起，把基层辅导员的经验上升为理论，然后指导具体工作看能否搞得通。"所以，我们去下面搞调查研究，也带着区里的年轻辅导员，把区里的经验总结好、搞课题研究。为了把研究做扎实，我们这样安排：区里的教研员主要抓总结经验，搞小课题；另外，他们也要担负起培养本区辅导员的任务，到最后将上课和研究、辅导员活动结合在一起。团市委主要做组织协调工作，后来也成立了市层面辅导员队伍。全市少先队的总辅导员在团市委，各个区的总辅导员通常由各区少年宫副主任担任。

这样，就形成了三支队伍：一支是我们社科院青少所研究团队，主要做理论研究。我们既要扎根于理论研究、出理论成果，同时也发文章、编教材，指导少先队工作。另一支是区里的教研员，主要负责区里新辅导员的培训上课。我们先对各区县的教研员进行培训，并和他（她）们一起备课、听课、评课，帮助他（她）们更好地为基层的辅导员做工作培训。还有一支是团市委的辅导员队伍，主要搞各种实践活动。这几支队伍结合在当时是全国首创的，后来各兄弟省市纷纷借鉴这一模式，各个层次的辅导员队伍都建立起来了。

图3 在高桥中学指导工作(1990年,左六为倪新明)

四、专注深耕少先队研究领域

我主要从事的是少年儿童研究,曾经有不少相关论文发表在《上海青少年研究》《当代青年研究》《少先队研究》《上海少先队工作通讯》《少先队活动》《少先队教育学》《中学创造性教育》等刊物上,也曾出版过《中学少先队工作与活动指导》《上海少先队教育丛书:倪新明少先队教育文集》等书籍。在学术思想方面,过去教育界讲少年儿童教育时,往往强调学校、家庭与社会相结合("三结合"),我们在这个之外加上了少先队,最早提出了学校、家庭、社会与少先队相结合("四结合"),突出了少先队在少年教育中的重要性。

我对少先队研究的论文主要收录在《倪新明少先队教育文集》里面。这是"上海少先队教育丛书"的其中一本,这套书曾得到时任上海市人大常委会主任陈铁迪等领导的题词和作序。其中,比较重要的论文如《儿童劳动教育与全面发展》,当时也是为了纪念马克思诞辰100周年,我用马克思的劳动观点讨论了劳动教育对少年儿童全面发展的重要影响,也提出了劳动教育的基本原则;《少先队组织体制改革的探讨》则是针对80年代少先队组织领导机构改革、组织体制改革的讨论,提出大胆进行改革,探索适合各阶段少先队员特点的活动;《中学少先队创造性活动的特点》提出少先队必须不断创新,活动创新、项目创新、组织体制与管理创新才能更好地提升少年儿童的创造力。

图4 上海市少先队名师命名大会(1999年,前排右四为倪新明)

由于我在少先队理论建设、组织建设和辅导员建设等方面作出的一些贡献,1985年9月,我荣获了团市委授予的"上海市少先队荣誉辅导员"称号,并与时任市委领导杨堤、陈铁迪等同志合影。1999年9月,我还荣获了少先队上海市工作委员会授予的首批"上海市少先队名师"称号。

五、不忘初心继续探索创新教育

我在青少所期间总共做了三件事：一是搞少先队理论研究；二是指导和协助区里的教研员进行培训、总结经验和课题研究；三是办《少先队研究》杂志。回顾十几年在青少所的工作经历，我个人的感受是，社科院的工作氛围很好，很人性化，领导允许每位同志根据自己的兴趣选择研究方向。对于我个人而言，由于历史原因，我高中毕业之后就开始工作了。虽然后来也在上海师专的中学教师进修学校学习过，但我本身并不是科班出身。不过，我始终保持学习的态度。少先队研究工作让我受益很多。回顾这一历程，我的感悟是要有创新、创造性活动，要开展创造性教育研究，从

图 5　在浦东新区教育科学研究所出席会议(2001 年，左四为倪新明)

形式创新到培养思想上的创新,还有就是要相信年轻人,青出于蓝胜于蓝,要为他们创造发展的条件。

退休以后,我还一直任《少先队研究》副主编,直到 2003 年底。后来因为身体不允许来回奔波,就没有再继续下去了。这些年,在浦东新区教育科学研究所的支持下,我一直继续开展少先队创新教育与创新活动。我经常会组织一些中小学大队辅导员讨论创新教育,他们有时候也和我说,您这么大年纪了每周还和我们开会、指导我们,我说我也要感谢你们,如果我现在停下来、脑子不动就老年痴呆了。他们提出了新概念,我要去查资料、读书,下次再和他们一起讨论。所以后来我提出来,少先队的学习创新活动,不是传授知识,而是开发大脑,参与创新教育的实践促使我去学习创造教育理论,了解人的大脑功能,探索新的思路和方法,这就不断促进自己思维的活跃,延缓大脑的老化。2006 年 7 月,我被评为社科院优秀退休党员,也代表了组织对我退休后工作的肯定。

访谈整理:刘程、张虎祥

姚佩宽
心系教育　心系儿童

姚佩宽，女，副研究员，中共党员。1937年生。1952—1955年在上海第一师范学校读书。毕业后先后在淡水路一小、向明中学、红星中学任教。1984年调入上海社会科学院青少年研究所工作。兼任上海性教育研究会副秘书长。1997年退休。从事青春期教育研究。任国家教委"七五""八五"重点课题《青春期教育研究》负责人。主编《中学生青春期教育》《青春期常识读本》等著作。著有《上海青春期教育实验概况》《中学生青春期卫生系列讲座》《中学生性心理及教育》《青春期教育的依据和特点》等论文。

我是在上海第一师范学校上学的，现在已经没有了，大概是并入华东师大了。当时我念的不是大学，是中专，毕业之后就到学校当老师了。我本来是在向明中学当老师，"文革"以后，我被调到清华中学去当领导。我不太喜欢做领导，而且我从事教育那么长时间了，看到学生当中存在一些教育上的问题，就想搞一些教育的研究。我是1984年到青少所工作的。当时我联系了两个单位，一个是上海教育学院的教科所，一个就是社科院的青少所。我想搞学校教育，尤其是青春期教育方面的研究，这两个单位对此都有兴

图 1　与同事合影(2019 年,左二为姚佩宽)

趣,都愿意接收我。社科院的人事处快了一步,把我调过来了。我刚来的时候,所长是段镇,副所长是金志塑。

我长期在学校工作,发现学生到了高中,十四五岁的年纪,就开始了对性方面的探索。比如上课时传个小条子、男同学约会女同学等,这都是非常普遍的。更有甚者,女孩早孕的事情也时有发生。当时,无论家长,还是学校的老师、领导,都认为这是青少年的问题表现。而我的看法却有些不同,我觉得,青少年到了青春期自然会有生理发育、心理发育,只是因为没人指导,才会出现所谓的不良行为。由于观察到这些问题,我觉得自己应该搞一点青春期教育研究。这是我从自己在学校工作中得出的研究问题。

以前在中小学工作,没有研究条件。到了青少所后,我就有研究条件了,成立了青春期教育课题组。当时最早参与的两位同志都退休了。我们的课题在上海的中小学开展调查，用数据说话。我带着这个课题去参加一个全国会议，讲青春期教育，大家都觉得这个课题很新，还没有人研究，确实非常重要。最后出了一本书，也非常受欢迎。

后来又有新的研究人员加入我们的课题，董小苹、杨雄都参加到课题中来。杨雄是出了很大力气的，他很会搞科研，我们一起出了好几本书，其中还有一本是关于中国农村的青春期教育。之前做的都是城市的青春期教育，后来又到广东、福建、四川等地方去调查，甚至还和澳门的大学合作研究，出了关于澳门青少年性教育的书。美国、日本以及香港、澳门地区，这些地方我都去开过研讨会、做过演讲，就讲我国对青春期性教育的研究。有一次在美国开研讨会，我不会讲英文，需要有人给我翻译。香港性教育研究学会的主席主动帮我翻译。他们本来觉得我们大陆太封闭了，在这方面根本不敢跟青少年讲，成年人之间都不敢讲，是一个非常神秘的事情，没想到我们能够在这方面开展研究，都觉得非常好。

我们的课题研究成果不仅公开发表，还被应用到实践中。我和上海市教委一起编了《青春期常识读本》，供学校教师教学，也供学生自学。这本书后来又出了好几个版本，在上海的学校中广泛使用。除了写书之外，我还和中央教科所一起录制了关于青春期教育的录像。在指导实践方面，最关键还是改变成人的观念，如果老师、家长能够认真地学习这本书，我想青少年的一些基本问题都能解决。当然，现在时代不同了，青少年的许多问题和我们那个时候不一样。比如通过互联网，青少年汲取这方面信息的渠道更多，了解得也更多，但同时受到的冲击和影响也更复杂了。在教育上当然要根据现在的实际情况，教育方法也不要局限于说教。

1997年我满60岁就退休了。退休后，我被青少所返聘继续工作了 10 年。其间,我的研究转向了问题青少年,开始到上海的工读学校开展研究。我们所原本有一个同事是做问题青少年研究的,他和法院、公安局、工读学校都有联系。后来他去了国外,就把这方面的研究工作转交给了我,我也就接着做了下去。问题青少年研究是非常重要的,因为问题青少年永远都存在,过去有,将来还是会有,所以我希望青少所不要把这一块研究领域放弃了。

最近有新闻报道,14 岁的男生奸杀了 11 岁的小姑娘,但他没有受到刑责,使得全国人民都群情激愤,它就是一个问题。像这样的学生,就只能进工读学校了。当时我到工读学校,很多相似的情况,怎么办?所以,在这里也要开展青春期教育。工读学校很奇怪,男女分班。这样分班的结果是,男孩子上课不听讲,而是从窗户望出去看操场上女孩子上体育课。女生也一样,有喜欢的男生她也会去看。因为分班,女生不能跟男生接触,男生不能跟女生接触,两个人就避开老师,偷偷地到学校的角落里约会。我去了工读学校之后,看到这个情况,就对他们的老师说这样不行。在没做这项研究之前,我们都是道听途说,觉得工读学校都是有问题的学生,如果让男生、女生混在一起,肯定会互相产生坏的影响。但进入工读学校研究之后,我发现,人为地分开也是不对的。我主张应该让他们在同一个教室里上课。当然,工读学校和普通学校稍微有些不一样。普通学校里,女孩子比较害羞,如果说到男女之间的事情,女孩子会觉得不好意思,会把头低下来。在工读学校不是这样,男孩子看女孩子,女孩子也看男孩子。他们就是这样,所以不需要避讳。很多问题,你向他们说开了,敞开心扉地说了,就没什么了。父母是这样,老师也是这样。那时,我给学生们上课,男女生一起的。他们觉得很开心,还向我提问。他们说:"老师,你那时候有没有这个问题?"我说:"有问题。这不奇怪,老师也有青春期的,老师也年轻过,不过现在我长大了。你们现在可以举手问老师,而我的那个时代,有问题也不敢问。"他们说:"老师,那么你怎么办?"我说:"我自己看书。我看小说,很喜欢看谈恋爱的情节。"他们听了就都鼓掌了。我说:"老师是这样,你们的爸爸妈妈也是这样。人人都有青春期,每个人都是一样,所以不要害怕,不要避开。"他们听了很开心,就反复鼓掌。

图 2　部分研究成果

当时我们开展课题研究最大的困难是没有经费。时任副院长夏禹龙很支持我们的研究,但院里拿不出经费资助。金志垄所长也非常支持我们的工作,有什么问题去找他,他都能帮助解决。他还联系了日本的一个青少所,和我们一起合作开展比较研究。上海的教育局也给予了很大的支持,当时的教育局长吕型伟非常支持我的课题,他向国家教委建议开展青春期教育的研究,并且推荐了我。后来,国家教委来了解了情况,就资助了 4 万元课题经费。开展了第一期研究之后,收到了比较好的效果,就又开展了第二期,总共资助了 8 万元,这在当时是一笔很了不得的资助了。没有这笔资助,我们不可能到全国各地去开展调查。

在青少所的这段时间,我觉得是很开心的。因为我本来就是师范毕业,一直想要搞一些教育研究,只有到了青少所我才能搞研究。原来在学校怎么能搞研究?当领导更不能搞研究了,学校里面的事情忙得不得了。那个时候分房子、涨工资,这些事情简直把你脑子都搞大了,你怎么搞研究?开座谈会时,很多学生都很喜欢和我交流,问我很多问题,但是在学校里也不能经常座谈。所以到了青少所我很开心。现在青少所和社会学所合并,但我觉得教育研究还是不能丢。现在的教育有很多好的方面,也有很多问题,应该继续研究。就像青少年成长过程中性的问题、问题青少年研究,这些问题都始终存在,都有继续研究的必要。

访谈整理:华桦、何芳

吴书松

夕阳故人情：我与社会学研究所

> 吴书松，男，研究员，中共党员。1940年生，1964年毕业于扬州师范学院中文系。曾任上海市第六十一中学教师。1980年调任至上海社会科学院社会学研究所任学术秘书。1988年起任社会学所副所长，曾担任《社会学》杂志主编、上海市社会工作协会副秘书长、上海市社会学学会秘书长。2001年退休。主要从事社会发展、社会保障与政策研究。曾主持和参与完成《上海市发展规划（"八五"规划）研究》《浦东新区社会发展战略研究》《"十五"期间上海社会发展研究：发展阶段判断与思路、战略、对策》《上海养老机构发展指标》等多项重要课题。主要著作有《上海社区服务与发展指标》《建立社会保障体系》《社区保障与社会福利》等多部。曾主编《社会工作法律基础》《社会转型与社会建设》《时代性与社会学》《中国社会工作百科全书》（分篇主编）等多部著作与工具书。

1964年，我从扬州师范学院（现为扬州大学）中文系毕业，之后在上海市第六十一中学教语文。1980年上半年调到社会学所工作，当时，李剑华是所的负责人。刚进所，我就被安排当学术秘书,之后担任学术秘书室主任,又兼任资料室主任。1988年担任副所长,直到2001年退休。

建所之初,我们所科研人员来自社会各个方面。其中一部分是解放前后毕业于燕京大学和上海几所高校的,都主修社会学专业,像黄彩英、薛素珍、周荫君、陶慧华、陈信生等。另一些是直接从其他单位调过来的,学什么专业的都有,比如学工科的陈烽、学历史的陈树德,还有外语专业的潘大渭等。还有一种是通过全国统一招生考试进所的,像卢汉龙、杨善华和过永鲁。第四种是高校应届毕业生,主要是复旦分校(现为上海大学)的学生。

这些同志进来后,具体怎么安排研究方向呢?这主要就看大家各自的研究情况。理论功底比较好的同志,基本都分在理论研究室。当时,理论室的研究人员要占我所的1/3左右。考虑到其他方向也需要研究力量,也有新鲜血液加入。比如,老年人研究和家庭研究方向,就有徐安琪、费涓洪等人加入;劳动研究方向有周荫君加入。总的来说,这种安排大体上根据各人的实际基础,征求本人意见,同时也考虑到所的需要,大多数同志都不会有意见。

80年代初,所里的办公条件很艰苦,和现在根本不能比,而且科研人员每天都要坐班。当时所里几十号人共用两间房,一间比较大的是办公室,另一个比较小的是资料室。所有人都8点钟上班,5点钟下班。到夏天,每人会有一个电风扇和一张席子,中午铺在地板上,大家小睡一会儿。

那个年代,所的经费也非常紧张。当时,所里的财务工作由院里负责,连买一支铅笔都要报到院里批。有一次,我为了买4个普通计算器,竟打了两个月的报告。刚开始,研究经费很少,只能报销路费。当然,那时做社会调查也比较容易,有时给受访者几块香皂,他们就挺愿意回答你提出的问题。现在好像都要给受访者报酬,当作占用他们时间的补偿,那时不是这样的。

1988年我开始担任副所长兼党支部书记。记得从那时起,每个所开始有了科研经费的承包制,就是每年每位研究员2万元、副研究员1万元,其余科研人员是没有科研经费的。即便如此,当时所里的总经费每年也不到100万元。90年代初,我们所成立了两家公司,主要还是因为科研经费实在太少,需要创收。公司每年的收入都用在所里设备的采购上,比如传真机、一体机,以及坐班人员伙食费的补贴上。创收的成效就是在其他所还没有传真机的时候,我们所已经配备上了传真机。

那时条件虽然艰苦,但所里的科研人员还是非常努力的。大家为了查找资料的便利,在阅读文献的时候,都用卡片做记录,这样就能快速搜到页码或者摘抄片段。大家都各自把卡片穿在一起,分门别类整理,非常便于查找。当时所里搞调查的风气也很盛,一有时间,大家就出去做社会调查。那个时候,我们所陆续出了很多研究成果,在当时也有不小的影响力,这和我们科研人员吃得起苦,既能写又能跑都有很大关系。

80—90年代,资料室和学秘室发挥了很大作用。资料室主要承担两项工作:一项工作是收集资料,也就是剪报。报纸资料的剪切和收集非常全面完整,有四五位同志每天在资料室里坚持做这个工作。另一项工作是保存、借阅、整理文献资料,当时资料室已经有成百上千册图书资料了,怎么分类便于同志们查阅,也是有很多工作要做的。

学秘室的主要任务有以下几个方面:一是协助所领导制定科研规划、科研人员考核、科研工作总结等;二是建立科研档案,成果统计、归档、保存;三是安排科研活动和学术交流;四是协助特约研究人员的日常工作;五是协助管理研究生的教学工作;六是编辑

《社会学参考资料》。那时不像现在,可以很方便地用电脑记录,当时全靠人工整理,工作量很大。

进所之前,我其实对社会学一窍不通,只知道有"社会学"这门学科。为什么我会知道有"社会学"呢?说来也有意思,我读中学的时候正好碰上"反右",《人民日报》登了一篇关于批判"大右派"费孝通先生的文章,我就是通过这篇文章知道"社会学"的。等进了上海社科院,我才开始系统学习社会学,通过阅读社会学书籍与杂志,接受社会学老前辈们的指导,我逐渐了解和熟悉了社会学这门学科。

80年代初,所里还聚集了一批老一代的社会学大家,例如应成一先生原来是复旦大学的教务长,言心哲先生主要从事社会工作和社会调查研究,范定九先生从事社会统计研究,早在民国时期,他们在学界就已经很有名望了。我们所聘请他们做我们的特约研究员。这些老社会学家当时已经七八十岁了,基本都是退休状况,但他们非常认真,每周二、五都来所里开会或讲课,对社会学所早期的学科建设起了很大的促进作用。开会的时候,他们经常会向我们引介自己擅长的研究领域。我记得,言心哲先生常常谈社会调查方法,范定九先生则介绍民国时期的收租情况,很多内容我们都听得似懂非懂,只能先努力记下,再回去慢慢消化。

老先生们做的另一项工作就是介绍国外社会学的情况,这方面我们也不了解,亟须补课。譬如,各个社会学流派分别是研究什么的,老先生们都非常熟悉。我记得,我向他们请教过什么是静态社会学、动态社会学等,他们都能回答得浅显易懂。有一次,我看到一本《马克思主义社会学》,作者是李圣悦。我向应成一先生询问,他马上就说出了作者的背景:他就是有名的历史学家李平心。我这才恍然大悟,原来作者用了笔名!这批老一辈社会学家对我们的贡献很大,他们将国外社会学研究的很多早期理论都毫无保留地做了引介。

我也向院顾问、我所负责人李剑华先生请教过很多次。李老20年代去日本留学,学习的就是社会学。他当时读了很多马克思主义的著作,可以说是老革命了。回国后,他担任过复旦大学等高校的社会学教授,讲授社会学概论、犯罪社会学、劳动法等课程。1929年参与筹建了东南社会学会,并在1930年被推选为"中国社会学社"的编辑委员。新中国成立后,李老先后担任过上海市劳动局副局长、华东军政委员会劳动部副部长。因此,李老对劳动方面是有深入和独到见解的。他的社会学理论功底也很深厚。李老对待社会学的工作一直是非常上心的,我记得有一次,上海市社会学学会开大会,那天正好大雨瓢泼,高龄的李老却准时来到会场,像往常一样指导我们学习,非常令人敬佩和感动。

1982年,我参加了全国第三期社会学进修班。大概到那个时候,我学社会学才算入门。在武汉听了3个月的课,请的国外专家都是研究城市社会学和社会学调查方法的美国学者。另外,国内的老专家也给我们上课,用的教材是当时社会学恢复后的第一本社会学概论。这本教材是分篇写的,我们所也参与了编写工作。费老给我们讲课的时候,虽然已经有些年迈了,但很愿意讲,一讲就是一上午。吴泽霖先生经常来上海,他和李剑华的私交很好。我经常到李老家去,也就经常见到吴老,所以我和他也很熟。社会学界老一辈的人和事,我们有不了解的都会问吴泽霖,吴老会把他们的个人经历从头到尾讲一遍,平时我们都爱和他聊天。

除了给我们上课,特约研究员还带着我们编辞典。当时,社会学刚恢复不久,国内连一本像样的专业参考辞典都没有。于是,我们所就由老专家牵头着手编一本,也就是后来的《社会学简明辞典》。老专家们需要先把条目确定下来,这主要由李剑华和范定九负责。他们花费了很长时间才把重要概念和重要词汇列好。这项工作最难,因为哪些要罗列,哪些不罗列,怎么具体分类,没有深厚的学术功底,根本办不到。而且,当时市面上没什么资料可以参考。香港当时好像出了一本社会科学辞典目录,但很薄,很多信息都没有包含进去。我记得,李剑华先生的眼睛都熬红了还在工作,范定九先生每天从早忙到晚,连吃饭都顾不上,大家都是一股子只争朝夕的劲头。

等老专家们把难点重点工作做好,其余相对简单的条目就分派给所里的科研人员,每个人都负责一些,去找资料充实信息。当时我对社会学已经有一些了解了,所里就安排我来统稿。统稿的难点就在于要面对水平参差不齐的稿子,每个人的业务能力不一样,有些人稍微弄了点资料就交给我了,他也不知道该怎么继续。那我被逼得没办法,只能天天跑院图书馆和上海藏书楼,把能接触到的资料全都翻了一翻。虽然不算深入,但这个工作让我把社会学各领域的主要概念都熟悉了一遍,还是有很大收获的。

在编辑过程中我有时会对课题组同志的知识水准缺乏信心。有一次,我就问李剑华老先生,"李老,你是东南社会学会的发起人之一,如果这本辞典编得不好,别人会说李剑华就这个水平啊,那你一世英名可就难保了"。他却很大度地说:"不管那么多,大家能尽力做总会有收获,对我的评价就随便他去吧。"我觉得这些老先生们都挺高尚的,他们特别不计较个人得失。当然,那个时代也有特殊性,社会学要学科重建,普遍都缺乏理论积累,他们也非常迫切地想为学界提供资料,希望整个社会学界的理论素养快速提高。

进所后,我做了不少课题。记得1987年的时候,丁水木申请了一个"经济体制改革与现行户籍管理制度"的课题。这个课题是和市委研究室、市公安局户政处一起合作完成的，后来还得到国家社科基金立项。我也一起参与了，不仅到青浦县进行实地调研，还同市公安局户政处负责人一同去杭州、温州、石狮、晋江、厦门进行考察。我结合户籍管理的历史文献、国外的户籍管理情况，写了一篇《现行户籍管理制度的问题与出路》。那个时候看起来，算是提出了比较前沿的观点。

1991年，中央决定浦东开发开放。邓小平的女儿邓榕当时在国家科委负责社会发展这方面的工作。她1991年来上海调研，发现浦东的开发开放只有经济规划，没有社会规划，就提出既要强调经济发展规划，社会发展规划也要跟上。市领导自然就想到我们社科院，他们先找到当时的副院长夏禹龙同志，而夏院长就找到我们社会学所，把我和卢汉龙叫过去，希望做一个浦东社会发展的规划。

市里的想法我们挺清楚的，就是对浦东的社会发展要有一整套的规划方案。我们经过反复讨论，将课题定为"浦东新区社会发展战略"，并写了一个初步的报告。把这个报告送到市里，等批下来之后，我们就把它拆成10个子课题，分到全市各个部门，其中就涉及社会保障、治安、文体等方面。在战略目标上，我们精选了当时由世界人口危机委员会最新制定的10个指标，既能综合反映社会生活水平，又便于国际比较。比方说，公共安全、住房水平、公众健康、交通拥堵、空气清洁度，等等，就算放到今天，也是大城市社会发展的几个重要指标。我们参照的国际化大都市包括东京、悉尼、新加坡、中国香港等，这种城市对标的思路可以说比较超前。听说市里和中央都比较满意最后的总报告，这个课题的研究成果也影响挺大的，上过好几次香港的媒体报道，《解放日报》也登过两次。

我还承担了不少委办局的课题，尤其与市民政局、劳动局有过很多合作。早在 80 年代初，我们已经开始有合作了。改革开放以后，社区服务方面最早出版的书籍就是我和市民政局合著的。后来，我们一起合作开展社区工作调研，来来回回研究了好几年，有些调查报告一写就是几十万字。

我一直对社会政策研究有兴趣，比如，社会保障制度等。1996 年，香港中文大学邀请我去访学一段时间，顺便为他们做一次演讲。我就选了当时正在持续研究的热点——上海社会保障制度改革，从养老、医疗和失业保险等方面讲了改革的重点和来龙去脉。我知道经济学者很早就开始关注社会保障，但从研究思路来看，经济学和社会学的研究侧重点不一样。经济学者更关心的是社会保障制度中的经济精算，即投入与产出，而社会学者更关心的是社会保障制度中的人际关系，即人与社会、人与人的关系。

图 1　香港中文大学访学演讲稿

从 80 年代开始，我所已经与境外的大学、研究机构人员有较多的学术交流，包括学者互访、举办学术研讨会、共同承担课题等。这些研究合作一般都由外方提供经费。那时社会学刚恢复，大家都不知道怎么做调查，怎么用方法论。在合作过程中，引进了国外较先进的社会学研究方法和技术设备，不但大幅缩小了研究水平上的差距，而且成果质量也有了较大的提高。

图 2　居委会课题组接待日、英两国客人合影(2001 年,左六为吴书松)

80—90 年代,我还一直负责我们所的《社会学》刊物工作,这事确实也费了很大劲。刚开始办的时候叫《社会学参考资料》,主要为当时所里的科研成果提供刊登渠道。1980 年,我刚进所就接手这个事。所里让我帮忙油印,然后再把成品发给大家。

到 1980 年下半年,我有了把《社会学》办成公开刊物的想法。那时,正值百废待兴,想办公开刊物,只要申请填一张表就行。不像现在,你拼命争取也难以争取到。我和所里的领导说了我的建议。但领导认为所里经费比较紧张,我也只好暂时作罢。

为了争取办刊经费,有一次,我和当时的一位副院长说:"《社会学》作为刊物不像样子,不能只是油印的,要变成印刷的。"院里就拨给我所每年 6 000 元办杂志,1982 年的时候算是不少了。因为印刷厂的负责人原来是我的邻居,我就让他帮忙印刷。开始的时候，还勉强能应付。但后来，我一个人既要组稿，又要送到印刷厂，又要校对，还要做其他事，真是忙得不可开交。我觉得这样下去肯定不行，就从印刷厂调沈康荣过来，专门协助办刊。

后来，公开刊物的申请政策果然收紧了。到了大概1985年，因为我和市新闻出版局专门负责审批的处长之前认识，有次我和他说，想把《社会学》办成公开杂志。但他们讨论之后，还是觉得公开刊号没办法提供，只给了我们一个内部刊物的刊号（准印证）。

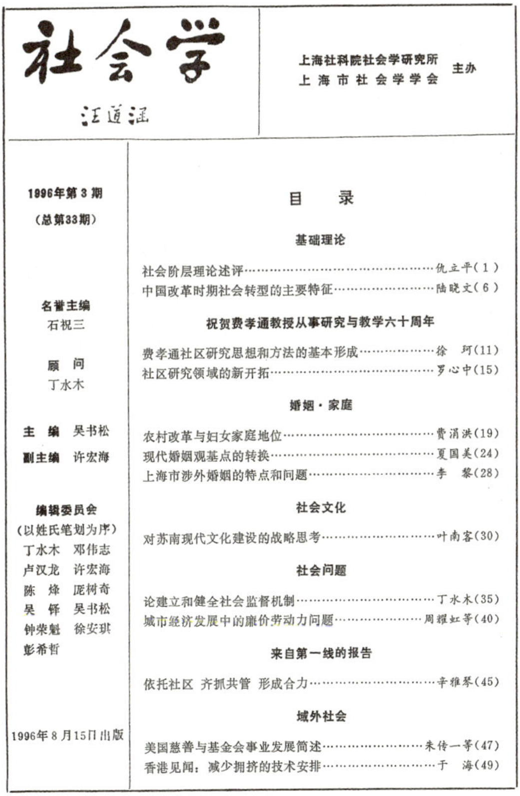
社会学

汪道涵

上海社科院社会学研究所
上海市社会学学会
主办

1996年第3期

（总第33期）

名誉主编
石祝三

顾问
丁水木

主编 吴书松

副主编 许宏海

编辑委员会
（以姓氏笔划为序）
丁水木 邓伟志
卢汉龙 许宏海
陈烽 庞树奇
吴铎 吴书松
钟荣魁 徐安琪
彭希哲

1996年8月15日出版

目录

基础理论

社会阶层理论述评……仇立平（1）
中国改革时期社会转型的主要特征……陆晓文（6）

祝贺费孝通教授从事研究与教学六十周年

费孝通社区研究思想和方法的基本形成……徐珂（11）
社区研究领域的新开拓……罗心中（15）

婚姻·家庭

农村改革与妇女家庭地位……费涓洪（19）
现代婚姻观基点的转换……夏国美（24）
上海市涉外婚姻的特点和问题……李黎（28）

社会文化

对苏南现代文化建设的战略思考……叶南客（30）

社会问题

论建立和健全社会监督机制……丁水木（35）
城市经济发展中的廉价劳动力问题……周耀虹等（40）

来自第一线的报告

依托社区 齐抓共管 形成合力……辛雅琴（45）

域外社会

美国慈善与基金会事业发展简述……朱传一等（47）
香港见闻：减少拥挤的技术安排……于海（49）

图3 主编的《社会学》杂志目录

虽然公开杂志没申请上,但我所的《社会学》在当时还是有些影响的。90年代,国家新闻出版局曾将《社会学》列入全国理论刊物名录中。南京大学成立了一个核心期刊目录(CSSCI),也一度把我们《社会学》收揽进去。不仅如此,许多老社会学家都喜欢看《社会学》。雷洁琼说《社会学》她每篇都看。王康写信和我说,《社会学》他很喜欢看,并鼓励我们要好好办下去。

图4 社会学所建所二十周年时的合影
(2000年,左起吴书松、张开敏、黄彩英、张仲礼、丁水木、卢汉龙)

访谈整理:刘炜、束方圆

陈建强

不忘初心　永葆童心

陈建强，男，副研究员，中共党员。1944年生。1962年毕业于上海师范学院外语专修科，任上海晋元中学教师、少先队总辅导员、学校团委书记。1983—1985年被选送到上海师范大学干部班脱产学习，毕业于首届教育管理系后，历任上海市普陀区少年宫主任、普陀区少先队总辅导员等职。1988年调入青少年研究所任少年儿童研究室主任、《少先队研究》编辑部主任。1995—2002年任青少所副所长、党支部书记。2002年后任社区家庭教育研究所主任。1992年受聘为副研究员，2004年退休。主要从事少年儿童及其少先队组织教育、家庭教育研究。曾主持市级课题《21世纪初上海家庭教育发展预测研究》与《中国第一代独生子女研究》。个人撰著有《陈建强少先队教育文集(上海少先队教育丛书·名师卷)》《独生父母——中国第一代独生父母调查》。主撰执笔的《21世纪初上海家庭教育发展预测研究》一书获得"上海市人民政府决策咨询研究成果奖"三等奖(2002年)。

一、从少先队工作开始

我 1944 年出生于江苏省南京市。1953 年随父亲工作关系迁居上海。我父亲毕业于华东军事干部学校,解放后被派往上海铁路储运部工作(财务会计)。1958 年,我初中毕业于上海南市区敬业中学,1961 年高中毕业于上海普陀区曹杨二中。1962 年从上海师范学院外语专修科毕业后,分配在普陀区晋元中学任教初中英语。由于大学读书的时候我本身就是学生会的宣传部长。所以工作一年后,也就是 1963 年就被委任为晋元中学少先队大队辅导员,开始从事少先队工作。"文革"期间,我开始教授文艺(音乐美术)与政治等学科,就逐渐从一个外语教师转成政治教师,边学边教。"文革"以后,我担任了晋元中学团委书记(1977—1983 年),并在此期间入了党。

1983—1985 年,我被选入上海师范大学教育系"首届教育管理干部专业班"学习,本科毕业后就被委任为普陀区少年宫行政主管(宫主任)(1985—1987)。1987 年,上海在全国率先实施"区县少先队总辅导员制"以后,我被调任为普陀区首任少先队总辅导员,同时兼任普陀区团委学(校)少(年)部部长与普陀区少工委常务副主任。

我感到自己是非常幸运的。在同龄人中,我接受党组织的教育时间很长,不仅出生于一个革命家庭,而且上的学校、工作的学校都是好学校。在好学校就会碰到好校长、好老师。比如,晋元中学就跟一般学校不一样,我们的领导都是老革命,作风特别好,风气正。我从加入少先队到入团、入党,再到当大队辅导员、校团委书记,之后当团区委的学校部长、区少先队总辅导员,整个过程都在向这些老师、老革命学习。

二、结缘青少年研究

我与青少年研究所结缘主要是通过老所长段镇,我们都称他为段伯伯。我是在做第一任普陀区少先队大队辅导员时被段镇老师注意到的。那个时候段伯伯在团市委工作,是市少年宫的部长,同时兼任青少年研究所所长。

1988年起,我被调至青少年研究所,先后担任过少年儿童研究室主任,所的党支部书记、副所长,并兼任《少先队研究》杂志的编辑部主任和上海市少年儿童研究中心秘书长。2001年起,我开始担任院儿童与家庭教育研究中心主任、少先队研究中心主任,社会兼职还包括全国少先队工作学会基础理论专业委员会秘书长、上海市少先队工作学会副会长、上海市家庭教育研究会副会长等职。

我进青少所的时候,所里的研究人员不多,不到10个人。虽然人少,但当时也分了不同的研究室,我就分在少年儿童研究室。那个时候青少所最特别的地方是,办公场所基本不在所里。比如,我办公的地方是团市委,我们研究室就放在团市委的办公楼里,这也说明青少所当时的研究工作与共青团的工作结合得非常紧密。团市委的学校部和少年部的日常工作,基本都是靠青少所科研人员的研究和理论来提供支撑的。

如果要我谈过去青少所的研究特点,那就是我们特别看重"跑基层"。当时我们下基层非常频繁,一方面也是段伯伯大力倡导的缘故。因他是地下少先队出身,也在团市委办公,所以我们常常跟着他到处调研。我记得自己跟着段伯伯几乎跑遍了上海所有的区县,所以现在到哪里都还有老朋友。当时我们下基层主要还是以共青团的条线为主,包括少先队,也是归团委领导的,我们也会去市区两级的少先队工作委员会。

那个时候搞研究特别开心,考核制度上也不计较你一年要发多少论文,大家就扎扎实实地下基层、做调研,从问题出发,跟学校教育紧密结合,跟我们各区的团委工作紧密结合,与少先队研究工作紧密结合。

那时,我还有机会到全国各地去帮忙和指导,在此过程中甚至还有机会跟胡锦涛同志手拉手过。过去青少所的调研和研究工作对于共青团和少工委这两条线是非常看重的,用上海话说,就是"抓得牢"。这也可以看出,青少所跟共青团有天然的纽带关系,领导都是团里面出来的,和少工委、共青团根本就是一家人。

与青少所同事们合影(1990年,左起陈建强、段镇、倪新明、邱从实)

遗憾的是，现在所里的研究工作似乎跟团委和市少工委的关系不如以前那么密切了。我感觉，人家需要你去调研和研究的工作，一些同志没有兴趣参与，而我们自己做出来的东西，可能人家又觉得不需要。这个也不能怪现在的年轻科研人员，目前整个社会导向变了，研究方向不一样，服务对象也不一样了。目前很多的研究工作主要是给党和国家在重大政策问题上提供理论支撑，一定程度上离基层实际需求有所疏远。当初，我们差不多每个星期都要跑基层，基层也非常欢迎我们，因为我们做的研究就是关于学校教育怎么开展，而我们很多科研人员本身就是学校出来的，了解情况，基层工作人员对我们也有亲和感。

进所20年左右，我很有幸被聘为团中央《辅导员》杂志、《少先队活动》杂志、《河南教育》、浙江《家庭教育》等杂志的专栏作者、通讯员，合著、编著作品26部，发表论文120余篇，通讯报文章计800余篇。

三、退休与追忆

2004年，我从所里退休，但青少年发展的相关工作一直没有停。从退休至今，我一直被上海市教委聘任为"名校长名教师培训工程"带教导师。16年来，在特级教师、特级校长洪雨露主持的培训基地中，共辅导了4期"名校长班"与4期"德育主任、少先队总辅导员等名教师班"和3期"新农村德育干部班"，计400余名市区学校德育骨干。

我最怀念的人物就是我们的老所长段镇，也就是段伯伯。他出身名门望族，做过地下少先队的部长，在做地下党工作的时候就很有影响力。他曾被错划为"右派"，下放到农村养猪，"文革"后才

一、"补课"不辍 结缘"群学"

我祖籍是广东顺德,出生在上海。家父是辛亥革命那年出生的一代,他自小在家乡接受过正统的私塾教育,后来就在我祖父创办的新式私塾学校(顺德因才学堂)担任教员,也教数学。我喜好数学和文理兼通或与父亲的这个教育背景有关。1939年日军占领广东时,父亲随祖父全家南下到香港,后辗转来上海讨生活,曾在大夏大学攻读法律。我母亲的祖籍是浙江宁波,但她出生在上海,从小受的是西式教育,对我一生影响殊深。

我算是领头二战后"婴儿潮"的那一批人。中学就读于上海市静安区的时代中学,1963年高中毕业。时代中学的前身是天主教会创办的圣芳济书院,延续有重视英语教学的传统,由此我的英语能力也打下了一个终身受用的底子。读书时我是文理成绩皆优的好学生,但可惜没能有机会进入大学就读。高中毕业后,我当了几年所谓的"社会青年",在那个年代,我们这些向往高等教育而不得的青年一族,往往自嘲是就读于"家里蹲"大学。1966年10月,"文革"开始不久,我被"报名"分配到奉贤星火农场工作,在那里一待就是8年。从高中毕业到农场工作的10多年里,我一直坚持自学。当时的学习环境很差,自学内容主要就是高等数学和英语,并大量阅读所能得到的人文社会科学方面的书籍,包括马列原著。如此,在待业和农场开渠垦荒之余,倒也是名副其实地恶补学问和"耕读"不辍。

1974年我被上调回城,进入上海市住宅建设公司工作。起初学的是木工和做施工现场的材料看管,后来单位领导觉得我体质比较弱,加之喜欢阅读写作,就安排我以工代干,做工会的宣传教育干事,也对工人进行技术培训辅导工作。1977年,国家开始恢复高考和大力发展高等教育事业,我终于可以一圆"校园"梦,那年我同时报名进了业余工业大学的自动控制专业和同济大学工业民用建筑系的函授部学习。已届而立之年的我如饥似渴地学习新知,一心想把耽搁的年华和失去的机会"补"回来。

真是苍天不负有心人,机遇总是会给有准备的人。我个人的补课终于契合了一个时代的"补课"。众所周知,中国的社会科学事业在1952年全国高等院系调整时遭受重大挫折,社会学更是横受被取消的"灭顶之灾"。在1957年的整风"反右"运动中,一些继续坚持要用科学精神和理性方法来认识社会并呼吁恢复社会学的学者被打成反党反社会主义的"右派分子",社会学被认定为资产阶级的"伪科学",从此在中国大陆销声匿迹了20余年。"文革"结束后,全国拨乱反正,百废待兴。1979年3月全国"两会"期间,胡乔木向邓小平汇报思想理论工作的情况,邓小平指出:"我不认为政治方面已经没有问题需要研究,政治学、法学、社会学以及世界政治的研究,我们过去多年忽视了,现在也需要赶快补课。"这就是社会科学界传为佳话的"补课论",它开启了我国思想理论界和社会科学研究领域改革和开放的大门,社会学也开始了恢复重建并由此进入了新的探索发展时期。

社会科学"补课"的政策方针确定之后,国家开始着手组建社会科学补课研究的队伍。由于当时恢复高考不久,大学设置中又没有社会学、政治学等学科专业,自然也就没能培养相关专业的学生,社会科学门类的恢复重建面临着人才短缺的突出问题。中央于是决定广开才路,向社会招聘相关研究人员。1979年12月4日的《人民日报》头版以新闻形式(当时中国大陆是没有广告的)刊登了"经国务院批准:中国社会科学院暨地方社会科学院向社会招收社会科学研究人员"的消息。当时招聘的岗位直接分助理研究员和副研究员两档,专业方向除了上面提及的社会学、法学等学科之外,还有人口学、统计学等,这些都是当时社会科学里研究人才比较缺乏的领域。我看到这个"招考"的新闻,立马向单位提出想去试试,单位领导一口答应,很干脆地就在我的报名申请书上盖了公章。

我一直认为那次社科院面向社会公开招考社科工作者是值得大书特书的创新之举。它的意义不只是为社会科学研究广罗了民间人才,更为重要的是,它显示了我国在就业和人才选拔上的一次思想解放和改革先声。大家知道,在当年的集中计划体制下工作是国家计划调配的,而且往往是一次分配定终身,换工作是件十分艰难的事情。社科院作为党的意识形态领域的高层次机构部门,能相信"民间自有高手",向社会"选贤择能",开启了利用市场化方法使人才高效流动的先例,这无疑具有划时代的意义。

记得那次应聘报名的资格条件是:报考者需具有大学以上或者"同等学历"(顺便提一下,这里对学历的要求不是唯文凭论的,而包容使用"同等学历"的概念),提供专业论文一篇、外语作文一篇,经审核获得报考资格以后参加四门全国统一考试,包括外语、政治、社会科学基本理论,以及一门专业学科的考试,择优录用。我当时之所以选择报考从事社会学专业的研究,在很大程度上出于对文人经世济用的抱负和对社会学最朴素的理解,即希望用科学的理性来研究社会及其问题。同时也因为当时的招考规定,报考社会学需要加试高等数学和统计,这正可以扬我之所长。1980年2月,我以"同等学历"的方式申请报考资格,同时提交了一份《论我国城市住房问题》的专业论文。这是和我当时所在住宅公司工作有关,比较容易接触和收集到有关的数据资料。另外我又以

"我所了解的社会学"为题,手写并提交了一篇三页纸的英文文章。其实当时我可以接触到的社会学专业书籍非常之少,除了零星10年自学中读到的杂书以外,对我备考最有用的是当时已有内部出版的苏联科学院社会学研究所编写的《社会学和现时代》(上、下两册);另外就是1979年夏秋之后酝酿恢复重建社会学时一些领导和前辈学者的讲话记录,其中北京的胡乔木、于光远、费孝通,上海社科院的蔡北华(时任副院长)和华东师范大学的吴铎教授等有关论述和发言材料对我帮助和启发极大。1980年5月,我终于获准进入全国统一招收研究人员的考场。上海考场就设在我们上海社会科学院的小礼堂。通过考试后,同年10月我被录取到上海社会科学院社会学研究所工作。

进所工作好多年后,我所研究人员陈如凤(后来她调到组织部门工作)曾在闲聊时和我提起,当年她曾作为外调人员到我原来工作的单位了解我的情况,我单位的领导一听到我通过了考试可能会到社科院工作时,他们的第一反应就是:"哦,卢汉龙吗?他这个人文质彬彬的,就应该到你们这样的单位去工作。"我至今不敢忘怀各位领导在我

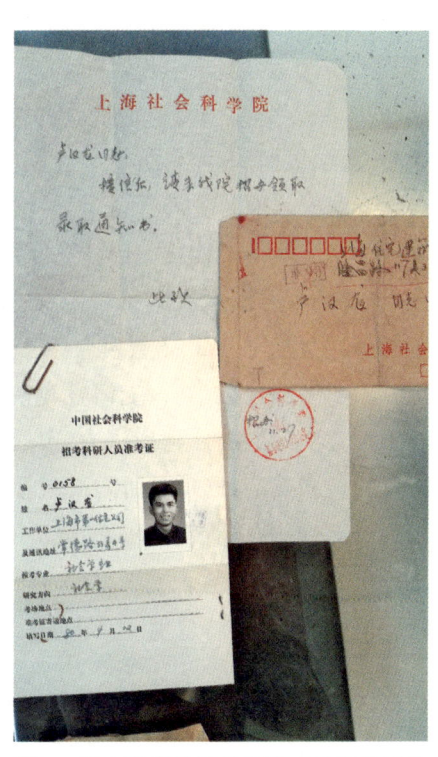

图 1 报考社科院及被录取时的相关函件

人生事业的转变中所给予过的支持和伯乐作用,感谢社科院社会学所为我提供了这样一个自我实现的平台。我深深感到社会学和改革开放是同行的,科学理性引导下的市场化改革给个人、社会和整个国家带来的进步作用不容否定。当年和我一起考进上海社会科学院社会学所工作的还有杨善华和过永鲁两位同事,整个上海社科院通过这次招考共新进 27 名人员,后来都在不同的领域做出卓越成绩,包括李君如、瞿世镜、张泓铭等。

二、骎骎进学　初窥堂奥

大陆社会学恢复重建之初,费孝通先生提出建成配齐"五脏六腑"的思路方案。"五脏"是指要有学会、专业研究机构、图书资料中心、教学机构、专业出版物,"六腑"是指教学机构要开设六门社会学专业必修课。上海社科院是最早着手恢复社会学研究和成立社会学研究所的机构之一,我院社会学研究所 1980 年 1 月正式成立,仅比改革开放后大陆第一家社会学研究所——中国社科院社会学研究所晚了一周(7 天),今年已是建所 40 周年。

为了筹建社会学所,上海社科院从社会上将一些解放初期毕业于社会学系的同仁延揽进来开展工作,其中有沪江大学社会系毕业的黄彩英老师(负责所的行政管理)和金陵大学毕业的薛素珍老师(负责所的科研管理)等。此后不久,由院顾问、著名社会学者李剑华教授领衔,延请了一批健在的老社会学家担任社会学所的特聘研究员,包括解放前复旦大学文学院院长、社会学系主任应成一教授,原金陵大学统计学专家范定九教授,华东师范大学言心哲教授、陈誉教授等。这些老社会学家大多是民国时期留学美、日等国,解放前长期在国内大学任教和从事研究,在学界均享有一定声誉。他们加盟社会学所,虽然年事已高,在所从事研究的时间不长,但和黄彩英老师等以前的学生辈们搭起了研究的班子,缓解了迫在眉睫的专业人才不足的问题。这批老一辈学人在续活学脉、传承专业、启发后学方面作出了不可磨灭的贡献,对初创时期的社会学所"起好步、走好路"是弥足珍贵的支撑力量。当时我曾被所里安排具体负责联络这些老专家学者,与他们接触较多,也因此受教良多,获益匪浅。社会学所初建时的另一波力量就是从其他社会与人文学科转过来有志于实证研究社会问题和社会理论的学者。他们主要来自历史唯物主义、哲学、历史学、会计学等学科。作为补课和接轨世界社科研究的社会学,我所也吸收了不同语系钟爱社会学研究的外语人才。

进所后我接受的第一项正式的研究工作就是参加李剑华、范定九两位教授领衔的《社会学简明辞典》的编纂和统稿工作。这时候我才知道原来上海社会科学院接收了以前圣约翰大学所有的藏书。那时上海社会科学院的图书馆就在以前的圣约翰大学的校园内(现华东政法大学的万航渡路校区),它集中了以前所有在上海的教会和私立大学的藏书。这让我有机会比较全面地收集和梳理所能得到的英文资料和30—40年代国内有关社会学的著述。1984年该辞书出版,成为我国社会学恢复重建以来第一本系统介绍中西社会学概念术语的著作。通过这次研究,我作为一名新入行的研究人员,也受到了一次系统的理论训练和知识洗礼。

"五脏六腑"是建机构,搭台子,但台子搭好了,就需要有"演员唱戏",因此社会学恢复重建工作最迫切的还是人才的培养和知识的转型。鉴于当时人才需求的紧迫,因循常规大学培养的办法难以适用,于是,一种特定年代下的特殊培养模式应运而生,那就是"专业班/讲习班模式"。从1979年到80年代中后期,中国社会学会、中国社科院、南开大学等多家机构举办过多次社会学培训班,我们所的一些同事也分别参加了在北京、天津、武汉、广州等地的讲习培训班。记得那时社科院的办公制度安排每周二是业务学习时间。我们都特别期待周二的业务学习活动。总有排得满满的国内外来访专家、到外省市开会和接受培训回来的同事、特约老专家的系统回顾讲座等学术活动。

我进入社会学所工作后参加的第一个社会学专业培训班与人口普查工作相关。当时适逢国家计划进行第三次全国人口普查(1982年),这次普查是我国第一次现代意义上的人口普查,由联合国给予直接指导和技术支持。由于这次人口普查将完全采用联合国制定的一系列国际标准,于是在1981年初,由高教部和联合国开发署合作在河北大学举办了专门的人口统计培训班,以便为开展普查工作做好相应的人才队伍准备。我受单位安排赴河北大学参加了这次培训。培训班由美国学者墨登斯教授夫妇主讲,国际上各路专家参与。这个培训班让我得以系统地学习了人口与社会研究课程,当时一起参加培训的学员有的现在已是国内统计领域的权威专家。市委宣传部对这次人口普查也非常重视,要求上海社科院选派一名研究人员到市人口普查办公室协助工作。培训结束后,我就被院里派了过去,参与协助市人口普查办的工作大约一年半的时间,1983年年底我才回到社会学所上班。人口普查可谓是社会调查的大学校,我在全程参与调查中学习到很多东西。当时市人口普查办公室实行坐班制,抽调的工作人员来自全市19个委办局,研讨交流、朝夕相处中,我不仅熟悉了社会统计部门对户籍、治安、民政、社会事业、家计收支和城乡社会调查的技术和路数,也对政府部门的工作方式和流程有了比较切身的了解,同时也结识了统计、公安、民政、教科文卫等部门的朋友,这些都无形中使我以后开展社会学调查研究有了一个良好的开端和铺垫。在此之后不久,我又参加了在上海交通大学举办的社会科学统计课程的暑期培训班,比较全面地掌握了调查统计的数学原理和分析技术(SPSS 软件系统)。通过上述的两次培训班学习和人口普查办公室的挂职锻炼,初步形成了我以后从事社会学专业研究的领域方向和方法论素养,让我受益终身。

这里还值得一提的是美国的布莱洛克(H. Blalock)教授对我的帮助。他是极负盛名的社会统计学家,1984 年来访中国时所里安排我负责接待。也许是在迎来送往中我给他留下了较深的印象,回国后,他给我寄来他所在的美国华盛顿大学研究生院的介绍信息和就读申请表,又寄来两大包社会学和统计学方面的理论书籍(清楚记得邮包上光寄费就是 230 美元,相当于我当时 10 个月的工资),令我十分惊喜和感动。这些书大部分是布莱洛克教授自己用过的教本,书上还有他的签名和不少批注。阅读这些书籍,使我对当代社会学的基本知识和调查数理统计的方法运用有了更进一步的认识。

三、论学取友　呦呦鹿鸣

入所工作之后,除了培训班充电、参与政府研究实践之外,课题研究是我持守事业初心、提升专业能力、通达学科堂奥的重要阶梯。30 余年的科研生涯中,除了国内的各类研究课题之外,值得特别记述的是与境外学者的合作研究以及由此结下的学术友谊。记得《礼记》论"学问之道"有句话说:"一年视离经辨志;……七年视论学取友,谓之小成。"说来也巧,我与境外学者的第一次正式合作研究发生在 1987 年,正是我入所之后的第七年。

事情的因缘是在 1985 年。当年纽约州立大学的林南教授率美国学者代表团考察中国社会学发展情况时来到我院。林南教授非常关心和支持我国社会学的发展，是 80 年代初"南开社会学专业班"的重要推动者和参与者，当时他所在的纽约州立大学奥本尼分校已和南开大学合作培养博士学位的社会学人才，薛素珍老师就把我介绍给他认识。到了 1987 年，我们所正式开始和林南教授进行合作研究。林南教授主要从事社会研究方法、社会网和国民精神健康方面的研究，他起初希望和我们所合作开展社会结构（阶层）变迁方面的研究，但由于条件不成熟，因此把研究的主题改为与精神健康有关的社会指标和生活质量研究。这次调查在上海进行，后来我们又分别在 1989 年、1991 年进行了课题合作，调查的范围也扩展到北京、天津、厦门、深圳等城市。这些合作研究都相当成功，双方合作发表了一些高质量、有影响力的专业论文，大家之间建立起比较牢固的信任关系和学术友谊。同时关于社会质量和社会指标的调查研究成为我所的一个品牌和研究平台，每两年确定一个主题，开展大型的社会学抽样调查和发布各类咨询报告。

正是 1987 年的这次合作研究使我有机会第一次到美国。这一年，我拿到了纽约州立大学奥本尼分校的 Fellowship 资助，去该校进行了 9 个月的访学交流，交流的主旨是社会结构变迁和生活质量研究。这次访学不但是做合作研究，同时也可以让我旁听该校的社会学课程。1988 年 5 月我访学进修结束回国前，林南教授推荐我参加了美中关系全国委员会组织的中国学者交流学习团活动，使我对美国的社会民情有了更深切的了解。1991—1992 年间，林南教授又邀请我到他新任所长的杜克大学亚太研究所客座访问和合作研究。他介绍我认识了许多著名的美国社会学家，包括彼得·布劳（Peter M. Blau）、白威廉（William L. Parish）、怀默霆(Martin K. Whyte)、魏昂德(Andrew G. Walder)等人。在和他们的交往中,我均受益良多。

图 2　接待彼得·布劳来访(2000 年)

也正是 1987 年在纽约州立大学奥本尼分校的访学期间,我认识了边燕杰教授,当时他还是林南教授的在读博士生。当时就是他负责到火车站来接我,并送我到借宿的美国房东家里。他手把手地教我使用 WPS 办公语言系统和社会科学统计软件包(SPSS)。他毕业后任职于明尼苏达大学社会学系。1993 年,边教授邀请我到明尼苏达大学进行了为期半年的访学,主题是研究工作单位和社区。此后我们时有合作,包括课题调研、撰写论文和编译书籍等。

1995 年,美国耶鲁大学社会学系戴慧思(Deborah Davis)教授获得富布莱特基金资助来我院访学,从此和我们所建立起长期的合作关系,并成为我们所的特邀研究员。她多次利用耶鲁大学和各种国际学术资源,组织耶鲁大学、香港中文大学、上海社会科学院及复旦大学的社会学专业青年学者和学生组成学习工作坊开展田野调查活动。通过各种学术会议和交流合作,戴慧思教授和我所合作的城市消费社会学领域的研究取得了出色的成绩,在业界有重要影响。

图3 与戴慧思教授合作的"物质消费文化研究"课题组成员合影
(1998年,后排左三为卢汉龙)

此外,自90年代起,我们所还与布朗大学的约翰·罗根(John Logan)教授(原来任教于纽约州立大学),康奈尔大学的倪志伟(Victor Nee)教授,英国伦敦经济学院的常向群教授,曼切斯特大学普查与调查中心、爱丁堡大学的李姚军教授,德国汉堡应用科技大学的莫妮卡教授等分别建立了学术合作关系,在单位制、社区、就业、住房、企业和市场转型、社会保障、知识管理等多个方面取得了一些高质量的合作研究成果。

四、主持所务　勉力而行

　　研究社会问题,促进社会秩序和进步,是社会学这门学科创立以来就具有的学术使命和人文追求。80年代中期,上海市政府开始在每年实施10项与人民生活密切相关的"实事工程",以逐步重点解决城市发展和民生方面的欠账及历史遗留问题。当时市政府研究室社会处找到我们所,希望通过调查研究为市政府相关决策提供专业支持。1986年,所里安排我担任社会生活研究室主任,我所以社会生活研究室为主要研究力量,和市政府研究室合作开展了第一次市民对生活满意度的大型抽样调查。调查结果表明,住房是当时市民最关注的社会问题。这次调查结果对上海制定实施"七五"计划产生了直接的积极影响,取得了市政府相关部门的认可和信任。此后,我们又和市政府研究室多次合作,就城市社会发展中遇到的住房、医疗、就业等问题展开一系列课题研究,力图将学术研究和社会发展问题结合起来,为市民福利的改善做些具体的事情。这种合作研究大致一直持续到整个90年代,在此期间,我们还适当地把与国内外研究机构或学者的合作项目结合进来,先后融合和拓展出10多个比较有分量的研究课题,逐步形成了上述以社会生活质量和指标研究为主题的系列调查及研究成果,慢慢在国内外学界产生了广泛的影响。在以往合作的基础上,从1993年开始,我们所又和市政府研究室合作陆续编写"上海社会白皮书",这也为后来我们编写出版"上海社会发展报告蓝皮书"积累了经验。

1993年，经院和组织部门推举，我当选为上海市人民代表大会代表。不久，丁水木所长退休，组织上又决定让我负责社会学所的工作，并于1994年正式任命我担任所长职务。由于我是无党派人士，从来没有过担任领导职务的想法，因此也觉得有些意外。对于此事，美国康奈尔大学的倪志伟（Victor Nee）教授倒是另有一番见解。他经常拿我的生涯转变作为他市场化转型理论的例证，认为是市场化改革的力量让一位"草根"学人冒了出来并有所作为。现在回想起来，这确实和改革开放带来宽松平和的政治氛围和用人制度的改变有关，当然也离不开自己的积极努力和相关领导以及同仁的信任支持。这里我特别要感谢在我任所长（包括后来的社会发展研究院院长）期间，在我所（和社会发展研究院）担任党支部书记的吴书松、孙克勤，以及社发院总支书记杨雄等同志。我的所有成绩离不开他们的领导和全力支持，也要感谢王莉娟主任和她的办公室团队对我工作的全力配合。

担任所长后，我感觉肩上的担子重了许多。除了继续抓好所里的科研工作之外，幸得院领导、机关处室的大力支持，以及所里诸同事的鼎力协助，在90年代组织社会学所做成了几件比较有意义和有影响的事情。

第一件事，作为上海市社会学学会秘书处挂靠单位，社会学所参与筹备并承办了"1994年中国社会学学术年会"，时任全国人大常委会副委员长、中国社会学会名誉会长雷洁琼教授，民政部阎明复副部长，以及上海市委、市政府、市政协的相关领导出席大会并讲话，时任全国人大常委会副委员长、中国社会学会名誉会长费孝通教授也发来书面讲话。大会共收到近两百篇论文，全国社会学界同仁济济一堂，研讨交流氛围热烈，年会取得圆满成功。借此年会，上海社科院社会学所展现了学术研究实力和重大学术活动的组织能力，社会学所在社会学界的地位和影响无形中得到了提升，也开启了中国社会学会每年在全国不同省市轮流竞开的惯例。

第二件事，1996年，上海社科院社会学所举办了"社会学课题设计与操作研究班"。这是一个全国性的社会学理论和方法的培训班，吸引了24个省市社科院社会学研究所和大学社会学系的研究人员参加。当时邀请了美国和台湾地区的一流学者来授课，现在全国各地不少高校和社科院的社会学研究骨干和领导当年就在我们这个班学习过。这对规范和全面提高社会学界，乃至整个社会科学学界的课题研究设计和技术路线的制定产生了深远影响。之所以能办成这个班，主要是发挥了社会学所多年下来积累的国际学术合作交流的关系网络优势，同时也对中国社会学走向世界、和国际学界对话提供了技术指引。

图4 "社会学课题设计与操作研究班"合影（1996年，前排右一为卢汉龙）

第三件事，1999 年，我们所在著名都市研究学者美国约翰·罗根教授撮合下，由美国和英国等都市研究会提供经费支持，在上海举办了国际社会学协会都市与区域发展研究专业委员会（RC21 - ISA）年会。这是 RC21 - ISA 年会首次在中国举办，是一次具有里程碑意义的跨世纪的国际学术盛会，来自 20 多个国家和地区的 120 多位城市研究专家参会，讨论主题设定为"中国城市的未来：面向 21 世纪的研究议程"。这次会议极大提高了社会学所在国际城市社会学研究界的知名度，直到现在，如果社会学所的研究人员申请参加 RC21 - ISA 的学术活动，基本上都会一路畅行无阻。这次年会的部分议程在当时刚刚建成的陆家嘴上海国际会议中心举行，浦东新区政府在场地、会务等方面给予了慷慨支持，时任上海市副市长、浦东新区管委会主任周禹鹏说：我们要感谢这次年会

图 5 国际社会学协会都市与区域发展研究专业委员会学术年会合影
（1999 年，右二为卢汉龙）

选在国际会议中心举行,为浦东新区正在规划发展的会展业作了一次成功的预演。

进入 21 世纪后,院里加大了科研力量跨学科、跨领域研究的整合推进力度。2002 年,社会片的 4 个研究所实行合署办公,2003 年,社会片更名为社会发展研究院,组织上安排我兼任院长,一直到 2009 年我到龄卸任。这期间,院里组织实施重点学科建设计划,社会发展研究院负责"社会转型与社会发展"重点学科的建设。作为学科带头人,我主要是在 4 个所的所领导和同事们的支持下,把精力时间重点投入到两项工作上:一是组织编写和出版每年的《上海社会发展报告蓝皮书》,这本蓝皮书是社科院系列蓝皮书的一种,固定由社会科学文献出版社出版,在历年的全国"蓝皮书"评价会上,我们编写的这本蓝皮书多次获得奖项,总体上,在政府部门和社会上的反响良好;二是组织"转型社会研究文库"丛书的撰写和出版工作,这套文库丛书主要是选择社会发展研究院同仁的精品力作予以资助出版,作为重点学科建设的重要成果。六七年间,文库陆续出版了约 20 部学术著作,在学界产生了一定影响,成果可以称得上比较丰硕。

在我担任社会学所所长的十几年里,院党政领导对我的工作是非常支持的,社会学所的党政班子成员也积极配合我工作。尽管我的工作可能还有不少不尽如人意之处,但毕竟我在努力做事,也得到了同事们的认可。2006 年,我被市政府聘为参事。我现在已经退休了,时时回首在社会学所工作的 30 多年时光,可以欣慰的是,尽管岁月流逝,但无愧于当初报考社科院选择从事社会学研究的初心,也衷心希望社会学所在学术和智库双建设上更上一层楼,发展得越来越好!

访谈整理:夏江旗

潘大渭
人间清欢著述事

　　潘大渭，男，研究员，中共党员。1946年生，1964年毕业于上海教育学院俄语系，1980年入社会学所工作。1988—1989年赴苏联列宁格勒大学哲学系进修。1993年入俄罗斯科学院社会学研究所攻读研究生，师从俄罗斯社会学奠基人之一B.亚多夫教授，1998年获俄罗斯科学院社会学博士学位。历任社会学所编译组组长，社会学基础理论研究室副主任、主任，副所长，上海社会科学院俄罗斯中亚研究中心主任。2007年退休。主要从事苏联与俄罗斯社会学发展史、俄罗斯社会转型研究，以及相关的社会学和俄罗斯中亚问题研究。曾先后参加和主持"七五""九五"国家社科基金课题，主持上海社会科学院俄罗斯中亚研究中心暨社会学所与俄罗斯科学院社会学所合作研究课题"转型期中俄社会结构与社会认同比较研究"等课题。曾获2001年上海市决策咨询成果二等奖。2008年3月被授予俄罗斯科学院社会学研究所名誉博士，2008年11月被授予俄罗斯科学院"索罗斯科学贡献奖银质奖章"，受聘为俄罗斯全俄人文科学基金会外国评审专家。

一、再咏《蓼莪》之篇

我父亲的祖籍是浙江绍兴,母亲的祖籍是四川宜宾。父母亲是在之江大学读书时相识的,当时父亲读经济系,母亲读教育系。大学毕业后,父亲主要供职于国民政府的经济金融部门,母亲曾在四川省教育厅工作。全面抗战爆发后,父亲跟随所在的部门辗转内迁到云南昆明。抗战胜利后第二年,我在昆明出生。由于父亲工作的调动和国内局势的动荡,幼年时的我随父母先后在上海、台北和香港生活过,直到 1952 年年底我们一家才回到上海定居。当时正值新中国成立初期,个体经济尚未改造,父亲于是拿出生平积蓄注册了一家生产计算尺的小厂。后来因公私合营政策,这家文具厂被合并到了鼎丰仪器厂(后又并入普发仪器厂),父亲也随之到这家工厂担任会计直至退休。我母亲则在上海第二医学院图书馆工作,1958 年因身体原因离职,以后便再未参加工作。

1978 年上海社科院恢复重建,为解人才缺乏之急,社科院延请了一批老专家、老学者担任特聘研究员。因为是解放前经济学系科班出身,毕业后又长期从事和经济金融相关的业务,退休不久的父亲就以特聘研究员的身份被上海社科院延揽到世界经济研究所工作,并在 1984 年当选为中国国际经济合作学会的常务理事。父亲曾说过,他一生中最感舒心的就是在社科院度过的这段时光。他从没有想到,到了晚年还能有机会重拾年轻时候的专业梦,继续从事自己热爱的学术研究。所以当时他经常写稿写到深夜,往往刚写完一篇就接下来写第二篇,颇有把损失的时间补回来的劲头。

父亲对我们的教育很开明。他从来不为我们设计所谓的人生规划,也很少指责我们,但对我们有两个基本要求:一是把书念好;二是做人正派,不要投机取巧。在我们小时候,不允许玩纸牌游戏。80年代股市开放后,父亲叮嘱我,不准涉足股市,一是因为他对股市是怎么回事太清楚了;二是知子莫如父,他也知道自己的这个儿子比较愚笨,不是玩股票的料,所以下了这个"禁令"。这倒也好,使我远离股市,省去许多烦恼。

母亲从小在大家庭长大,为人处世颇为智达。一个很有意思的现象是,我的同事到我们家里做客,到后来往往跟我母亲聊得很投机,我自己反倒被晾到了一边。同事们对她评价很高,认为她见解独到,和她谈话总能受到启发。1989年母亲去世时,我当时在职的社会学所有很多同仁前来吊唁并参加母亲的追悼会,这让我非常感动,至今我还时常念及当年所里同仁的这份情谊。

二、修习俄语之路

我是在香港长洲岛读的幼儿园,回到上海后在清心小学读书,毕业后考入静安区的市第六十一中学(现民立中学)。高中开始学习外语课程,鬼使神差就与俄语缠上了。那时母亲常拿民国名人俞大维小时候刻苦学习英语的例子来教导我们:学习外文没有捷径可走,唯有大声朗读加死记硬背。于是我和姐姐妹妹经常在家中高声朗读,时间一长周围邻居也都习以为常了。1964年我从上海教育学院毕业后在中学教俄语,母亲勉励支持我继续修习俄语。当时我们家的经济状况并不好,母亲还是花了12元为我买了一本刘泽荣主编的《俄汉大辞典》,在当时12元可不是一个小数目。60年代,中苏关系恶化,市面上的俄语书籍和杂志越来越少,后来书店里只有《阿尔巴尼亚画报》和阿尔巴尼亚政府的报告之类的俄语小册子,母亲就不时买来供我阅读。

当时我的二姨和姨夫对我的俄语学习也很关心和支持。二姨是30年代清华大学外文系的毕业生,后来留学法国时和学医的姨夫相识。他们告诫我不能放松对俄语的继续修习,并引荐我跟着姨夫的朋友朱滨生先生学习俄语。朱先生谙熟英语、法语和俄语,他指导我阅读俄罗斯的一些经典文学作品,在闲谈时还会告诉我一些俄语中的趣闻,有时为了激励我学好俄语,还讲上一些俄语"奇才"的轶事。朱先生离世前陆续赠送给我不少他收藏的书籍和笔记,还特意介绍我认识他的大姐——上海外国语学院俄语系朱韵清教授。

朱韵清教授当时在俄语学界闻名遐迩,能有机会亲炙请益对我而言是一大幸事。跟朱韵清教授学习俄语,一般是我遇到问题上门请教,但时而也闲聊。有一天晚上我登门拜访,正遇到朱韵清教授在看电视中播放的《安娜·卡列尼娜》。她叫我坐下一起看,一边看,她一边告诉我影片中的场景和对话与小说原文有哪些异同。当时我暗暗吃惊,《安娜·卡列尼娜》这本书她已烂熟于心。朱教授告诉我,她小时就读于哈尔滨中东铁路商务学堂,也就是中东铁路俄国员工子弟"商业学校",教师全部由俄罗斯人担任,全部使用俄语原版教材,在这所10年制寄宿学校的环境熏陶下,俄语已经像母语一样融入她的生活之中。

朱滨生和朱韵清两位先生是我学习俄语的恩师,他们不仅答疑解惑帮助我,更重要的是他们崇尚知识、持之以恒、精益求精的治学精神,以及淡泊名利、不浮不躁,对人谦和真诚,对后辈竭诚相助的为人处事之道,对我这样一名青涩的初学者来说,无疑是最好的楷模,激励我坚持把俄语学好。

三、入所工作之缘

"文革"结束后,国家开始恢复高考和研究生培养工作。大约在1978年冬的某一天,朱韵清教授得知我有报考俄语专业研究生的意愿,便非常支持。她先把我介绍给著名俄语学者、华东师范大学的赵云中老师,可惜那一年赵云中老师不招研究生。朱韵清教授又介绍我认识上海外国语学院的王德孝老师。王德孝老师是新中国培养的第一批俄语专业研究生,他对朱先生非常敬重,欣然答应指导我。于是我就开始在王老师的指点下认真学习上下两卷本的《现代俄语语法》,为考研做准备。

就在我备考的时候,我供职的康定中学与建东中学合并。那时曾有规定,中学教师不能调离教育系统。但在这次两校合并期间,上面出台了一个政策,即夫妻两人都在同一学校任教的,在学校合并期间其中一方可以申请调离教育系统。由于我爱人也在康定中学执教,这就使我能有机会换个行业。实际上,该政策的出台跟"文革"结束后一些文教单位和科研机构恢复重建有关,这些单位在恢复建制之初往往存在人员不够的问题,有些单位就直接向社会公开招聘师资或是其他专业人员。上海社科院作为新中国第一家社会科学院,此时也开始大规模重建,因缘际会,在康定中学肯放而上海社科院又肯接收的情况下,我就转到了上海社科院工作。

事实上,我报考上外俄语系研究生这件事,贯穿于调职到社科院的过程之中。上外俄语系现代俄语专业1979年的招生计划仅有一个名额,最后录取的是上外俄语系的毕业生。鉴于这种情况,王德孝老师建议我去上海社科院工作,因为他知道当时社科院正在复院,需要懂俄语的人。他主动提出帮我联系社科院负责筹建马列主义研究所的马勤老师。我调职到上海社科院的手续由于在原单位有所耽搁,等所有手续办妥之后,马列主义研究所的人员编制已满,马勤老师就把我推荐给了正在筹建中的社会学研究所,负责社会学所所务的是李剑华老师,他很高兴地接纳了我。当然,按照规定,作为一名从未有过社会学研究经验的新手,我还必须参加一次考试方可过关。主持我考试的是情报所的浦立民老师,在对我简短面试过后,浦先生给了我一本俄文杂志并告诉我在两个小时内能翻译多少就翻译多少,但不能查词典。我顺利通过了这次考试,1980 年 9 月,我到社科院社会学研究所报到,成为该所的一名正式科研人员。

四、从事科研之初

80 年代,国内社会学正处于恢复重建的初期,亟须打破与境外学术研究长期隔绝的局面,尽快了解西方和苏联的社会学发展情况和前沿动态,缩短与国际同行的差距。因此,国外社会学的译介和研究就成为当时的一项紧迫工作。记得是 1982 年前后,当时主持所务工作的黄彩英老师安排我、费涓洪、王颐三位有外语特长的同志组成编译组,作为所的下设机构之一,主要负责国外社会学的译介和研究工作。其中,费涓洪主要负责美英社会学方向,王颐负责日本社会学方向,我主要负责苏联社会学方向。

当时,中国社科院社会学研究所准备组织国内的相关研究力量按专题组稿出版一些译文集。这件事由中国社科院社会学所的陈一筠牵头具体落实,她把我们召集到北京,并请来费孝通先生亲自指点我们。费老对国外社会学的译介和跟踪研究非常重视,他提纲挈领地讲解了应该如何从浩如烟海的文献资料和各种社会学

图 1 社会学所领导与编译组成员合影
(右起为潘大渭、王颐、黄彩英、费涓洪)

流派的观点中爬梳剔抉,选择我们所需要的文章。费老讲的实际上就是他对国外社会学一些主要观点和流派的看法,以及如何将其运用到中国实践中去。现在回想,应该把费老的这次讲话完整地记录下来,整理成文,但当时却没有想到这么做,实在有些追悔莫及。

此次赴京,我们的任务主要是为编写一本国外城市社会学研究的译文集收集资料。从北京回来后,除了补充一些资料外,主要是翻译入选的文章。在此期间,陈一筠老师始终具体主持这项工作,直至最后经她的努力,关于城市社会学和家庭婚姻社会学的两本译文集出版,这项工作才告结束。此后不久,我又参加了《中国大百科全书》的编纂工作，主要承担了"社会学卷"中与苏联和东欧相关的辞条编写任务。编纂《中国大百科全书》是党中央、国务院批准实施的重大文化工程，是改革开放初期我国学界的一件大事，由胡乔木担任总编辑委员会主任，前后有两万多名专家学者参与撰稿，动员范围之广、罗致人才之众，史无前例。

在完成《城市化与城市社会学》编译出版的任务后，我们编译组的三位同志一起商量，希望在此基础上再继续拓展深化。当时的考虑是从社会学学科建设出发，有系统地介绍国外社会学的理论和流派。于是我们决定再设计一个课题，把国外社会学研究的流派梳理一遍，列出一些有代表性的重要学派，然后按每个流派选出一些有代表意义的文章或其中的章节，准备翻译后汇编成书。所里领导对我们的这个计划也很支持，工作进行得还算顺利，但是因为出版社的原因，这项工作一直未能付诸实施，现在想来还觉得颇为遗憾。

五、求知论道之风

1985年，所里对科研方向和机构设置进行了一次调整，成立了社会学基础理论研究室，原来的编译组并入该室。基础理论研究室的研究人员约有10人，是所里人数最多的研究室，几乎占了全所科研人员的半壁江山。80年代的中国社会弥漫着理想主义的情绪和求知若渴的热情，深入展开的思想解放和此起彼伏的文化热潮，也为当时的社会科学研究打上了深刻的时代印记。基础理论研究室的一众同事大都已届而立之年，既有社会上的工作经历，又对各种思想理论有了一定的了解和认识。大家年龄相仿，志趣相投，很多时候到单位上班忙完正事后，大家就聚在一起随意就

图 2　90 年代社会学所理论研究室同仁合影
（后排左四为潘大渭）

某个问题海侃神聊,除在单位见面时讨论外,有时还轮着到各人的家中聚会交流。当时讨论的话题可谓五花八门、百无禁忌,从弗洛伊德的精神分析学到社会生活中的各种琐事,不一而足。个别时候讨论持续到深夜仍谈兴未艾,颇有神仙聚会之况。

　　大致到 90 年代中期,随着一些人员出国、工作调动和研究室设置调整,这种切磋交流、求知论道的浓厚氛围也随之散去,至今想起仍时有感念。我清楚地记得,1988 年我第一次赴苏联访学出发前,社会学所几乎所有同事都到我的家里来送别,他们一个个都很兴奋,就像送别自己家人一样。我想,那时研究室同事之间融洽无间的人际关系、意气风发的科研劲头和不少较高质量的研究成果,一定程度上也是和这种氛围分不开的吧。实际上,这种氛围在

图 3 去苏联学习时同事们送行
(1988 年,左起为陈烽、吴书松、潘大渭、周清、毛雷杰)

当时出现在高校和科研院所,也有着更为深广的社会基础。改革开放之初,百废待兴,社会上渴求知识、尊重知识、尊重知识分子的风气非常浓厚。记得那时我和同一研究室的傅铿去嘉兴、金华、宁波等地给社会学函授班的部队学员讲课,每到一个地方都受到当地驻军的热情接待,以至于招待所的警卫战士往往误以为我们是上面下来的"大人物"。记得在金华军分区给部队干部讲课,课后邀请我们去大礼堂看电影。我和傅铿想,看电影我们自行去放映的大礼堂即可,但后来得知他们出于尊敬,要我们随着部队领导走进礼堂。结果当我们走进礼堂时,早就聚集在大礼堂的官兵随着一声令下,齐刷刷地起立向我们这两位讲课老师敬礼,此情此景,令人震撼,让人难忘。

图 4 答辩通过后与导师亚多夫(左)和巴特金(右)合影(1998 年)

持和理解,感激之情便油然而生,而回馈社科院对我来说就是理所应该的事。在赴苏联进修和俄罗斯留学期间,我有幸认识了亚多夫等多位教授,切身感受到俄罗斯学者的谦虚、真诚和对事业的热爱。我至今还记得在答辩前夕亚多夫对我讲的那句话。当时他见我有点紧张,便说:"潘,不要紧张,我们都是同行。"话虽只有短短一句,但其中饱含了他们对人和对学术的基本准则。

七、课题合作之悟

2001 年,社科院任命我为社会学所副所长。当时我已 55 岁,离退休只有 5 年时间,也就是一届任期,可以做些什么呢? 所里一些成熟的科研人员已有自己的一片天地。青年科研人员虽有系统的专业训练,但从业时间较短,暂时还没有足够的研究资源和明确的研究方向,当时的科研经费远不如现在充足。为了给青年科研人员更多的发展平台和空间,我与其他两位所领导商量,所里是否可以提出"孵化"措施,让青年科研人员可以根据自己的研究特长和需求,向所学术委员会申请立项一个小课题,为今后形成自己研究方向的课题做前期研究,一年后向所学术委员会汇报研究结果。虽然支持经费有限,但还是起到聊补无米之炊的作用。事后听取了青年科研人员的意见,他们认为,在当时情况下这一措施还是解决了他们的燃眉之急。

进入 21 世纪后,国内的社会学研究机构都在积极布局,开辟新的学术增长点,积累长远的研究优势。2002 年、2004 年,中国社科院社会学研究所以"社会分层""社会流动"为主题,相继发表了两本研究报告,在国内社会学界产生了重大影响,也对所里的科研人员带来了很大触动:一个研究所如何形成特色的主攻研究方向,打造出可持续的学术成果品牌,既能以此促进学科建设、服务社会,又能培育研究队伍、多出人才。我当时分管所里的科研工作,经所领导班子讨论之后,决定先组织所内的年青科研人员一起酝酿研究选题和实施方案,然后再请资深科研人员提出建议和意见,力争集全所之力实现破题。

经过讨论,大家认为可以尝试用"社会认同"这个概念来设计课题:一是"社会认同"研究国内尚不多见,有利于同其他研究机构错位竞争;二是"社会认同"概念涵盖面广,综合性强,所内大多数科研人员都方便参与;三是"社会认同"研究可以和社会结构研究具有很强的互补性,社会实践意义突出,由此所产生的研究成果易为国内学界认可。在这一点上,2005 年及之后中国社科院社会学所、上海大学社会学院也相继出版了阶层意识和社会认同的著作，印证了我们当初的判断。在课题酝酿的过程中，所里还征求了当时正在留学的李煜和吴愈晓两位同志的建议和意见，最终形成《上海城市社会变迁与社会认同中长期研究计划》。可以说，这个研究计划汇聚了所里众多科研人员的辛劳和智慧。

2004年，借助上海市委宣传部拨给社科院专项科研经费的机会，作为落实这项研究计划的第一步，所里申请到了经费支持，并成立了"上海城乡居民社会意愿研究"课题组。所里大部分科研人员都参与了进来，干劲昂扬。当时大家都希望将这个课题不断滚动拓展下去，做成一个可持续的课题孵化器。值得一提的是，课题组每个成员都将这个集体研究项目视为己任，到郊区农村和市区基层社区进行田野调查从不言苦，也没有一个人提个人的报酬和提成收入，一切服从课题研究需要。经过大家一年的努力，研究成果以《上海市民社会意愿研究》的专著形式出版，获得了良好的社会反响。

2006年，院党政办公会议决定成立俄罗斯研究中心（后来易名为俄罗斯中亚研究中心），已卸任社会学所副所长职务的我被任命为中心主任。中心成立的任务之一是把以前积累的俄罗斯和中亚国家研究的资源传承下去。在俄罗斯研究方面，对我而言基础最好的切入口是社会学研究，因为我自己在本院的社会学所工作多年，又曾在俄罗斯科学院社会学所攻读研究生，两边的人头比较熟悉、便于组织合作研究。我与社会学所的同仁一起商量，决定在所里中长期研究计划和《上海市民社会意愿研究》的基础上，与俄罗斯科学院社会学所合作开展《中俄社会结构与社会认同比较研究》。这一提议得到俄罗斯同行的积极响应。当时，俄方的副所长З.格林科娃告诉我，她专门查阅了历史资料，据她判断，我们这项研究是中俄两国社会学史上第一个大规模的真正社会学意义的实证比较研究。

图 5　在中俄合作课题新闻发布会现场(2009 年,莫斯科国家新闻中心)

　　历时 3 年共同努力,2009 年 6 月,中俄双方学者在莫斯科国家新闻社举行课题成果新闻发布会。参加新闻发布会的除了中俄双方的研究人员,还有中国驻俄罗斯大使馆官员、新华社记者、俄罗斯国家新闻社、《俄罗斯报》《共青团报》《新报》《生意人报》《探索报》等多家俄罗斯主要媒体的记者。发布会上,中俄双方代表用科学的数据回答了与会记者提出的问题。其间,有些记者提出一些对中国不友好的问题,俄方学者用调查数据予以驳斥,义正词严地说,这是数据支撑的科学结论,不容怀疑,使得提问者哑口无言。会后,中国驻莫斯科大使馆科技处负责人找到我们,表示这是中俄合作的一个很好范例。他说:"到莫斯科来有很多代表团,你们这一次真正给中国人长脸了。"为了表示奖励,他当场邀请我们在新闻发布会结束后去大使馆做客。后来,大使馆科技处还专门发了明码电报到上海社科院,对这次活动给予表扬。

通过这项合作研究使我体会到,开展切实有效的课题合作,是建立和深化对外学术文化合作交流的重要途径。在3年的合作研究过程中,双方使用当今国际社会学界通用的话语和标准交流,找到了学术上的共同语言,建立起合作上的信任关系,这能在更深的层面拓展对外合作交流,对外交流合作的资源也就能得到有效的传承和延续。同时,合作研究的成功让双方都能受益,继续合作和资源传承的动力也就会更加持久有力。在这项课题之后,俄罗斯科学院社会学所又与我院社会学所开展了"社会政策和社会管理"的合作研究,俄罗斯科学院圣彼得堡社会学所与我院社会学所徐安琪研究员领衔的家庭研究中心连续完成《现代化进程中的家庭:中国和俄罗斯》和《变动中的家庭和代际关系:俄罗斯和中国》两个课题,均获得了俄方学者的高度评价,甚至美国的一家世界顶尖学术出版社闻讯之后,主动找上来门来并免费将其中的一项专著成果予以出版,这在国内社科研究历史上恐怕是很少见的,这既使人振奋,也让我对学术研究及合作之道有了更深的体悟。我这些年从事国际学术交流的体会就是,国际交流如果能通过课题合作的方式来进行,才能起到结合与凝聚双方科研人员的作用;不忘学术初心,合作研究产生高质量成果,不仅双方学者直接受益,也有益于提升社科院和社会学所的声誉。目前,社会学所与俄罗斯方面的交流与合作已经制度化和常态化,也结出了累累硕果,我对此感到十分欣慰,也希望两国间的学术交流在新生代科研人员的努力下持续取得长足的进步。

访谈整理:夏江旗

刘汶蓉　薛亚利　张　亮

社会学所的家庭研究：
徐安琪研究员访谈录

　　徐安琪，女，研究员，中共党员。1947年生。1982年毕业于华东师范大学政教系。同年进社会学所工作，2010年退休。曾担任上海社科院家庭研究中心主任兼任中国社会学会家庭社会学专业委员会主任，中国婚姻家庭研究会常务理事，上海婚姻家庭研究会副会长。主要从事家庭社会学和性别研究，曾主持完成国家和上海市社科基金、美国福特基金等30多项课题。著有《中国婚姻质量研究》《风险社会的家庭压力和社会支持》等多部著作。在国内外核心期刊上独立或合作发表大量论文。曾获上海市哲学社会科学、邓小平理论研究和宣传优秀论文/著作一、二、三等奖，获中国社会学学会、中国妇女研究会、上海市社会科学界联合会、上海社会学学会、上海妇女学学会等颁发的优秀论文一、二等奖20多项。1992年和2002年被评为"上海市三八红旗手"、2007年获"上海市劳动模范"称号、2008年获"全国五一劳动奖章"、2010年获"全国先进工作者"荣誉称号。

带领下,和杨善华等多位同事共同参与了由中国社科院社会学所牵头,中国婚姻家庭研究会会长、社会学家雷洁琼任学术指导的国家哲学社会科学"六五"规划的重大课题《中国城市家庭研究》,这是当初国家的 3 个重点项目之一。该项目是新中国成立以来,社会学领域首次运用定量方法,并采用现代统计技术和电子计算机技术进行数据分析的大型抽样调查。之后出版了《中国城市家庭——五城市家庭调查报告和资料汇编》《中国城市婚姻与家庭》等多本调查报告、资料集和论文集,除了薛素珍、杨善华、徐安琪外,本所的黄彩英、陶冶、卢汉龙、许妙发等都参与了调查报告和论文的撰写。

徐老师印象较深的是,那时的入户访问真的是太容易了,问卷调查都是研究人员自己入户访谈的。调查对象大多热情配合、坦诚回答,这样大规模的调查不仅进行得很顺利,而且几乎没有调查员的劳务费和被访对象的误工费等预算和支出。正如雷洁琼教授在《中国城市家庭——五城市家庭调查报告和资料汇编》一书的前言中所说的那样,这次调查也培养和锻炼了一批社会学研究者的能力。因参与五城市调查结缘,徐老师先后多次和中国社科院社会学所的沈崇麟等合作,参与多个由中国社科院社会学所牵头的大样本抽样调查,如《七城市家庭调查》(1993 年),以及之后的中日合作项目《中国城乡家庭研究》等。

1985 年,徐老师以人民陪审员的身份在长宁区人民法院蹲点一年,参与了 100 多个离婚案从立案、调解到审判、结案的全过程。那时的民事诉讼尚未实行"谁主张谁举证"的原则,承办人员为了认定原被告的夫妻感情是否破裂,要去当事人的单位、居委会,并对当事人父母和邻居等进行多侧面的调查。这样也就较为全面深入地了解了原被告发生冲突的前因后果,获得了不少在存档案卷中所没有或不完整的难得的第一手资料。经去粗存精、去伪存真的整理和分析,加上多年积累的 1 000 个协议和诉讼离婚案卷资料的编码统计,同时还以 1987 年本所主持的院重点课题所抽样调查的上海城市 500 对已婚夫妻的定量资料为基础,以她从书本中所习得、在调查中所体悟的、有限的家庭社会学和社会心理学知识,花了两年时间完成了《离婚心理》初稿,1988 年由中国妇女出版社出版,当时的所负责人、老社会学家李剑华还为之作序。该书 1991 年获上海社会科学院著作奖。

薛素珍老师退休后,徐老师在家庭婚姻研究中承担起更多的责任,独立研究的能力也逐渐形成。1987 年和 1993 年分别主持了"上海妇女家庭与社会角色、地位研究"和"中国城市家庭研究"两个院哲社重点项目,都是以概率抽样方法进行的大样本调查。1990 年还和上海市妇女联合会合作承担上海市科委重大咨询项目"上海妇女地位现状和对策"(课题组副组长),参与和负责全国妇联和国家统计局主持的"第一期中国妇女社会地位调查"中上海地区的入户调查,作为研究报告的主要撰写人、通稿和副主编。之后的 2000 年第二期、2010 年第三期中国妇女社会地位调查上海地区的调查研究也由徐老师作为实际操作者,主持调查员培训、问卷调查核实、数据复核、质量把关,以及主要执笔和通稿人之一。

1995 年底,根据上海社会科学院和美国福特基金会达成的基金会将每年资助 8 万美元研究基金的协议,徐老师的《中国婚姻质量研究》课题计划书,以选题出新、设计规范,成为唯一一个在竞争中胜出的资助项目,获得当时社科院数额最大的研究资助 7.3 万美元。结题时专家鉴定认为,该项目"在国内该领域中具有填补空白的性质",是"国内家庭社会学领域中一项高质量的研究",最终成果由中国社会科学出版社出版了《世纪之交中国人的爱情和婚姻》(1997)、《中国婚姻质量研究》(1999)和《中国婚姻研究报告》(2002)3本专著。研究结果被国内外学者和传媒广泛引用、转载、专访、报道。由于婚姻质量研究获得高度关注和好评,形成了品牌效应,徐老师又多次获得福特基金、美中学术交流委员会中国社会发展基金、中国婚姻家庭研究会、上海市和国家哲学社会科学基金项目资助,以及和日中社会学会现代中国研究会、台湾"中央研究院"社会学研究所、俄罗斯科学院社会学研究所(圣彼得堡)学者的多项合作研究课题,这些项目资源有力地支持了婚姻家庭领域的定量研究。

徐老师长年坚持在基层进行深入细致的调查研究,内容涵盖家庭婚姻研究领域各个方面:择偶、婚姻质量、家庭价值观、性别角色和地位、父亲参与、家庭压力、子女成本、婚姻权力、家庭暴力、离婚、单亲家庭、复婚、再婚和家庭政策等。在进行美国福特基金资助项目"中国离婚研究"实地调查时,她只身走南闯北,前往新疆和田、安徽凤阳、甘肃陇西、河北丰润、广东新会农村和济南、成都、哈尔滨、厦门、上海等城市的基层法院、民政局收集千余件离婚案资料,还对60多位离婚当事人进行了深入访谈,和法院院长、法官、律师、妇联工作者等进行深访和座谈。

徐老师还通过各类国家和地方的年度统计、人口普查资料,以及世界银行、《联合国人口统计年鉴》、经合组织、日本厚生劳动省、美国政府的数据和统计等网上数据库,收集最新和既往年度的资料。因此,她所积累的家庭领域专业资料的全面性和系统性,在学界可称首屈一指。这些立足于家庭研究各领域课题的抽样调查所获资料,以及各地区国家经济、社会、婚姻、家庭等的历史变化等学术资源,使她对研究对象有较全面的准确把握,在描述、评价或解释当前婚姻家庭领域的现状、特征及其新趋向、新问题,以及对结构性原因的分析等方面,有比较到位的发言权,由此也确立了自己和社会学所家庭研究在全国该领域的学术地位。

2001年,徐老师主持"单亲家庭福利及其社会政策"市社科基金项目,先是对上海13个区30个普通中小学的500位父母离异的学生和家长,以及1061个班主任进行了问卷调查,还采用多阶段分层概率抽样方法,在上海11个区50个居委会对500个双亲家庭和440个单亲家庭进行入户问卷调查。还分别召开了由单亲父母、子女以及法官、律师、婚姻登记和妇联维权干部等参加的6个家长座谈会,对相关问题进行深入了解。

2007年,徐老师的国家社会科学基金项目"城乡比较视野下的家庭价值观变迁研究"申报成功后,从问卷设计到试调查,反复修改,从一个个居委会去概率抽样,到调查培训和实施,从一份份问卷的复核、逻辑检查,到回访纠正,以及部分不合格调查的返工,从专著的理论构想,到结构框架,不知开了多少讨论会,修改了多少次。由于研究设计有深度,调查质量有保证,我们4位课题组成员利用该项目的研究资料,在国内核心期刊和国外SSCI期刊上共发表了18篇论文,最终成果《转型期的中国家庭价值观研究》专著于2013年由上海社会科学院出版社出版。

二、国际化与研究质量提升

80—90年代随着改革开放的推进,境外学者来访也日渐增多。30多年来,徐老师印象中起码接待过几十批、百余位境外家庭和性别研究的学者,或在应邀出访时拜访过不少知名境外教授,其中包括美国著名家庭社会学家 W. Goode 夫妇,克拉克大学社会历史学教授特玛拉·哈丽雯,加利福尼亚州立大学洛杉矶校区中国研究中心主任、历史系教授黄宗智,明尼苏达大学教授Pauline Boss、内布拉斯加州立大学林肯校区教授John DeFrain、Yan Ruth Xia,全美家庭关系委员会历届主席,包括Carol Darling、David H. Olson、William D. Allen、Paul R. Amato等,加利福尼亚州立大学洛杉矶校区中国研究中心主任阎云翔;日本社会学会会长、东京大学社会学教授青井和夫,御茶水女子大学教授袖井孝子,东京都立大学教授石原邦雄和日本京都大学教授落合美惠子(以上三位先后任日本家庭社会学会会长);台湾"中央研究院"社会学研究所教授伊庆春、台湾辅仁大学儿童与家庭学系教授利翠珊、俄罗斯科学院社会学所(圣彼得堡)所长叶列谢耶芙娜、Е.И.通讯院士等。其中不少被邀请来作学术报告,或长期保持交流与合作,与日本、美国、俄罗斯及我国台湾地区学者有共同合作的研究项目,获得了丰富的国际合作经验。

她最早开始合作的是日本学者。1988年,日中社会学会现代中国研究会成立后,主要成员根桥正一、中村则弘、木下英子、富田和广、东美晴等武藏野女子大学、筑波大学、早稻田大学、关西大学和甲南大学的青年讲师和在修博士,先行前来上海访问并到青浦县徐泾乡进行了3周的田野调查,并探讨中日合作研究的可能性。1989—1990年,日方人员再次来沪作农村调查。1990年7月,徐老师应中日社会学会会长、东京大学教授青井和夫邀请,赴日参加"中国城市家庭现状和今后发展"研讨会,并和日方研究人员共同讨论了由日本文部省资助的"中国都市和农村社会变迁的实证研究"合作课题的具体实施方案。本所田晓虹承担了大量中日双方的交流沟通、研讨会谈、问卷翻译等工作。1990年8月—1993年间,青井和夫会长和"中国都市和农村社会变迁的实证研究"中日合作课题的日方成员多次来沪进行实地调查。当时除了徐老师之外,时任所长丁水木研究员作为中方课题组负责人也参与了城市家庭的入户调查。该项目的农村调查资料由日方课题组成员多次来沪陆续完成,并出版了多项日文版专著。徐老师以上海市区800个家庭抽样调查资料为基础,撰写了该项目的中文成果《城市家庭社会网络的现状和变迁》,1995年发表在《学术季刊》,后被《中国人民大学报刊复印资料》和《中国社会科学》英文版转载。

1990年4月,联合国教科文组织(UNESCO)和人口基金会(UNFPA)委托中国社会科学院社会学研究所在北京召开亚太地区"家庭未来"国际学术讨论会。这是徐老师记忆中最早参加的国际研讨会。

图1 "亚太地区'家庭未来'国际学术讨论会"(1990年,左为徐安琪)

之后参加的国际研讨会越来越多,早期的如1995年9月召开的第四次世界妇女大会非政府组织妇女论坛"反对和消除对妇女的暴力",1997年10月在北京召开的第23届国际人口科学大会等。除此之外,她还曾10多次应邀在日本早稻田大学、美国加州大学洛杉矶校区和戴维斯校区、明尼苏达大学、内布拉斯加州立大学林肯分校、宾夕法尼亚州狄更森学院、韩国汉城大学、台湾辅仁大学、台湾"中央研究院"和香港中文大学等参加研讨会演讲或作短期访问。

图2 台湾辅仁大学"两岸社会变迁中的家庭与其相关问题学术研讨会"(1998年,左三为徐安琪)

与美国家庭研究学者的合作,在很大程度上要归功于美国内布拉斯加州立大学林肯校区儿童、青年与家庭研究系教授夏岩(Yan Ruth Xia)。据了解,夏岩是在中国知网上看到徐老师的家庭研究论文,然后通过邮件与徐老师联系的。2001年5月,她来上海与徐老师会面讨论合作方式,一致认为先合办一个国际研讨会。随之,经所领导同意后,徐老师通过邮件一件件具体落实会议的主题、天数、合办单位名称、参会人员、邀请哪些著名学者、经费承担、征文通知、住宿规格等。徐老师在这次回顾时找出 2001 年 7 月—2002 年 5 月会议筹备一年间不完整的回复信件就有 16 封。其实,这已是她第二次组织国际研讨会,第一次是 1997 年举办的"变迁社会的婚姻质量国际研讨会",也几乎是她独自一人筹备,幸好办公室的同仁在开会期间协助了会务工作。还幸亏当时境外参会人数不多,且多懂中文,无须同声翻译。

2002 年 6 月,在徐老师和夏岩教授的推动下,本所与美国内布拉斯加州立大学人力资源和家庭科学学院联合举办的"家庭:优化与凝聚"国际研讨会顺利进行。我们 3 个人当时还在华师大读书,也因各种机缘有幸参加了研讨会的会务工作。当时来自美国、墨西哥、韩国、孟加拉国、澳大利亚等 40 多位国外学者和 20 多位国内学者、社会工作、教育、心理咨询和治疗专家,不仅探讨"家庭为什么失败",更注重"家庭如何才能成功";既考察婚姻和家庭的稳定,更关切婚姻和家庭生活的优化和凝聚力。我们也因此与社会学所结缘,成为徐老师研究团队的一员,10 多年的紧密相处,共同讨论、贴心畅聊、日夜奋战,结下了深厚的情谊。

继这次会议之后,徐老师与夏岩教授陆续合作了 3 篇英文论文,发表在 SSCI 索引期刊上。不仅如此,两人还合作推动了几次国际研讨会,以及家庭教育和咨询的讲座、培训等(培训讲座详见"社会服务"部分)。比如,2006 年 9 月举办的"家庭暴力:有效预防和系统应对国际学术研讨会",特邀了美国内布拉斯加州林肯市反家暴委员会主任、内布拉斯加州卫生福利部保护与安全处负责人、内布拉斯加州立大学林肯校区教授、林肯市儿童支持服务中心主任、林肯市强奸和虐待危机中心主任、林肯市"友好之家"主任、林肯市兰开斯特郡假释、缓刑监督部门负责人、林肯市兰开斯特郡警署署长、兰开斯特郡检察官和圣伊丽莎白地区健康中心医生等反家暴委员会各职能部门的成员,围绕六大主题:"整合资源、系统应对""儿童虐待/忽视的应对""虐待的鉴定""家庭暴力的调查、起诉和执法""受害者安全"和"虐待的干预和预防",进行主题报告和参与式讨论,加强了中美反家暴方面的学术交流,在家庭暴力的概念、缘由和危害性,反家暴的法制建设和公众意识,对受害者的保护、救助和全方位支持,以及建立系统的协同应对机制等方面达成共识。

2007年6月,成功举办了"中美父亲参与比较研究"专题研讨会,该会议是家庭学特色学科签约课题"父亲参与:社会态度、个人经验和实际贡献"成果之一。除了徐老师,美国堪萨斯州立大学家庭研究与人类资源系主任Bill Meredith教授等5人分别作"父亲参与:社会态度、个体经验和实际贡献——中国首项父亲参与的社会学经验研究的中间报告""美国父亲参与的现状""美国的父职研究概述""美国父亲参与的教育与咨询""美国父亲参与的政策支持",美国明尼苏达州立大学家庭科学系在读博士Jason Wilde和与会者分享了他4年全职爸爸的经历和感受。50多位来自全市的社会学、心理学研究、教学人员、心理咨询和社会工作者参加了研讨。

与俄罗斯科学院社会学所(圣彼得堡)的合作,是由院俄罗斯研究中心主任潘大渭研究员当的"月老"。2012年7月,俄罗斯科学院社会学所(圣彼得堡)所长叶列谢耶芙娜,Е.И.通讯院士来沪拜访了家庭研究中心,确立了双方合作"现代化进程中的家庭:中国和俄罗斯"课题的意向。之后分别在圣彼得堡和上海召开了两次课题讨论的工作坊。经双方成员3年多的反复讨论、修改,该项目于2015年10月、2016年6月和2016年11月相继出版了俄、中、英文版的专著 THE CHINESE FAMILY TODAY。潘大渭研究员高度评价了中俄合作的高效和研究成果的质量,院外事处原处长李轶海对这三部专著出版,尤其是英文版在享有高质量盛誉的世界顶级人文和社会科学的学术出版社 Routledge 出版时感慨地说,"这太厉害了",打破了我院出版史上的纪录。

图3　3本著作的封面

在回顾自己的学术研究道路时,徐老师认为,国际化不仅体现在接待多少外宾,参加多少国际研讨会,和多少境外学者合作的项目,而在于了解国外该领域已有研究的贡献和缺陷、国外的新理论新方法,并注重结合中国国情,而不是照搬国外的研究思路,要站在巨人的肩膀上不断提升研究质量。她回溯自己的经历时表示,在进所后 10 余年的起步阶段,虽然也一直立足于实地调查,在与境外访问学者交流中,尤其是陪同日本、美国学者到农村调查时,也学到不少研究思路、访谈方法,但因为国内家庭研究大环境和自己的起点都不高,多数成果缺乏理论架构而仅为描述性研究报告。自 1995 年婚姻质量研究和留美博士、厦门大学教授叶文振合作起,开始重视国内外文献检索,方法上在家庭研究领域较早采用因素分析、回归模型等高级统计分析,使定量研究规划化,力图在传承和扬弃前人研究成果的基础上有新的探索和突破。之后的研究都在研究设计前做许多知识储备,努力使每个研究都引证规范、论证严谨、方法先进,并有所新发现和新贡献,具有学术价值或现实意义。

三、学科建设与社会服务

本所家庭社会学的发展一直致力于整合学界资源,推动学科建设和开展社会服务。从成立上海社科院妇女研究中心,到建立上海社科院家庭研究中心,再到中国社会学会家庭社会学专业委员会的成立,搭建的学术服务平台不断扩大,本所在家庭和性别研究领域的影响力也逐步扩大。

1995年4月,为迎接第四次世界妇女大会在中国北京召开,由徐老师牵头、获院领导和院妇委会大力支持的上海社会科学院妇女研究中心正式成立。副院长俞新天任首任中心主任,徐安琪为副主任,副院长姚锡棠和市妇联主席孟燕堃到会祝贺。之后,在她担任中心负责人的10多年中,出版了30多期《妇女研究通讯》,如今翻阅这些珍贵的历史资料,记录了社科院妇女研究发展高峰期的盛况:中心每年有工作小结和明年的计划,每季举行一次以信息交流、学术研讨为内容的"妇女论坛",论坛的专题有"婚姻法修改与妇女权益保障""社会变迁中的女性性别态度""社会性别概念在中国的应用""妇女研究新著评述""大众传媒和社会性别""跨学科研究方法在妇女研究中的应用"和"妇女发展的区域比较"等。曾邀请中国科学院院士、复旦大学谢希德教授,美国海外中华妇女学会斯坦福大学王政、加州长滩州立大学鲍小兰、波士顿塔天茨大学钟雪萍，美国东北大学历史系柯临清，著名作家王小鹰、陆星儿、竹林、王晓玉等来"妇女论坛"作演讲。

90年代中期深化改革开放以后，随着我国经济、社会的急剧变化，各种社会矛盾、问题的凸显，社会流动和融合，社会分层和公平、社会保障、社会建设、社会政策等研究日益兴盛和发展，而家庭作为社会最基本的单位，其研究却处于边缘化状态，不仅体制内招标课题寥寥，而且多数社会学专业不开设家庭社会学课程，更无家庭研究的专业杂志。徐老师看在眼里、急在心中，多次呼吁重视和谐社会建设中的家庭研究并付诸于行动。2006年，适逢院里再次启动重点学科和特色学科的团队合作方式和科研平台，徐老师主动申报了家庭学特色学科，并通过了由市哲学社会科学规划办公室委托专家的匿名评审，获得每年10万元的科研经费支持，在此基础上，在院领导的支持下筹备成立了院家庭研究中心。

家庭研究中心成立后，不仅开通了国内首个家庭研究学术网站，使之成为与海内外同行进行学术对话、信息沟通和将科研成果向应用转化的窗口，并为家庭研究提供了多学科的研究资源，搭建起学界和社会共建共享的家庭学知识传播的平台。中心还编辑出版了网络版电子刊物《家庭研究通讯》，前后共发行了28期。考虑到中国目前尚无一本家庭研究的专业刊物，中心创刊了《中国家庭研究》，以年刊形式汇集本土和海外学者在中国婚姻家庭研究领域辛勤耕耘的精品，既作历史记载也为学术积累，并成为教学和研究的系列参考书。自第二卷始，陆续刊发境内外家庭研究的首发论文，以及经典或最新的译作，期待通过引介海外研究的选题方式、理论视野及研究方法，给国内学界以借鉴和启示。

中心还发起并组织年度"十大国内家庭事件"评选，由国内家庭研究领域的专家推荐，评选出年度对中国婚姻家庭有重要或独特影响，以及有前瞻性的文化或政策导向意义的公众事件。自2008年中国社会学会家庭社会学专业委员会成立后，该活动由中国社会学会家庭社会学专委会的专家推荐并评议，至2016年，年度"十大国内家庭事件"评选活动共开展了11届。

2007年，徐老师牵头联络李银河、潘允康、风笑天等11位国内家庭研究专家，共同申请成立中国社会学会的分支机构家庭社会学专业委员会，经中国社会学会常务理事会通过后，中国社会学会家庭研究专业委员会筹委会成立，徐安琪担任总协调人，秘书处设在本所。随后进行了会员登记（共吸纳个人会员108人），在中心所办的"中国家庭研究网"开辟了"专业委员会"栏目。2008年9月10—12日，"家庭：全球化背景下的资源与责任"学术研讨会暨中国社会学会家庭社会学专业委员会成立大会在沪召开。美国家庭研究著名学者、宾夕法尼亚州州立大学社会学系教授Paul R. Amato、美国《婚姻与家庭评论》主编Suzanne K. Steinmetz，台湾辅仁大学儿童与家庭学系利翠珊教授、香港中文大学社会工作系马丽庄教授等嘉宾分别作大会学术演讲。专委会会员大会投票选举产生了45名理事，徐安琪研究员被推举为首届专业委员会主任，刘汶蓉为副秘书长。

自2007年起，我们在中国社会学年会先后组织了7次家庭分论坛。无论是网站建设、年刊发行还是通讯编辑，还是评选年度"十大国内家庭事件"，以及组织年会分论坛，都是为学界同仁的义务服务，我们分工负责这些不计分无酬劳的工作毫无怨言，徐老师更是亲力亲为、一丝不苟，为此付出更多。

如前所述，徐老师与夏岩教授合作，带领我们中心成员共同组织筹办了好几个提升家庭生活质量实务专业的国际培训。比如，

2005年7月17—21日,和上海心理咨询培训中心、上海婚姻家庭研究会、美国内布拉斯加州立大学教育和人类科学学院共同合办了"家庭压力与心理咨询高级讲习研讨班"。美国内布拉斯加州立大学林肯校区家庭与消费科学系、美国北伊里诺斯州立大学家庭、消费和营养科学系以及澳大利亚纽卡斯尔大学"家庭行为研究中心"的教授,就"家庭凝聚力评估""美国婚姻家庭咨询与治疗的发展历史、基本概念和方法""家庭压力和治疗""婚姻调适和临床治疗""青春期教育、家庭暴力和亲子关系的心理咨询""社区发展与家庭"等进行演讲和专题研讨。40多位国内社会学研究、教学人员、社会工作者、心理咨询、家庭治疗人员参加听讲、讨论,并获得结业证书。

2010年10月6—15日,家庭研究中心邀请美国家庭关系委员会前主席Carol Darling教授,美国圣路易斯大学咨询和家庭治疗系教授Craig W. Smith,美国内布拉斯加州立大学儿童、青少年和家庭研究系教授Ruth Yan Xia博士,印度塔塔社会科学院家庭和儿童福利所代所长Lina D. Kashyap博士等7人,在上海社会科学院、上海婚姻家庭研究会、华东师范大学社会工作系等,分别作"美国的家庭生活教育:政策、实践及培训"和"婚姻与家庭治疗:稳固关系,改善生活——情绪聚焦治疗法""离婚夫妻的社会工作介入""父母与成年子女间的积极沟通和互动的咨询问题""孩子养育中的常见咨询问题""伦理和文化问题:如何成为一名好的治疗师""印度的婚姻、家庭及其社会工作"等多场讲座,来自家庭社会学专业委员会的上海会员、高校师生、妇联、社区工作者近200余人听讲并研讨。

2016年6月,我们还和上海市妇女联合会主办了"上海市家庭教育指导者(国际)培训班",美国家庭关系学会(NCFR)主席

William D. Allen 教授,以及 NCFR 国际部部长夏岩教授、教育部部长 Dawn Cassidy 等 5 位资深指导师、心理咨询师组成的讲师团,就家庭生活指导师的工作性质、职责素养、服务内容和理论基础等作主旨演讲,来自全国各地的 150 多位学员参与听讲和研讨。培训结束后,学员们还获得由中国社会学会家庭社会学专业委员会和美国家庭关系委员会颁发的中英文版家庭生活指导师的结业证书。

我们还邀请家庭研究中心的特聘研究员、美国内布拉斯加州立大学林肯校区教授 John DeFrain 在家庭研究中心、研究生部和居委社区作"约会、择偶和同居""亲密关系的冲突和沟通""美国家庭和夫妻的凝聚力及其所面临的挑战""创伤儿童的心理治疗"和"家庭:文化多样性背景下的跨国界透视"等系列讲座,受到普遍好评。

在社会服务方面,徐老师也密切关注婚姻家庭研究领域的重大理论和现实问题,以自己的研究积累和独到见解服务政府决策与社会和谐发展。如在 2000 年婚姻法修改的过程中,一些婚姻法权威学者把离婚率上升与社会道德失范、青少年犯罪挂钩,并提出限制离婚、确立配偶权、惩罚第三者等立法建议。她根据多年的调查研究积累,敏锐地发现这些观点的偏颇之处,并陆续撰写了《离婚率上升的主要原因是青年人道德水平下降吗》《父母离婚与子女犯罪关系的学术拨正》《限制离婚:婚姻法修改的误区》《有无和好可能:夫妻感情是否破裂的判断标准》等 7 篇论文,其中 6 篇被《人大报刊复印资料》全文转载。为此,她还作为唯一的社会学界代表,被全国人大常委会法制工作委员会特邀赴京对《中华人民共和国婚姻法修正案(征求意见稿)》进行立法论证。她还在院里组织了"婚姻法修改与妇女权益保障专题研讨会",数十家媒体和网站进行转载报道,全国人大法制工作委员会的内刊和《新华文摘》转载了会议纪要,其中一些立法建议被采纳。

特别值得记录的是,徐老师还推动了我国离婚率统计方法的修正。她在多年的研究中发现国家统计中的离婚率计算公式存在错误,以致中国的离婚率被人为地翻番,不少研究者还因此得出中国大陆的离婚率高于日本、韩国及我国香港及台湾地区的错误结论,并被传媒广泛传播、误导民众。于是,她多次在内外刊物上发表文章论述错误的源头以及国际通用的概念和公式,呼吁离婚率统计与国际接轨,未能引起有关部门重视,就直接给民政部写信,后收到回信说,经民政部、国家统计局和高级人民法院有关部门共同讨论,肯定了她的提议。2006年起,国家统计改用国际通用的粗离婚率计算方法,保障了国家统计的科学性和权威性。

四、学术贡献和影响力

由于感到缺乏专业训练,为了适应当今时代的高科技、信息化,以及多学科综合研究的发展趋势,徐老师不断通过自我学习,提高自己的电脑应用和高级统计分析技术水平,并广泛吸纳经济、法律、人口、统计和心理学、妇女学等相关学科的新理论、新方法,不断调整、优化自己的知识结构,以提高成果质量,确保自己紧跟时代的步伐和站在学术前沿。徐老师对科研工作始终坚持高标准、严要求,无论在实地调查、资料核实还是在学术探讨上,都保持一丝不苟、精益求精的科学态度,不进行低水平的重复劳动,或使用一个不可靠的数据、提出一个缺乏验证或论证不充分的立论,有很强的精品意识和创新能力。

徐老师在项目选题时非常注重调查数据的开创性,选择那些在国内缺乏实证数据的项目进行研究。她与合作者所做的研究大多是境内学界首次使用概率抽样的大样本专题调查研究,如婚姻质量研究、父亲参与、家庭压力、单亲父母、单亲家庭子女等研究。比如,关于择偶标准的变迁,以往的经验研究多以方便抽样的大学生、征婚男女为对象。她采用概率抽样方法对不同年代已婚男女回溯的婚前觅偶标准,同时还询问了当事人在经历了这些年婚姻生活实践后经过反思、修正的新认识。所撰写的《择偶标准:50年变迁及其原因》一文在1999年中国社会学学术年会上作大会发言后被评为优秀论文一等奖,并于《社会学研究》(2000)发表,《中国人民大学书报资料中心》(2001)作了转载。中国知网的检索显示,该文的下载次数为8 350次,被381篇论文所引用。

还比如,她对单亲家庭的研究,不仅填补了当时国内单亲父母和单亲子女大样本规范研究的缺失,也丰富和发展了相关的理论构架。在研究方法上有所创新,以全面测量代替单一指标测量,并分别建立综合模型和多维模型估计不同侧面和总体影响,既吸取西方的学术精华又与中国的实际情况相结合。该课题发表于《中国社会科学》2001年第6期的《父母离婚对子女的影响及其制约因素》(与叶文振合作),获第六届上海市哲学社会科学优秀成果论文类二等奖。另一篇《单亲主体的福利:中国的解释模型》(和张结海合作)的论文,在《社会学研究》上发表后被香港中文大学网站全文转载、中国社会科学院院报摘要转载,获第七届市哲学社会科学优秀成果论文类一等奖。

据不完全统计,徐老师从事家庭和性别研究30余年来,共发表论文、专著和研究报告近200万字。在社科院认定的甲类核心期刊发表了50多篇论文(其中《中国社会科学》2篇、《社会学研究》9篇、《中国人口科学》6篇、《青年研究》11篇、《社会》6篇、英文

SSCI 索引期刊 5 篇),在乙类核心期刊发表了 30 多篇论文,在台湾大学《社会学刊》《应用心理研究》(台湾)和《中国社会科学季刊》(香港)各发表 1 篇。被《社会经济问题专报》采用 5 篇,《人民日报情况汇编》和《解放日报情况简报》各采用 1 篇。其中有 10 篇论文被《新华文摘》和《中国社会科学文摘》转载,27 篇被《中国人民大学报刊复印资料》转载(分布在社会学、民商法学、妇女研究、青少年导刊、人口与计划生育、社会保障和精神文明导刊专辑);3 篇被《中国社会科学》(英文版)转载。研究成果共计 10 多次获中国社会学学会、中国妇女研究会、上海社会学会、上海妇女学会、上海婚姻家庭研究会等学术团体颁发的优秀科研成果一等奖;8 次获上海市哲学社会科学优秀成果一、二、三等奖。此外,徐老师以科学、可靠的经验数据对一些流行的错误舆论或结论进行了学术拨正,其研究成果不仅为学界肯定,也被国内外众多报纸杂志、电视台、电台所转载、摘录或报道。

  不仅如此,徐老师在研究生教学方面,也因教学方法多样化,具有启迪性、互动性、以丰厚的研究积累、严谨的教学风格赢得学生的广泛尊敬和好评。社会学所硕士研究生胡俊琳的学位论文《亲密关系暴力:一般家庭的发生率、性别差异及影响因素——以兰州城乡家庭为例》被上海市教育委员会和上海市学位委员会评为 2010 年度上海市研究生优秀学位论文,这也是当年我院唯一获得此荣誉的学位论文,指导老师徐安琪也因此获优秀毕业论文导师称号。她还在学生感情经历、家庭生活出现困扰、陷入低谷时屡屡给予专业的、贴心的心理和经济支持。而在她经历先生病危过世悲痛心碎时,历届学生立即联络起来精心印制了一本"徐老师,我们爱您"的影集以表达师生情谊和深切的慰问及诚挚的爱心,令徐老师无比感动和温暖。学生们至今仍和徐老师保持着紧密沟

五、结　语

　　时光如白驹过隙,转眼社会学所复建已 40 年,经前辈们的不懈努力,本所的家庭社会学研究已经拥有了较高的学术站位。因为家庭研究,我们有缘和有幸认识徐安琪研究员,认识了一个如此痴迷和醉心于家庭研究,把几乎所有可能的时间都用在工作上的人,哪怕是节假日,哪怕是病痛日……靠着这种超强的自律意志和忘我精神,她在家庭社会学领域开创了一片学术高地,同时与国内外一批权威学者常年保持合作,全身心的学术投入使她在国内外获得了一系列的荣誉。我们欣慰于有这些荣誉去匹配和赞扬她的努力和精神,在推动学科发展和社会进步的道路上,总有这样的人和这样的精神,值得我们尊敬和感动。

　　生活中的徐老师个性魅力十分鲜明。在我们 10 多年合作伙伴的眼中,她永远是个纯真的学者,她既会因学术观点的不同争得面红耳赤,为一些传媒、学者的舆论误导而愤慨不已,也会捧腹大笑起来如孩子般可爱;既在国际会议上严肃缜密地阐述她的最新研究,也会衣着精致如同从画面上走下来一般优雅、亲切……尽管徐老师现已退休,但我们仍经常一起讨论着学界的最新成果,今后的研究方向、课题的实施或论文的修改等,畅谈着家庭生活的理论和实践的经历、体验和感悟。传承前辈的使命感和拼搏精神,追赶同辈的新探索和高效率,任重而道远,我们仍需在家庭社会学的研究道路上加油前行、继往开来!

王莉娟
社会学所的早期历史

王莉娟,女,高级政工师,中共党员。1949年生,1987年毕业于上海大学社会学系(大专),1998年获中共上海市委党校本科学历。1968年赴崇明前进农场20连工作。1978年调入上海社会科学院组织部工作,1979年参与筹建上海社会科学院社会学研究所,并先后担任社会学所学术秘书室主任、办公室主任和社会发展研究院办公室主任、党总支副书记等职。2000年受聘为高级政工师。1999年获上海市"三八红旗手"称号。2005年1月退休。参与研究的获奖项目《现行户籍管理制度与经济体制改革》(合作)获上海市哲学社会科学优秀成果(1986—1993)论文二等奖;《浦东新区流动人口调查报告》(合作)获浦东新区综治系统1995年优秀调研报告一等奖;《浦东新区外来流动人口的现状和特点》(合作)获上海社会科学院1995—1996年度优秀成果著作奖。

我们社会学所筹建于1979年,我是当时的三人筹备小组成员之一,另两位已经年迈过世,之后我又长期担任社会学所的行政管理工作,直至2005年在办公室主任的位置上退休,应该说经历了社会学所筹建和早期发展的整个过程。社会学所的学术档案制度也是在我手里建立起来的,这有助于我回忆和梳理社会学所早期的历史。下面,我从机构沿革、干部任用、人员构成、学术研究、国际合作等方面介绍一下社会学所的情况。

一、社会学所机构沿革的风风雨雨

1979年7月,复建后的社科院领导通知黄彩英同志,要筹备成立社会学所。黄彩英是沪江大学社会学专业的毕业生,长期从事行政工作,后来调到社科院组织部。当时我也在社科院组织部工作,黄彩英就问我能不能一起参与筹备,我当时表示自己完全不懂社会学,开展工作有困难。黄彩英的回答我至今记忆犹新,她说:"大学社会学系已经取消了30年,现在根本找不到年轻的社会学毕业生,如果你现在开始学习社会学,你和大家的起点是一样的,甚至比后来者起步的更早。"我觉得她说得有道理,就同意了。筹备组中还有一位老同志,叫薛素珍,她是燕京大学社会学专业毕业的,当时已在我院部门经济研究所工作。我们三人各自移交了自己的工作,成立了社会学所筹备组,黄彩英任组长,我和薛素珍为筹备组成员。

1979年9月,社科院给了一间办公室,就在现在本部大楼的二楼,让我们与马列所筹备小组合用。同年12月,社科院向市委宣传部呈送关于建立马列主义、毛泽东思想研究所和社会学所的报告。市委宣传部拟同意后向市委组织部打报告,申请建立这两个所。1980年1月25日,市委组织部拟同意后又向中共上海市委打报告,提出建立两所的意见。时任市委领导夏征农和陈沂都在报告上批示了同意,并转王一平阅。

1981年3月,市委批复同意李剑华任上海社会科学院顾问,兼管社会学研究所的工作。4月,经所党支部大会选举,院党委批准成立社会学所党支部委员会,由黄彩英、陈树德、陆妙英三位同志组成,黄彩英为支部书记。6月13日,院党委讨论决定,社会学研究所建立所务委员会,由李剑华、黄彩英、薛素珍、周荫君、陈树德组成,李剑华负责。

1983年7月20日,上海市编制委员会下发了《关于确定事业单位人员控制数的通知》,明确了社科院的编制数是1229人,其中社会学所编制数34人。虽然市委关于成立社会学所的正式批文始终没有下达,但市编委的通知先下发了,所以我们一直将市委组织部"拟同意"并报经市委领导批示的报告日期,也就是1980年1月25日视作社会学所正式建立的日子,为规范起见,我们写成"社会学所(筹)"。

1984年3月31日,经院长办公会议研究决定,部门经济研究所人口理论研究室并归社会学所;4月4日增补张开敏为社会学所所务委员,参加所务委员会工作。1985年4月29日,市委下发了《关于成立上海社会科学院社会学与人口学研究所的批复》,当时尚未核定所的单位级别,暂按局级政治待遇发给文件,参加会议。1985年10月31日,张开敏被任命为上海社会科学院社会学与人口学研究所所长,丁水木任所党支部书记兼副所长,原社会学所(筹)所务委员会相应撤销。

1987年1月10日,市委同意上海社会科学院社会学与人口学研究所定为相当于副局级单位。同年9月和11月,社科院分别向市委宣传部和市编制委员会打了两份报告,即《关于成立上海社会科学院人口学研究所的报告》。同年12月,市编委同意成立上海社会科学院人口学研究所,所需编制由院内部调剂解决,机构级别相当于处级,原社会学与人口学研究所同时更名为社会学研究所,副局级的机构级别不变,人口所就正式从社会学与人口学所中分离了出去。

应该说,我们是全国科研机构中最早复建社会学所的。我记得上海市社会学学会是1979年9月19日成立的,当时我们已经在筹备建所了。从高校来看,上海大学社会学系应该是全国最早复建的社会学系,当时称为复旦分校社会学系。

从所级领导干部任命的情况来看,筹备建所最初阶段是由黄彩英任负责人,1981年,市委同意李剑华担任上海社科院顾问,分管社会学所工作。同年6月成立社会学所所务委员会,李剑华任所务委员会负责人,黄彩英任所党支部书记。1985年,市委批复成立社会学与人口学研究所后,任命张开敏为所长、丁水木为党支部书记兼副所长,李剑华依然是顾问。1988年6月,丁水木被任命为上海社会科学院社会学所所长,也就是社会学所首任所长。1994年5月,卢汉龙被任命为社会学所所长。

2001年12月,院长办公会议通过社会片4个研究所(社会学所、青少所、宗教所、人口所)实行行政合署办公的方案,4个所的建制不变,行政实行合署办公,建立社会片所长会议轮值主席领导制度,聘任我为社会片办公室主任。

2003年9月成立上海社会科学院社会发展研究院,社会片更名为社会发展院,卢汉龙为社会发展院院长,杨雄为副院长,我为办公室主任;原社会片党总支更名为社会发展院党总支,杨雄任党总支书记,我任副书记。

这大体上是社会学所筹建开始到2005年我退休时的所级干部任用情况。

简单来讲,我们社会学所的早期机构沿革分为三个阶段:从1979年9月—1985年4月28日,是"社会学所(筹)"的阶段;从

1985年4月29日—1987年12月24日,是"社会学与人口学研究所"的阶段;1987年12月25日至今,是"社会学研究所"的阶段。这样讲是有依据的,脉络也是比较清楚的。

我再简单介绍一下所里研究室的设立过程。1980年7月底,我们共设立了5个研究组、1个资料组和1名学术秘书。5个研究组分别是:妇女儿童组(组长薛素珍)、青少年组(组长陈信生)、劳动就业组(组长周荫君)、中老年组(组长黄彩英兼)、社会学理论组(组长陈树德);资料组组长是郑佩艳;吴书松任学术秘书。

1981年4月,青少年研究所成立,原先青少年组的很大一部分研究内容就由青少所来做了。第二年,所务委员会就调整了所内研究组的设置,设立以下研究与行政组,即家庭婚姻组(组长薛素珍)、社会工作组(组长陈信生)、基础理论组(组长陈树德)、劳动组(组长周荫君)、编译组(组长潘大渭)、资料组(组长郑佩艳)和学术秘书组(组长吴书松)。周清任办公室主任。1983年底增设城乡发展组,由钟荣魁任组长。

1985年成立了社会学与人口学研究所后,科研方向和机构设置进一步调整,成立了人口、社会学基础理论、社会发展、社会生活4个研究室,设立办公室、资料室和学术秘书室3个科辅和行政机构。1986年2月25日,经所长办公会议讨论决定,并报院领导同意,配备了以中青年为骨干的正、副室主任:人口室由左学金任主任、沈安安任副主任;基础理论研究室由陈烽任主任、潘大渭任副主任;社会发展研究室由钟荣魁任主任、陈如凤任副主任;社会生活研究室由卢汉龙任主任、徐安琪任副主任;吴书松任学术秘书室主任兼资料室主任,毛雷杰任办公室副主任。所还拟定了《社会学与人口学研究所十二条规定》,从组织上、制度上保证科研工作的正常秩序。

陈信生是言心哲老先生的学生,当时陪着言老先生去北京参加恢复社会学学科建设的相关会议,回来后从北京带来了不少信息,他是1979年10月进所的,是除了黄彩英、薛素珍和我之后第四位正式进编的同志。后来,我们又从各大中专院校等单位招录了一些外语、文史哲专业毕业的人员,当时主要考虑到要翻译国外的社会学与社会研究资料,同时要找一批能写的"笔杆子"。为了充分挖掘社会学专业人才,先后聘请了一批已经退休的社会学老专家和在工作岗位无法调动的社会学专业学者为我所的特约研究员。第一批聘请了言心哲、范定九、应成一这三位已退休的老先生;以后又聘请杨洁曾、李钊、孟还等10位特约研究员。

1980年,通过中国社会科学院暨地方社会科学院招收社会科学研究人员考试后,卢汉龙、杨善华和过永鲁被上海社会科学院录用为社会学所研究人员。过永鲁后来不久就去了蛇口工业区的一家企业,离开了上海;杨善华几年后考取了北大社会学系研究生,他是雷洁琼的学生,在北大毕业后留校任教,后来还担任了北大社会学系的系主任。卢汉龙一直留在所内,后来长期担任社会学所的所长。到1980年底,我所已有在编人员23人,特约研究人员13人。1981年成立了所务委员会和党支部,至此,社会学所从机构到队伍均已初步成形。

从1983年开始,复旦分校的社会学系有了第一批毕业生,这是社会学重建后的首届毕业生,我们招录了两位,也就是许妙发和郑乐平。在1985年和1986年,我们又录用了夏国美、傅铿和陆晓文,他们都是复旦分校社会学系的毕业生。

至1987年6月,我所首批老社会学专业的人员已全部退休,即黄彩英、薛素珍、周荫君、陈信生、陶慧华、郑佩艳、方仁安、吴锦芳等。1987年后,我们陆续有自己培养的硕士生留用,也录用了一批其他院校毕业的硕士和博士毕业生,人员年轻化,社会学所的研究队伍也越来越壮大了。

2002年5月,为了配合所的研究工作开展,社会学所又聘请了4位特约研究员,分别是市民政局的马伊里、市计生委的谢玲丽、市统计局的郭弈凯和市社保局的戴律国。

图1 时任社会学所所长卢汉龙向第二批特聘研究员颁发聘书(2002年)

三、社会学所的科研活动

社会学建所以来以应用研究为主,开展了大量的社会调查研究,在80—90年代是以社会指标与生活质量、家庭婚姻、社区发展等领域为所的重点研究方向,1996年,应用社会学被列为院重点研究学科。

我们所的主要课题类型：一是国家、市、院三级重点课题（简称三类重点课题）；二是国外基金课题和中外合作课题；三是政府委办局的委托课题；四是所级重点课题；五是其他课题。"六五"（1981—1985）期间是以所重点课题为主，18项课题中有16项为所级课题，占89%；"七五"（1986—1990）期间以国家、市、院三级重点课题为主，占65%，政府委托课题占20%，中美合作课题占15%；"八五"（1991—1995）期间是三类重点课题、政府委托课题和中外合作课题，分别占38%、33%和29%；"九五"（1996—2000）期间三类重点课题、政府委托课题和中外合作课题分别占72%、6%、22%。

90年代，社会学所的国外基金课题和中外合作课题经费总额在全院占比较高。院外事处发的福特基金课题招标，我所科研人员申请的成功率也是比较高的。国外课题的经费最开始是由外事处管理，经费直接进外事处的外汇账户，外事处扣除10%的管理费，其余经费由研究人员直接到外事处报销。后来所里开设了独立的外汇账户，国外课题资金直接进入所的外汇账户，课题由所和院外事处联合管理，各收5%的管理费，其余经费由科研人员在所里报销。

我个人认为我们建所以来比较有影响的研究项目主要有：

一是编撰《社会学简明辞典》。鉴于社会学学科在我国已中断近30年，为了重启社会学学科建设，1979年4月，我所把编写工具书《社会学简明辞典》列为所的重点课题，由李剑华牵头，组织全所力量，充分发挥了所内外社会学专家的作用，合力完成了社会学恢复重建后国内出版的第一本社会学专业辞典。《社会学简明辞典》全书共计32万字，于1984年12月由甘肃人民出版社出版，主编李剑华、范定九。该书出版后在社会上收到良好反响，建立了很好的学术声誉，1990年被评为西北13省市优秀图书奖。

二是婚姻家庭研究是我所从筹建之初就涉足的研究领域，也是所里的传统优势项目和"拳头"产品。1980—1999年，此领域的主要研究成果有14项，其中：有3项系全国性大型调查课题，即薛素珍负责的"中国五城市家庭研究"（1982年），这是我所第一项国家重点课题；徐安琪负责的"全国农村婚姻家庭研究"（1987年）；徐安琪负责的"全国七城市家庭追踪研究"（1992年）；还有4项中外合作课题，即中美合作课题"中国农村家庭变迁"、中日合作课题"中国城市变迁的实证研究""转型期城乡家庭研究"，以及福特基金课题"转型期的婚姻质量研究"。这些课题成果丰硕，先后出版了14本专著，发表了数十篇研究报告和论文，在国内外学术界产生了较大的社会影响和学术声望。

三是卢汉龙负责的"社会指标与生活质量研究"，也是我所起步较早的重点研究领域。1985年，我所就参加了全国和上海的"社会发展指标研究"，并将社会指标研究与城市居民生活质量研究有机结合起来，拓展了13项研究课题。主要有"七城市市民生活和劳动意识"（国家基金课题，卢汉龙等）、"城市居民生活质量研究"（市重点，卢汉龙等）、"'十五'期间上海社会发展阶段判断与思路、战略、对策研究"（卢汉龙），沪港合作"沪港比较研究：社会福利与社会保障"（卢汉龙等），中美合作"上海市居民时间分配和生活质量研究"（卢汉龙等），"上海农村在经济发展中的社会变化"（卢汉龙、钟荣魁），美国福特基金课题"中国大城市居民生活时间分配"（卢汉龙），沪港合作课题"当代中国城市管理政策比较研究"（卢汉龙），沪台合作课题"华南沿海农村社会与文化比较研究"（卢汉龙）等。为了课题研究和一手资料积累的需要，我所于1987年、

1991年、1993年、1995年连续4次分别在上海市区随机抽取1 000余户普通居民,对其进行生活质量相关的结构性问卷调查,积累了大量的调查资料与数据。1998年,所课题组在全市4个区的4个不同生活水平的居委会抽取100户不同职业、不同收入水平的居民,每隔1季度进行1次入户调查,全年进行了4次追踪调查,对城市居民的物质文化消费情况进行全方位的调查研究。该领域的研究成果也相当丰硕,在国内外有相当的知名度。

四是夏国美负责的"艾滋病社会政策研究"。这个领域虽然起步较晚,但也是一个社会影响较大、学术声誉很好的系列课题研究。该项研究的经费以国际合作为主,主要包括福特基金会资助课题"中国艾滋病社会预防模式研究"(2003—2005年),美国国立卫生院资助、与美国欧道明大学/云南师范大学合作课题"艾滋病高危行为人群调查"(2003—2004年),美国国立卫生院资助、与美国欧道明大学/云南师范大学合作课题"流动人口女性艾滋病行为干预调查"(2004—2004年),香港乐施会资助课题"汇集上海边沿群体的声音,以推动修订、完善艾滋病法规"(2004—2006年),美国海洋环保科技局资助课题"艾滋病立法研究"(2004—2006年),美国国立卫生院资助、与美国欧道明大学/云南师范大学合作课题"流动人口女性艾滋病行为干预追踪调查"(2005—2005年),上海市禁毒基金课题"新型毒品滥用的现状、发展趋势和应对策略"(2006—2007年),美国国立卫生院资助,与美国欧道明大学合作课题"在流动人口中开展健康教育的实践模式"(2006—2010年)等。

这一类型研究的开展存在很多实际困难,比如调查样本十分难找,调查对象较难接触,但仍然取得了丰硕的研究成果,包括专著、研究报告,大量研究论文等。课题成果还通过召开国内外学术研讨会的形式发布,社会影响较大。

1996年5月,我们所承办的"社会学课题设计与操作研究班"在上海教育国际交流中心举行,来自全国24个省市的社会科学院社会学研究所和大学社会学系的39个代表,以及来自美国和我国台湾地区等地的4名教授参加研究班。上海市社会学学会的主要领导石祝三、吴铎以及院领导张仲礼、严瑾等出席了研究班开幕式。

1997年10月,我所召开"社会变迁中的婚姻质量"论文评讲会,会议收到各界征文近40篇,来自国内外80余位专家学者和社会工作者参加了会议。市妇联主任章博华,院领导张仲礼、严瑾、左学金等出席了会议。

图2 "变迁社会的婚姻质量"论文评讲会现场
(1997年,左起为卢汉龙、徐安琪、邓伟志、潘允康)

2002年6月,我所与美国内布拉斯加州立大学人力资源和家庭科学学院联合举办"家庭:优化与凝聚"国际研讨会,会议由所长卢汉龙研究员主持,院党委副书记张济康致开幕词,邓伟志教授代表中国社会学和上海市社会学学会在大会上致辞。左学金副院长出席闭幕式并致辞。会议围绕"如何增强婚姻和家庭的凝聚力,如何优化婚姻和家庭生活"的主题,采用主题报告和分组讨论相结合的方式进行学术研讨和交流。

四、育苗：社会学所的研究生培养

1985年,我所招收第一批研究生是与华师大合作,因当时我们所还没有社会学硕士点,是借用了人口学硕士点,借用华师大的吴铎为导师招了三名学生,胡建平(导师李剑华、钟荣魁),严春松(导师李剑华、吴铎),王玮(中途赴美)。1989年,人口学硕士点招收一名,即蔡青(导师张开敏)。

1990年,我所应用社会学硕士点获批准,但是给我们的招收名额很少,每年只有一个招生名额。1993年招收了社会学硕士徐榕,1994年也只招了一名。后来我们觉得这样太浪费师资力量,就提出要扩大招生名额;如果不行,就隔年招。因此,1995—1996年,我们停招两年,1997年招了3名研究生(郭莉、梁海宏、张林国);1998年招了2名(李煜和高延延);1999年停招;2000—2001每年招1名(分别是夏江旗、陈亮);2002年招了两名(李骏和李志宏)。2002年前,我们培养研究生的主导思想很明确,是为所里培养研究人员,毕业后基本上留在所里工作。这一期间留所工作的硕士生有胡建平、徐榕、梁海宏、李煜、夏江旗和李骏。

从2003年开始,院里有了新的规定,即自己培养的研究生原则上不能留在所里工作。之后,研究生的招生范围也开始扩大,2003年招收6名,2004年3名,2005年6名。

图3 社会学所第一批研究生答辩会(1987年)

五、所刊《社会学》杂志

1979年12月仍处于社会学所筹建阶段,我们筹备组就编辑了《社会学参考资料》,这也是我们所最早的刊物。当时是油印本不定期出版,该资料主要登载本所研究人员的科研成果,至1985年,共编印了96期,约250万字。

1986年4月,《社会学参考资料》改名为《社会与人口》,同时改为铅印,并由不定期出版逐步转为每季度出版一期。至1987年底,共编印9期,约70万字。

1988年下半年,所刊《社会与人口》改名为《社会学》(季刊),并申请办理了内部期刊准印证,主编为丁水木、副主编为吴书松。

1990年年初,中共上海市委原书记汪道涵欣然为本所刊物《社会学》题写了刊名。

六、社会学所与上海市社会学学会

1979年9月19日,上海市社会学学会成立,首任会长是曹漫之,上海社科院时任副院长蔡北华是学会副会长。当时我们已经在筹建社会学所,就派薛素珍参加了学会成立大会。1984年,第二届学会理事会成立,我所黄彩英任副秘书长。1989年,学会第三届理事会成立,石祝三任会长,我所丁水木任秘书长,学会秘书处就挂靠在社会学所。1989年10月31日,增补丁水木为副会长、吴书松为副秘书长。1993年7月,学会换届成立了第四届理事会,石祝三任会长,我所丁水木任副会长兼秘书长,卢汉龙、吴书松任理事;同年8月,我被聘为副秘书长,开始接手学会秘书处的具体实务工作。

1994年5月,我所参与筹备组织了在浦东新区召开的"1994年中国社会学学术年会"。全国人大常委会副委员长、中国社会学学会名誉会长雷洁琼,民政部副部长阎明复,中共上海市委常委、副市长、浦东新区管委会主任赵启正,中共上海市委常委、宣传部部长金炳华,中国社会学学会会长袁方,中国社会学学会副会长陆学艺,中国社会学学会顾问陈道,上海市政协副主席、上海社会学学会会长石祝三出席会议,并作了重要讲话。全国人大副委员长、中国社会学学会名誉会长费孝通发来了书面讲话,大会收到年会论文170余篇。

1998年6月成立的学会第五届理事会,石祝三任会长,卢汉龙任副会长,钱关麟任秘书长,我任副秘书长,卢汉龙、吴书松为常

图 4　社会学学会秘书处组织退休老同志新春茶话会
(2017 年,后排左二为王莉娟)

务理事,我为理事,丁水木为顾问。1999 年 11 月 12 日,费孝通教授来上海,我随学会的石祝三会长和钱关麟秘书长去衡山宾馆探望费老。2002 年 5 月的第六届理事会,邓伟志任会长,卢汉龙任副会长,吴书松任秘书长,我任副秘书长,我所有 5 位同志任理事,即孙慧民、夏国美、吴书松、卢汉龙和我。

2005 年 4 月 24 日,著名的社会学家、人类学家和社会活动家费孝通先生因病在北京溘然长逝。上海市社会学学会于 2005 年 5 月 11 日在上海社会科学院举办了纪念费孝通先生研讨会。会议由学会副会长卢汉龙研究员主持,学会会长邓伟志教授和来自上海大学、复旦大学、华东师范大学、华东政法大学以及上海社会科学院等各高校与科研机构的 40 余名专家学者出席了此次会议。2006 年 12 月产生的第七届理事会,邓伟志任会长,卢汉龙任副会长,潘大渭任秘书长,我仍然任副秘书长,我所孙慧民、夏国美、吴书松、卢汉龙、陆晓文、徐安琪和我 7 位同志任理事。

直到 2010 年 11 月 10 日学会第八届理事会产生,李友梅任会长,张钟汝任秘书长,理事会秘书处才转移到上海大学文学院。

由此可见,自 1989—2010 年的 21 年,上海市社会学学会秘书处一直设在社会学所办公室,17 年间我所丁水木、吴书松、潘大渭出任了三届秘书长。其间,社会学学会于 2000—2002 年度、2003—2005 年度、2006—2008 年度连续三次获"优秀学会"奖。我本人自 1993—2010 年担任了 17 年学会副秘书长,并承担了学会秘书处的实务工作,也分别获得 1992—1996 年度、2000—2002 年度与 2006—2008 年度"优秀学会工作者"称号。中肯地说,社会学所对上海市社会学学会是作出了较大贡献的。

访谈整理:朱妍

陈　烽
难忘的那些年、那些事

陈烽,男,副研究员,中共党员。1949年生。1977年毕业于上海师范大学物理系。曾任上海工业大学电机系助教、教务处科员。1980年调入上海社会科学院社会学研究所从事科研工作,1988年任社会学所副所长,1993年卸任,2009年退休。主要从事社会学基本理论和当代中国社会转型问题研究。《社会学的研究对象及其学科地位再认识》论文获上海市(1979—1985年)哲学社会科学论文奖,《社会形态的两重划分与我国当前社会变革的实质》获"纪念党的十一届三中全会十周年理论讨论会"入选论文奖和上海市哲学社会科学优秀成果(1986年1月—1993年12月)论文类一等奖,《市场经济、现代文明与当代社会主义及其初级阶段》获上海市第六届哲学社会科学优秀成果奖(2000—2001年)三等奖。

我是1980年底到社会学所报到的,这是我第一次踏入社会科学殿堂,自此圆了热爱社会科学的梦。我从小是个"好"孩子、"好"学生,但并不明白为什么要那个"好",只是喜欢得到夸奖和肯定。自从初中学习了"社会发展简史"以后,我知道了社会发展原来是有规律的，人活着追求上进、做个"好"人的真正意义在于自觉顺应客观规律，努力让自己成为推进社会发展的动力，而不是阻力。于是从此爱上了社会科学，孜孜以求地汲取关于社会发展的理论知识，好让自己活得"心明眼亮"。

下乡插队时我带了一大箱子社科书籍，在招收"工农兵学员"的文科测试中几乎得满分，在列入录取名单后被人"调包"而误入了理科。毕业后正在一所工科大学左冲右突、寻求"出路"时，忽闻社科院恢复建院正在招兵买马。于是以两篇"歪文"投石问路，看看社科院是否能够容得下我这种心性独立、思维"长角"的人。孰知当时的院、所"把门人"肚大有量，竟将大门向我洞开。

当时的所筹备领导小组负责人黄彩英与我谈话，直截了当地"正告"我，以我物理系"工农兵学员"的学历和专业，一开始只能在资料室工作，将来评职称也会很困难，要有思想准备……我很爽快地回答，只要能实现我从事社会科学的心愿，坐一辈子资料室也心甘情愿。没想到，也许是"考验"合格，一天资料室也没坐，就被派上了科研第一线。事后听说，老黄背后向人介绍，来了一员干将！

一、老年问题与实地调查

第一次上科研前线是加入老年问题研究组。当时，一项关于老年家庭地位的调查已进入尾声，我入组后承担了调查数据的统计分析工作。由于社会学研究自50年代中断后刚恢复，大家都是边干边学，统计分析中发现了一些问卷设计的逻辑偏差和漏洞，为了严谨、不糊弄，课题组又设计了补充问卷再作调查，直到得出比较合乎规范的统计数据。

然而，有些统计数据与原来预想的结果不相符，甚至相反。是修改数据,还是撇开数据另作解释?我们第一次面临科研"精神"和学术"道德"的考验。经过一番讨论,大家坚定了一定要从调查结果出发,而不是让调查结果服从自己的"先见"。最后,得出了诸如"虽然老年女性在日常生活中更有决策权,但在重大问题上仍是老年男性更有决策权""老年人社会地位的下降是社会进步的必然趋势,老年人社会赡养的完善和余热发挥的提高才是社会进步的发展方向"等当时尚为少见的老年问题解读。由于我做了调研报告的统稿工作,半途加入的我被给予联合署名,课题调研报告成为我的科研成果第一次正式发表在院《社会科学》杂志上。①

当时,老年人自杀和子女虐待老人现象是一个新闻报道和社会关注的热点。我与方任安、潘穆组成了老年人自杀问题课题组,第一次参加社区实地走访调查。正值盛夏,当时空调尚未普及,我们冒着35度以上的高温,汗流浃背地对一个一个自杀个案做实地调查,从居委会、邻居到家属,多方倾听、核实情况,中暑了,休息一下再干。调查最终又得出了与社会舆论和我们的预想大相径庭的结果。老人自杀的主要原因不是子女虐待,而是家庭矛盾和老人难忍病痛折磨,其中不乏老年心理与精神病变的因素。绝大多数子女并非"不孝""盼老人死",而是忍气吞声地承受老人的"作""多疑""迫害妄想"等,生怕老人自杀而落下被人唾骂的"恶名"。于是我们据实调整调研思路,转向着重探讨正视老年心理、精神病变及对家庭关系造成的困扰,提出加强老年心理、精神疾病的诊断与治疗,客观看待、妥善调适老人与子女关系,以及探索实施"安乐死"的法律、道德难题及现实可能性。由于触及"敏感"话题,我们的调

---

① 《老人的家庭地位与处境试析——对徐汇区新乐街道复南里委老人情况的调查》,《社会科学》1982年第5期。

研报告全文只能在所的内部刊物上发表。①

二、社会保障研究与访问香港

随着所的研究领域扩展和人员扩充,一开始按热点社会问题分组(青年问题、老年问题、劳动就业问题、婚姻家庭问题)的组织方式,逐渐向按照研究领域组建研究室转变,我被分到了新成立的理论室。由于所里前期研究的各种社会问题都涉及社会保障与福利问题,而当时国内的相关研究主要集中于经济领域的劳动保险(就业、失业、伤残、退休等)方面,我决定对国内外社会保障与福利事业的基础理论问题进行一次全面梳理。用几个月的时间查阅了当时所能接触到的中外港台书籍和资料后,我带上笔记和摘录,在第一次享受社科院职工集体疗养时,在莫干山参天大树的绿荫下,伴着徐徐微风、沙沙叶响,完成了文章的构思和草就。不久,一篇试图全面梳理、评论中外社会保障与福利事业的论文完成了,一万多字的长文发表在院成立不久的《学术季刊》上。② 文章尽管力求思想解放、破旧出新,但由于当时对旧的理论体系反思不足,还是带有不少"左"的痕迹,行文上也有一定政论色彩(同室的陈树德笑称,你最后的"建议"部分每段的开头都是"应当""必须",好像《人民日报》社论似的。)

尽管如此,这篇文章还是引起了海外的注意。不久,一位香港社会工作者联合会的成员专程来访问我,说这是他看到的第一篇大陆学者全面论述社会保障问题的文章,很高兴。他说随着大陆

---

① 《上海市卢湾区老年人自杀原因调查》,《社会学参考资料》1983 年第 4 期。
② 《论社会保障与福利事业》,《上海社会科学院学术季刊》1985 年第 3 期。

改革开放的推进,社会保障与福利问题一定会越来越重要,香港在这方面有着相当成熟的制度和经验,希望邀请我与相关学者组团赴香港访问交流。第一次遇到这种邀请外访的稀罕事,我还有些木知木觉,向所里、院里汇报后,都认为是一次出访了解外界的大好机会,一定要抓住。汇报到市里后,认为对方是工会性质的组织,我方也要以相应组织出面才合适,于是让社科院与市总工会联合组织了第一个上海市社会福利交流考察团。[①] 我院部门经济所所长姚锡棠任团长,部门所的两位研究劳动工资问题的资深研究人员加入,社会学所由陈信生、卢汉龙和我参加,市总工会也派了几位不承担论文写作的人员随行。

团员们大多是第一次公派出境访问,既兴奋又紧张。领补贴、置西装、换外汇,接受出访纪律培训(一切行动听指挥,遇事请示汇报,外出须两人以上同行……)。到了香港就像进了大观园,事事新鲜。第一次参加国际化标准的学术报告会,每个人作完报告后,都要接受对方事先安排的专家评论、与会者提问,并当场做出回应,这让我方很紧张。团里事先专门讨论了如何应对可能出现的"质疑""刁难"性问题,要求做到"不卑不亢"。报告会总体进行得比较顺利,双方礼貌周全,但也出现了微笑着的交锋和较劲。如对于失业率等"敏感"数据的追问,我方本着"内外有别"的规定,用外交辞令式的方法还能应付过去。然而,对方有学者直接对我方报告中普遍沿用的"历史唯物论""阶级分析法"提出质疑,认为是一种僵化、教条的分析框架,不应用这种套路去套一切。我方人员有些面面相觑,不知如何应对。

因为实际上多数人心中已对过去"左"的一套反感,但出访又

[①] 上海市社会福利交流考察团于 1986 年 11 月访问了香港。

不得不坚持"政治正确",所有学术报告事先都是通过外事部门审查的,带有对外"宣传"的性质。见一时无人作答,我自告奋勇上台作了回应,大意是说:改革以来内地学术界已经开始对过去"左"的一套进行反思,对历史唯物论和阶级分析法也作了不少新的诠释,去除"左"的教条成分之后,它们还是有其方法论价值的。你们说我们的教科书和文章有千篇一律的套路,可我翻阅了你们的教科书和文章,也常有众口一词的套路,然后举例说明。我的回应引起一片笑声。我说,作为两种学术流派,还是各自并存、取长补短为好。我的发言化解了会议的紧张气氛,事后得到姚团长的表扬,同行学者也对我的勇气和观点表示称赞。其实我心里明白,我的回答还是耍了些花腔。香港之行使我更切身地感觉到,要真正摆

图 1　参加沪港两地城市社会福利研讨会
(1986 年,右起为姚锡棠、陈信生、陈烽)

脱"左"的陈旧理论框架的束缚,任重而道远,那是我今后要着重努力的方向。

三、社会学的研究对象与学科定位

到了恢复不久的社会学领域,对什么是社会学总得有个清楚的认识。然而,当时人们对社会学研究对象和学科性质的界定,从交叉学科、横向学科、综合学科到剩余学科……五花八门,莫衷一是。为了理清自己的思路,我花了近两年的时间查阅有关文献,反复梳理、比较(期间由于连续到位于华东政法学院的书库从早到晚地查阅资料,造成颈椎疼痛僵直,不得不平躺了几个星期),最后终于找到了我自己认为最为准确的学科定位,厘清了社会学与其他学科的关系,推敲出了比较恰当的表述方式。成稿先是分为普通社会学与分科社会学两个部分,共两万多字,分别发在所刊和社联通讯上。然后又合并成一篇《社会学的研究对象与学科地位再认识》,第一次发表在中国社科界最高级别刊物《中国社会科学》上,[1]一时在院所引起轰动(当时传说在此刊物上发表一篇文章,就够评上高级职称,而我还是一个"白帽子"。几年后,此文获得上海市第一届哲学社会科学优秀论文奖[2])。不久,筹备创建社会学界最高级别刊物的《社会学研究》编辑部又向我约稿,我就把在社会学研究对象问题上的一些未尽之言写成了"二论",刊登在该杂志的创刊号上。[3] 直到今天,我仍认为这两篇是我真正把问题说

---

[1] 《社会学的研究对象及其学科地位再认识》,《中国社会科学》1985 年第 5 期。
[2] 上海市(1979—1985 年)哲学社会科学论文奖,中共上海市委宣传部、上海市哲学社会科学评奖委员会,1986 年 9 月。
[3] 《社会学—对社会作整体性研究的科学——再论社会学的研究对象及学科地位》,《社会学研究》1986 年第 1 期。

图 2　参加"纪念党的十一届三中全会十周年理论讨论会"
(1988 年,右起为陈烽、俞新天、李君如)

关于"三形态"的研究思考,使我重新认清了中国发展的方向,也成为从此之后贯穿在所有研究中的基线。

重建后的社会学界普遍追随大量引进的当代西方理论与方法,人们急于摆脱长期"左"的意识形态的影响,把教条、僵化的原有社会理论体系搁置一旁,供起来、绕着走。"历唯"和"科社"界虽然改革之后也在解放思想、自我反思,作了不少调整、更新,但仅靠在原有框架里打转,无法从根深蒂固的"左"的枷锁中彻底走出来。而西方社会学的基本原理部分,正是可资借鉴的思想资源。况且,马克思的理论本身也是西方学说,它与"非马"流派都是西方现代文明行进过程中的产物。我决心正面出击,不回避重大、尖锐的理论与现实问题,梳理、重构我国的社会发展基本理论,找到客观反映人类与中国发展的基本逻辑,打通"马"与"非马"的学术界限。

马克思关于人类社会发展三大历史形态的学说正是实现这种理论反思与重建的极好突破口。他关于前两大形态的划分,正与西方"非马"流派对"传统"与"现代"社会的划分相吻合;他关于第三大形态的思考,也与当代西方关于"后现代"和"未来社会"的研究有许多相通之处。而马克思的分析、概括在某些方面更深刻、更精到,对于观照当代世界与中国的发展仍有重要启示意义。应当通过"回到马克思""超越马克思",把马克思的学说与西方社会学理论中有关精华加以综合、梳理,对我国原有社会形态理论进行重构,弥补分析框架的严重缺陷,矫正对马克思学说的误解、扭曲和忽略,以便客观给出当代世界和当代中国的历史定位,清晰揭示中国当代社会转型的实质与走向。

与当时国内大多数关于市场经济的研究主要着重放在经济领域不同,我着力于揭示市场经济的普照之光对社会经济、政治、文化和阶层结构、城乡结构、人的发展等各个领域的投射,强调以市场经济为基础的整体社会文明的转变。随着研究思考和改革进程的深入,我进一步提炼概念表述,改进分析框架,增强对重大实践问题的理论观照,把对社会转型的整体思考不断推进。先后发表了《当代中国文化形态的性质及其转型》[1]《改革的实质性进展需要理论的根本性突破》[2]《中国当代社会的八大转型》[3]《市场经济产生的社会文明形态》[4]《市场经济、现代文明与当代社会主义及其初级阶段》[5]等论文,明确提出了"中国当代文化是'传统'型文

---

[1] 《上海社会科学院学术季刊》1989 年第 1 期。
[2] 《探索与争鸣》1989 年第 2 期。
[3] 《社会科学》1993 年第 8 期。
[4] 《探索与争鸣》1998 年第 6 期。
[5] 《上海社会科学院学术季刊》2001 年第 1 期。获上海市第六届哲学社会科学优秀成果奖。

化""市场经济、民主政治、开放文化、契约关系和个体独立本质上是现代文明,而不是资本主义文明""不是市场经济必须适应社会主义,而是社会主义必须适应市场经济""当代社会主义不是马克思所设想的共产主义社会的第一阶段,而是与资本主义'并行'的独立社会形态""中国在主观上试图超越市场经济和现代文明的发展阶段,在客观上却形成了一种自然经济和传统文明因素占主导地位的经济、政治、文化与社会体制""它在市场经济与现代文明的发展程度上,尚远落后于资本主义社会",以及"社会主义初级阶段是从传统文明到现代文明的社会转型期"等一系列很有针对性、冲击力的观点,并曾应邀在中国社科院社会学所、北京大学、北京社科院社会学所和上海的一些单位作学术报告,与同行和各界人士交流我的研究思考结果。

另一方面,我运用这一基本思路和分析框架,抓住改革实践中遇到的一些热点问题,先后对人才流动[1]、失业[2]、企业家阶层[3]、知识分子阶层[4]、社会结构转型[5]、社会分化[6]、道德重建[7]、政治转型[8],以及转型期腐败增生的根源等问题,进行了深入思考和研

---

[1] 《在人才管理观念上实现一系列变革》,《人才开发》1987 年第 3 期。
[2] 《商品经济与失业》,《社会与人口》1987 年第 2 期,《上海市社会保障理论研讨会论文集》,1987 年 4 月。
[3] 《商品经济社会与企业家阶层》,参加金三角企业家协会等主办的"企业家与中国经济发展研讨会",1986 年 11 月。
[4] 《商品经济与知识分子阶层及其思想工作》,参加上海市委组织部主办的"知识分子及其思想工作研讨会",1986 年 12 月。
[5] 《略论我国社会结构的转型》,《社会学研究》1988 年第 5 期。
[6] 《社会利益结构的转型与社会分化》,《社会学》1994 年第 4 期;《上海社会 15 年》(撰写"前言""社会转型""社会结构"及统稿),上海社会科学院出版社 1994 年版。1995 年 4 月获上海社会科学院 1993—1994 年科研成果著作奖。
[7] 《我国经济基础的转型与道德重建》,《上海社会科学院学术季刊》1997 年第 1 期。
[8] 《中国转型期政治形态的特征与走向》,《毛泽东邓小平理论研究》2003 年第 6 期。

究,发表(或内部提交)了一系列比较有深度、有影响、有触动的研究成果。有了理论分析的主心骨,真有些快刀斩乱麻、无往而不胜的感觉。

"三形态"研究也使我对社会学的基本理论有了新的体悟和把握。我在构建三形态理论框架时,归纳提炼出的"(分工)交换关系"和"占有关系",实际上分别对应于社会的功能结构和利益结构。各种社会学流派的一个基本分野就在于主要是着眼于交换关系还是占有关系,即主要着眼于功能(关系)结构还是利益(关系)结构。把握了这个基本线索,观察和分析各种社会现象与问题时,就有了两种基本眼光。把"功能"和"利益"两者的关系捋清楚,许多理论与现实问题就弄明白了。

五、建所初期的所内氛围

回想刚建所时,大多数人坐在一个大办公室里,人们的关系比较密切,相互帮助、集体探讨的气氛比较浓。那时还没有电脑、复印机,所里的内部刊物、研究人员参加学术会议的论文,都靠打字员用铅字在蜡纸上打印出来,用滚筒式油印机一页一页地"摇"出来,然后装订成册。装订工作是一项体力活,先是在一个大长桌子上,按页面次序把印好的纸张一堆堆排列开,然后围着桌子一张一张地顺序捡起来合成一份份,最后用订书机装订成一册册。文章越长、印数越多,工作量越大,每到此时招呼一声,有空的人就会过来帮忙。通常是一群人围着桌子依次打转捡拾页面,有两个人协作用订书机装订。这种流水线式的劳作,往往干着干着就成了比赛,看谁手脚快、不出错,后面的撵前面、前面的催后面,调侃起哄、欢声笑语,不一会儿就干得浑身大汗、头冒热气,脱了外衣再干……我的文章经常又臭又长，给打印、装订增加了不少工作量，有时为了赶时间，还连累打字员和帮忙装订的同事们加班加点，至今想起来仍心怀感念。

我到所里任职后推动建立了经常化的学术报告制度，无论是成果介绍、研究心得还是课题设计，争取每人每年至少报告一次（虽然没有完全实现）。所里学术氛围较浓，相互探讨，共同切磋，集思广益，成为常态。我所在的理论室最为活跃，经常举行聚会，一个个各抒己见，高谈阔论，火花四溅。兴头来了还会唱歌跳舞，最高潮的一次是所有人随着音乐，前后手搭肩膀接起长龙，玩起小鱼儿钻洞的游戏……

六、出访美国与合作课题

从 80 年代后期开始，院里受到美国福特基金会的资助，每年可以公派两名青年访问学者赴美进修。机会难得，名额有限，先是从经济、法律、哲学那几个大所开始选派青年学术骨干，逐渐轮转到小所。一天晚上，我突然接到一位院长助理的电话，说告诉你一个好消息，今年赴美访问学者的名额轮到你们所了，院里决定派你去，为期半年，你赶快准备一下。我一听就慌了，说让别人去吧，我的英语不行，所里有几个英语比较好的人。他说院里已经讨论决定你去，你就快去参加个口语训练班吧。于是硬着头皮，一边参加了个英语口训班，一边请张仲礼院长给我签署了推荐信，向美国的十几所大学发出了申请。几个月后，纽约市立大学研究生院向我发出了邀请，于是怀揣着院里发的美元和一颗忐忑不安的心，于 1992 年 9 月底登上了赴美飞机。

学校位于曼哈顿最繁华的第五大道近 46 街处，办完报到手续后，我就立即获得了使用办公室和纽约市立图书馆的学者借书卡等基本"待遇"。我的蹩脚英语勉强应付得一阵阵冒汗，赶快想方设法认识了几个中国留学生，向他们打听各种注意事项和"窍门"，并请他们有空时陪我去与社会学系的教授们作访谈交流。半年里，我除了把本研究生院的社会学教授一个一个访问了个遍，还走访了纽约地区其他大学的一些知名教授。教授们对中国社会学的发展状况知之甚少，我准备了一次介绍中国和我们社会学所研究状况的报告会，在校网上发广告，邀请感兴趣者来听。我自己起草了一个英文稿子，请在美国大学教英语的一位下乡集体户的"插兄"作了校改。到了那一天，人还来得不少。我硬着头皮用英语读发言稿，虽已反复练习，到时候还是咯咯愣愣，声音颤抖，头冒虚汗，等我念完之后，感觉全场人都跟着我松了一大口气。随后的问答，由我请来的中国研究生做翻译，这才完全放松下来。

　　一位去过中国的老太太问我对中国妇女地位的看法。她觉得中国女性普遍就业并不一定意味着地位高，看到各级干部都是男性，女性就业对幼年子女的养育也有影响。我说，中国的"妇女解放"与西方女性的自主奋斗不同，主要是由男性主导的政治"革命"自上而下地"被解放""被赐予"的。女性的自我意识和素质提高还跟不上，在家庭和社会中的实际地位并没有表面宣称的那么高。重男轻女还很普遍，包括女性自己。女性就业也使她们家庭和工作"双肩挑"，负担比男性更重、更艰难。国家虽然规定在干部提拔中女性要有一定比例，但实际情况并不理想。真正的妇女解放和男女平等还有很长的路要走。她对我的答复频频点头，并从此交上了朋友。以后多次邀请我到她家做客，参加一些社团聚会，到舞蹈俱乐部跳舞，让我对美国中产阶级的日常生活多了一些了解。

　　公派出国的机会难得，用着公家的钱，心理压力很大，总觉得要为公家办成些事。尽管不断有人告诉我：访问学者没有什么硬任务，回去写个汇报就可交差，不少人都利用这个机会打打工，挣点美元，美其名曰"体验生活"。可我总是过不了心理关，一天工也没打。硬着头皮（基本听不懂）旁听了一阵关于社会分层的课程，在课上介绍了国内在阶级阶层研究方面的新进展。我说在中国改革后，从阶级分析转向阶层分析是一种"激进"，在美国从阶层分析走向阶级分析是一种"激进"，两者正相反。美国师生听了都觉得很新奇。我还到学校图书馆和纽约市立图书馆，挑选、复印了一批有参考价值的书，并向被访问的教授们一一讨要他们的著作，以便带回给所里。

图 3　在纽约市立大学研究生院作学术报告（1991 年）

除此之外，我的主要心思都放在如何为所里"拉"成合作课题上。经过一番费劲、曲折的努力，终于联系成了中美合作和大陆台湾合作两项课题。

中美合作课题的达成相对顺利。系里一位搞工人运动出身、开设《资本论》课程的教授对中国很感兴趣,在一位中国研究生的建议下,提出搞一个关于中国知识分子状况的调查。我把研究范围限定在关于科技人员创造性影响因素的调查。回国后,美方教授负责申请研究经费,我在所内组建了一个课题组,撰写了课题论证报告,设计了问卷,美方教授阅后很满意。项目经上报市外办等审查通过以后,先进行了预调查。正式调查的样本除了有几个大型国企和中科院研究所外,还选了华师大、复旦两所重点高校,为此又邀请了华师大吴铎、复旦刘豪兴两位资深教授加入课题组,分别承担两校的调查。美方的那位中国留学生也到沪参加了调查。后来课题因故下马,我将自己起草的课题设计报告加工为论文《科技人员创造力的相关因素辨析》,发表在《社会学研究》杂志上①。而那位中国留学生利用到上海参加课题的机会,收集关于知识分子的资料,做了不少个别访谈,回美后经过近10年的打磨,写成了第一本系统研究1949年后中国知识分子演变历程的英文专著。

我访美期间促成的另一个与台湾合作的课题,过程则要曲折得多。我常去住处附近的皇后学院,结识了一位台湾清华大学社会学系的学者,他与台湾"中央研究院"社会学所的所长庄英章是好友,说庄英章已经在福建搞过合作调查课题,可以找他试试,并告诉我庄英章在圣诞节期间会来美看望在皇后学院读书的女儿。我决定抓住这个机会。那天,清华学者引见我时,庄英章正陪女儿去节日采购,态度客气而冷淡。中午约了一起吃饭,开始时气氛仍然拘谨。后来,他们两人说起对国民党"解禁"之后仍有不少"党

---

① 《科技人员创造力的相关因素辨析》,《社会学研究》1995年第5期。

国"遗风的不满,我插了一句话后,空气一下子解冻了。庄英章这才告诉我,他前几年与厦门大学合作进行的"闽南地区农村社会变迁调查"很成功。为了进一步开展吴语地区农村社会变迁的调查,他已经到过上海社科院几次,每次都是统战系统的人"接待"他,连在台湾学术界声望很高的张仲礼院长的面都没见着,非常失望。我建议他以后直接写信给我,由我通过科研这条线上报,争取把事办成,他听了很高兴。我回国后,他如约来信,我如约上报,达成了这项合作研究。

我所有多位研究人员参加了这个"吴语地区农村社会变迁"课题组,分别承担了江浙地区多个农村调查点的调研。课题结束后,全体课题组成员赴台进行了访问。

其间还有一些有趣的小花絮。为了便于接待来访的外宾,当年院里在刚建成的侧楼开办了招待所。一次,庄英章打电话给我,气愤地"告状"说女服务员竟然不敲门就进入他的房间,等等。我只好给招待所的负责人打电话,希望他们学习国际惯例,尊重客人隐私……类似的事情发生了不少,我成了他的全方位"顾问"。

这个课题还带来了一个重要的外事突破。庄英章在做好课题的各项安排之后,在返回台湾的前一天晚上给我来电话,表达感谢、告别之余,吞吞吐吐地说:"我心里一直有一个想法,不知该不该向你们院里提出。"我说你尽管说来听听。他说想邀请张院长到他们那里访问,但知道这事没有先例(张院长是全国人大代表),会很困难,但想试试,不知你们院里是否愿意……我一听毫不犹豫地说,这是大好事,请你等着,我立即向院里汇报。这时已是晚上8点多,庄英章第二天一早就要启程,必须在他动身之前给个回复。我给院外事处长家里打了电话,请他立即向院领导汇报。过了不久,他来电让我转告庄英章,说院里感谢他的一番好意,愿意双方一起努力试试。庄英章接电大悦,回台不久后就向张院长发出了正式邀请。经过两岸有关人员和相关部门诸多回合的努力,终于实现了张院长以学者身份赴台访问的"破冰之旅",在台湾学术界轰动一时,张院长也成为中国人大代表访台第一人。

七、腐败根源研究

关于社会转型向哪里去的基础理论问题解决之后,我发现改革实践出现了与理论"理想型"的严重偏差,最突出的表现就是愈演愈烈的腐败。于是,我决定把转型期腐败的严重增生作为一面镜子,深入探究其根源,寻找深层次改革的"指示器"。

对于腐败的根源,那些流行的"忽略世界观改造""传统剥削阶级思想的影响""外来腐朽因素的腐蚀"等"正统"分析,完全不能解释如此大规模、弥漫式、持续性的腐败增生现象。我力求揭示出非个体、非外部、非传统、非主观的现实根源,把重点放在转型期分析、阶层分析和体制分析上。

1996年,我先写出剖析转型期干部阶层变迁与腐败增生关系的第一篇文章,以《走下圣坛的干部阶层——关于转型期腐败问题的深层思考》为题发表在《上海理论内刊》[①]上(1997年修改为《转型期干部阶层的地位变动和腐败的利益根源及治理》,发表在《社会学研究》上[②])。一位副院长看后兴奋地来找我,说写得太好了,邀我一起搞一个关于反腐败问题的院重点课题,由我来做课题设计。我把题为"当代中国转型期反腐败研究"的课题设计做好后,

---

[①] 《走下圣坛的干部阶层——关于转型期腐败问题的深层思考》,《上海理论内刊》1996年第3期。
[②] 《社会学研究》1997年第5期。

组织中华慈善总会算起,中国现代慈善只有 20 多年的实践。20 多年来,党和政府的高度重视和大力推动,为慈善事业发展指明了方向;经济社会各项事业取得的巨大成就,为慈善事业发展奠定了坚实基础;蓬勃发展的慈善组织、公民不断增强的慈善意识,为慈善事业发展提供了有力支撑;新闻媒体对慈善文明之举的大力宣传弘扬,营造了良好的社会慈善文化氛围。慈善立法工作也取得了长足的进展,制定了《公益事业捐赠法》《红十字会法》《基金会登记管理条例》等一系列有关慈善的法律法规。《慈善事业法(草案)》经过多次研究论证,已纳入国家立法规划。这些相关的慈善法规相继出台,进一步规范和促进了慈善事业发展。一个以"政府推动、民间运作、社会参与、各方协作"为特征的中国特色慈善事业格局已初步形成。

在教育、科技、卫生、医疗、文化、环保、扶贫、救济及弱势群体保护等方面,众多的慈善公益机构承担着许多原本应由政府行使的社会职能,成为社会福利和救助体系的重要补充,为构建和谐社会发挥了积极的作用。

其次,在我国慈善事业积极发展的同时,也存在着诸多问题。譬如,在慈善事业的初创时期,根据我国的国情,依靠"行政力"和有实力的大企业、有名望的名人推动筹款,有它的历史合理性,但长此以往,就不符合慈善捐款的"志愿"性质和社会广泛参与的方向。慈善组织以"政府背景"和"名人效应"为基础建立的影响力,随着时间的推移和筹款难度的加大会逐渐减弱。社会各界对现代慈善事业发展的基本共识还没有形成;中国特色的慈善文化体系和现代慈善理念远远滞后于社会发展需要;我国慈善捐赠总量与人均捐赠数量仍相对较少;慈善法规政策与慈善事业发展要求仍不相适应;慈善领域尚缺乏对信息公开透明足够的内在动力和外部压力,影响到慈善公信力的建设进度。

再次,公民慈善理念的建立、普及与提高是慈善事业发展的基础。毋庸讳言,公民对政府社会的认同和信任度与公民慈善理念的建立、普及密切相关。转型期所发生的严重腐败现象,挫伤了公民的慈善热情,存在着严重的"救助弱势群体、发展慈善公益事业是政府的责任,与己无关"的社会心态。社会公众对一些官办的或有政府背景的慈善公益组织"吃着皇粮,拿着国家的钱(拨款或变相摊派)",打着公益旗号搞慈善的公信力提出了较为强烈的质疑,公信力建设已成为慈善事业发展的生命线。

与此同时,改革开放以来日益加剧的贫富两极分化,住房、医疗、教育等生活费用居高不下的压力,以及由此产生的公民对未来生活质量预期不确定性的担忧,都严重影响着慈善理念的普及和慈善事业的发展。

这些矛盾和问题的解决不会一蹴而就,它是社会建设的一个复杂系统工程,牵涉到政治、经济、社会、文化以及公民心理等方方面面问题,需要作长期坚持不懈的努力。

社会学所建所40年了。尽管我在社会学所只工作了短短10年,但就在这10年,我也见证了社会学所在智库建设学科发展、社会调查、学风培养、青年科研人员成长等一些根本问题上的长足进步。现在,40—50年代出生,建所初期进所工作的老同志基本都已退休。无论所领导层面,还是科研骨干层面,70—80年代出生的中青年科研人员已成为所的主力军。长江后浪推前浪,一代更比一代强。值此建所40周年之际,祝愿社会学所越办越好,多出成果,多出人才,在智库建设和社会学学科建设等方面更上一层楼,取得更大的成绩。

在中共七届二中全会旧址考察学习(2007年,后排右三为孙克勤)

郭太阳

"兵马未动,粮草先行":
我在社会学所的 31 年

> 郭太阳,男,中共党员。1951年生,1982年毕业于静安区职工业余大学中文专业(大专)。1968年11月—1980年3月在上海第十机床厂工作,曾任团总支书记。1980年3月进入上海社会科学院社会学研究所工作,先后任所学术秘书、资料室副主任、所工会主席以及办公室主任。2011年1月退休。

1980年初,听说上海社科院正在筹建社会学所,需要部分科辅行政人员,我就积极联系应聘,1980年3月调入社会学所。在此之前,我在上海市第十机床厂工作,从工人做起,后来又到厂的团总支和组织科等管理部门工作。

党的十一届三中全会以后,中断了近30年的社会学得到了恢复和重建。1979年,胡乔木代表党中央为社会学恢复了名誉,指出不能否认社会学,禁止社会学发展是违背社会主义根本原则的。邓小平也指出,过去多年忽视了社会学等学科,现在需要尽快补课。与此同时,中国社会学研究会宣告成立,标志着中国社会学重建开始。在这一大背景下,上海社科院也开始筹建社会学所,成为地方社科院中最早启动这项工作的机构,当时在院党委的领导下成立了社会学所(筹)党支部,由黄彩英老师任党支部书记,同时成立了社会学所筹备组,在党支部的领导下开始筹备成立社会学所的工作。

筹建中的社会学所需要科辅和行政人员。当时虽然社会学学科开始重建,有的学校已经开始准备建立社会学系和专业,招收社会学专业的学生,但只是刚刚入学,还没有毕业,最快也要两年后才能毕业,所以筹建社会学所的最大困难就是招人,只得到处找人,我就是在那个时候来到社会学所的。

所里在筹备过程中还从各个地方招了不少科研、科辅和行政人员,每个人的经历都不一样,但最终都到了一个地方工作。如果把那几年我们所同志们的履历都捋一捋,真是非常精彩,故事多到几天几夜也说不完,那是一个不可复制的年代!

后来,社会学所有了正式的编制后,经过几代行政管理人员逐渐完善,形成了制度完备的管理体制。

我进所后就在这栋大楼(指本部大楼)的235办公室上班,当时很多人挤在一间办公室。办公室的一角放着几个书橱堆放着一些书报杂志。吴锦芳和王承义两位同志是兼管资料工作的,我进所后,吴老师希望能够专心进行科研工作,就让我接手了资料工作。不久后,所里成立了"资料组",由郑佩艳老师负责,办公室改为316室,就在现在三楼电梯出口的位置,那个时候社科院只有三层楼,四楼是主楼的屋顶,记得是摆放通风设备的,只有在北面有一排搭建的房子,是几个大所的资料室。

我们资料组成立后,郑佩艳老师带我们全组人员到楼上几个大所的资料室拜访,学习他们是如何做好资料工作和办好资料室的。我记得在世界经济研究所的资料室,老院长张仲礼(当时是世经所资料室主任)亲自接待了我们,他介绍了世经所资料室的情况

图1 上海社科院第一期党员轮训班学员合影(1980年,后排左三为郭太阳)

后说,做好资料工作是社会科学研究很重要的一环,打仗讲"兵马未动,粮草先行",社科研究的粮草就是掌握的资料,社会学所现在是筹备阶段,你们的资料建设是白手起家,资料室任重道远。张老的一席话给了我们很大的鼓励与鞭策。

在316资料室工作过的同志,除了郑佩艳、王承义和我以外,田晓虹和吴书松也在那里工作过。当时所里有个不成文的规定,就是新进所的同志都要来资料室锻炼一段时间,一是熟悉所里的情况,二是了解社会学是什么,及其研究内容和方法。因此,有许多搞科研的同志都在资料室待过一段日子。后来随着社会学专业的毕业生越来越多,进人的要求条件更规范,这个不成文的规定就渐渐不再实施了。

图 2　与同事校对资料(右为郭太阳)

资料组的工作主要有两块,一是图书、报刊的征订、领取、管理;二是《社会学参考资料》的打印、装订、发送和邮寄。1958 年上海社科院刚建院时,办公地点在现在的华东政法大学,后来 1978 年复院的时候,院本部搬到淮海中路,院图书馆和部分的研究所留在了华东政法学院校园里。我们所当时还在筹建,财务不独立,图书、报纸、杂志订购都由院图书馆统一订,因此是通过华政那边的院图书馆来组织订阅,我们根据图书馆的订单,订阅科研需要的、符合专业发展的图书杂志和报纸资料,每周有两次班车去院图书馆领取新的图书杂志资料,再把旧的、到期要还的杂志资料还掉。当时王承义负责图书的出借,我负责杂志报纸的上架借阅。郑佩艳是总负责,包括与院图书馆联系,订阅各种书刊报纸资料,同时她还剪裁装订了大量的剪报等。

资料室的另一项工作是《社会学参考资料》的装订、发送和邮寄。这份资料在建所之初是以发表所里老师论文为主，同时也会摘录兄弟单位的研究成果，是一本油印的内部刊物。后来逐渐改为介绍社会学相关领域的最新成果，同时也会宣传所里进了些什么书及书的主要内容，以便更好地为科研人员服务，提供更多的"粮草"。

图3 《社会学参考资料》封面

《社会学参考资料》一般由所务委员会选题，吴书松负责编辑，定稿后交院打印室打印，后面的装订发送和邮寄，基本都是我们资料室来做。每期资料，我们都会发送给全国的相关研究机构和兄弟院系进行推广交流，扩大我们社会学所和社会学学科建设的影响力，比如给中国社科院、复旦大学、复旦大学分校（上海大学前身）等单位是肯定会寄的，这样逐渐建立了一个同行交流网。

1985年社会学与人口所研究所成立后，我们开始编辑出版《社会与人口》内部刊物（后来人口所分离出去后，改刊名为《社会学》）。

1981年成立所务委员会后不久，就设立了学术秘书组，吴书松任组长。我后来从资料组转到学秘组，主要做科研成果统计、课题管理等工作。

我记得社会学所在筹备之初聘请了一批特约研究员，这些研究员大多是已经退休的社会学老专家，例如言心哲、范定九、应成一，另一些同志是受雇于其他工作单位的社会学专业人士，无法进行工作调动，但仍然可以兼职为我所做一些指导性的工作，比如杨洁曾、孟还等。我印象中，他们几乎每个月都会来所里，大家会就一些热点问题交换看法，与所里的同志们交流，也会带来一些国内外的信息，当时的相关信息也确实是比较多的，有的是关于政治经济形势，有的是关于社会学界的动向，比如哪些兄弟机构开展了学术交流活动，哪些机构也在考虑成立社会学系或社会学研究所，等等。80—90年代，我感觉所里科研人员的主观能动性还是很强的，大家都很努力做研究，在没有太多经济激励的情况下，甚至自掏腰包，用自己的工资出去做调研，那个时候大家都有一股劲，就是想把我们的社会学做好做强！

我们所当时的外事接待任务比较多，虽然没有现在那么规范，但记得一直有境外学者或学术团体来访。相比之下，和兄弟院校相关专业之间的互访倒不是很多，因为当时还几乎没什么其他院校设立社会学系。

我刚进所时也兼做过人事行政工作。不久，周清从部队复员进所专门负责人事行政，我配合他工作。周清后来被派去市委党校学习，回来后就调到院行政处去了，几年后又调去上海电视台。周清离开我所后，毛雷杰从部队转业到我所接任人事行政工作。他从事所办公室工作直至2000年左右。他当时还是我们所党支

图4 与同事们调研时合影(右二为郭太阳)

部组织委员,兼任所工会主席,后来调任院工会任专职副主席。毛雷杰调走后,我开始接手所工会工作并兼任学术秘书。工会主要工作有选举职工代表参加院职工代表大会、推选市劳模先进工作者、开展文化体育运动等,丰富职工的业余生活,增进同事们之间的感情。之后,我们还成立了社会发展研究院,即宗教所、人口所、青少所和社会学所合署办公,由社会学所牵头,卢汉龙任院长,杨雄任党总支书记,行政一个所出一个人,我们所是王莉娟,担任社会发展研究院办公室主任。

如果要问我对哪几项所的集体研究项目印象深刻,我首先要讲的就是编纂《社会学简明辞典》。我记得当时是李剑华提出成立编纂筹备小组,这个动议并不是上级指派的任务,也不是哲社办委派的课题,而是老先生们讨论出来要做的事情,也是第一个举全所之力的项目。这本辞典1984年于甘肃人民出版社出版后也是广受赞誉,还得了奖。这应该算是中国社会学恢复重建后第一本学科工具书，对于中国的社会学学科建设也起到了积极作用。

另一个我印象比较深的集体项目就是薛素珍老师发起的"张家弄调查"，是80年代在复兴路到南昌路的一个里弄中所做的全面调查，主要就是为了捕捉大的时代变迁下普通民众的社会生活与婚姻家庭发生的变迁。记得这个调查后来还有后续课题，但具体情况我记不太清了。

另外，卢汉龙老师有重视社会调查与社会资料收集的科学意识，他很看重建立自己学科的数据库和资料库，记得他组织了一个团队来做这件事情，包括陆晓文、李煜、朱妍等几位都是团队成员。听说现在这个数据库已经做起来了，这也是我们所的财富，所的资料建设这几年有一个电子化的提升和飞跃，"粮草"也更精更好。

我在社会学所的31年，资料、学秘、行政、工会的工作都有涉及，甚至还搞过三产，参加过部分课题的调研，这些工作主要都是为科研服务，协助所里更好地开展科研，多出成果，出好成果，培养人才，也可以说是为科研做好"粮草"保障。2020年是我们社会学所建所40周年，想起2010年我做办公室主任时，在时任所长周建明、副所长孙克勤、陆晓文的指导下筹备了所的30周年所庆，做了一系列展板图片，用图片形象反映了30年我们社会学所从无到有、硕果累累的过程。我们邀请了北京及外地专家学者和以前在所里工作的同志们欢聚一堂，陆学艺、杨善华、吴愈晓等老师都来了，上海高校领导、社会学学会领导也来庆祝，成为联谊我们所与各界交流互动的平台。

一转眼又一个10年过去了，迎来了所庆40周年，新的所领导也已接班，作为最早进所的老同志之一，我衷心期待社会学所的未来越来越好！

访谈整理：苑莉莉、朱妍、束方圆

孙抱弘
我与"人的研究"：
从青少年问题到民族性发展

孙抱弘，男，编审，中共党员。1951年生。1985年于上海教育学院（已并入华东师范大学）本科毕业。先后在上海房地产管理学校、上海公安学院基础部及管理系任教，并担任教研组长、室主任等。90年代初进青少年研究所工作，先后任《当代青年研究》杂志编辑部主任、副主编、主编，青少所副所长、党支部书记。2009年起任院国民精神与素质研究中心主任，《现代人与公共哲学》杂志（内刊）主编。2011年退休。主要从事青少年及国民素质研究的基础理论研究，撰写论文近百篇，30余篇被人大复印资料转载；撰写专著多部，代表作为《现代社会与青年伦理》（2007年）、《从"人"到"好人"——公共生活与青少年品德养成》（2013年）、《让"人"做"好人"——当代国民素质的历史性反思与发展性愿景》（2017年），并作为总编主持完成"后现代视野与青年研究丛书"3本、"新民、新人、好人研究丛书"3本。完成国家社科基金项目及上海市社科基金项目共4项。2000年获得首届"中国青年研究突出贡献奖"。

从 1982 年算起,我的教学与研究经历迄今已有 37 载,而期间自觉或不自觉地涉及"人的研究"的经历则占了八成。这一方面是与自身较为独特的读书、求学、教学研究经历有关;另一方面则是与我喜读杨国枢先生与沙莲香教授有关"人的研究"与"民族性研究"的著述有关;再就是与我多年来喜用多学科的视角探究各种社会问题的兴趣相关联。

在首届马克思主义与新时代中国青年论坛上发言(2019 年)

一、读书、读书再读书:从少年到老年

作为六七届的初中生,作为一个非"红五类"的逍遥派,我的读书生涯,准确地说是阅读社科类书籍,始于"文革"初期,一直延续至今。在家中的藏书全被抄走后,我发现了抄家者出于疏忽或不知什么原因而留下的几本书,其中一本是艾思奇的《辩证唯物主义与历史唯物主义》,一本是大历史观的提倡者黄仁宇的早期作品

《荡寇志》。于是这两本书成了我学习哲学与历史的入门读物。艾思奇的书我整整读了一年,写的笔记差不多超过了原著的字数,在我的狼吞虎咽下,其观点和立场在相当一段时间里影响着我对事物的观察分析;而黄仁宇关于中日战争的历史报告则使我对历史产生了追根究底的兴趣,因为书中写到的抗战中的中国远征军的史实是我闻所未闻的——在当时还是历史的禁区(此书在黄仁宇的大历史观成为大陆显学时得以重版)。

1968年,我被分配到一家数千人的公司当工人,一年半后我被调到公司当宣传干事与总经理秘书,并阴差阳错地被指定兼管公司图书馆,清理"封资修"的图书,这就成就了我的又一段读书经历。公司的图书馆在公司职工食堂的一角,这可能是公司食堂的前身——南京路上有名的大华舞厅的化妆间。当我撕开封条进入房间时,几乎惊呆了,数万册的图书摆满了几个大书柜,柜顶的图书一直堆到高高的天花板,还有几十堆捆扎好的书籍摆放得满地都是。从此,我开始了漫长的"清理"——也就是我的读书时光。雨果、司各特、斯汤达、大小托尔斯泰、屠格涅夫、狄更斯等的小说,普希金、惠特曼的诗歌,车尔尼雪夫斯基、杜勃罗留波夫的美学,文艺评论等,都成了我的"盘中餐"。借着重开图书馆的由头,我还购进了马恩全集、列宁全集、二十三史(《清史稿》尚未出版)以及大批外国学者著述的国别史,靠着与新华书店的铁关系,还购到了不少当时只供省军级领导阅读的社会科学与文艺书籍。当然,这些也成了我心仪的读物。"清理"图书实际上成了我的阅读时光,数年下来书"清理"完了,却一本也未处理掉。"文革"结束,这些书很快成为可供外借的抢手货。经典作品中人性的光芒、对人性的探究都深深地影响着我,成为我对"人的研究"兴趣的源头。

二、求学与教学：从单学科到多学科

"文革"中的阅读经历，触发了我广泛求学的意向与独立思考的旨趣，也造就了我独特的求学历程，更影响乃至左右了我后来的教学与研究方向。

"文革"后期，我只要有机会，就会以多种身份进入大学课堂与图书馆，学习中外历史、哲学乃至无线电工程学，这种无学历的游学，让我在那个漠视知识的年代持续积累知识，提升思考问题的能力。"文革"结束不久，我就成了一名文科教师，并取得了本科学历，更游走于中文系、教育系、历史系的课堂，在与许多刚刚被平反的"右派"、又充满教学热情的学者型教师的交流中汲取学养与智慧。当一些大学陆续开设研究生课程后，我又迫不及待地走进了"教育心理学""文艺心理学""美学""社会学""社会哲学""社会统计""文艺批评""阅读学"等的讲授课堂。多学科的学习与探索，扩大了我的视野，更加上作为生物学者的父亲对于世界万物关联性理念的影响，使我日益关注那些交叉学科，深感在那里蕴藏着无限的新领域等待着人们去开发。

由此，我在日常的文科教学中，一方面在传统的学科中引进新思想、新内容；另一方面，我还大胆开设交叉性、边缘性的新课程、新讲座，诸如思维与信息处理、思维与写作、文化社会学、价值社会学、经济社会学、历史社会学，等等，在那个"科学的春天"里，这些都属于前沿的思考。这些课程的开设调整了我的知识结构、丰富了我的思维方式，为我以后"人的研究"，即跨学科为主的研究，打下了基础。

三、青少年与国民性的研究：
从问题到发展，从分解到整合

90年代初，我从学校进入社科院，从边教学边研究走进了专业研究领域。或许正如杨国枢先生所说，我算是那类游牧型的学者——至少我是想成为这样的学者，因为太多的学科兴趣与问题探索早已使我不愿意成为某个学科的知识传播者，而是想成为社会进步发展的探讨者。也正如杨国枢先生所言，社会研究归根结底是人的研究，因为离开了人，哪里有社会？！正因为这样，沙莲香教授和杨国枢先生关于人的研究和民族性探讨的著述深深地吸引了我，也引领着我用自己的研究视野思考着人的发展、民族性发展的问题。但不知出于什么原因——或许涉及范围太大，偌大的国家，在分析哲学、分门别类搞学科研究的现代社科研究氛围中，似乎并无"人—民族性研究"的专门机构。为此我进入了全国社科系统中唯一研究"人—青少年"的机构，边编辑、编审青少年研究的专业刊物，边开始了"人的研究"。

在相当一个时期内，研究青少年是将其作为一个社会问题来看待，青少年对主流社会的"偏离"与"吸纳"是研究的重心。不过我以为，问题与发展应成为青少年研究的两大主题——问题只有在发展中才能解决，而且也只有针对问题，才能实现发展。为此，我将系统论、结构论、过程论引入了青少年的研究，将青少年的问题与发展置于其成长、养成与培育，乃至社会日常生活的大系统结构中加以建构性、过程性的分析解读，并探寻其实现目标的科学之路。沿着这一思路，我先后撰写了数十篇论文，完成了两部专著《现代社会与青年伦理》（2003年）、《从人到好人——公共生活与青少年品德养成》(2013年),主持召开了10多次较大规模的青少年养成教育与青少年研究基础理论建设研讨会,并获得首届中国青少年研究突出贡献奖(2008年)。

2009年,在哲学家童世骏教授(现任华东师大党委书记)、人口学家左学金教授(时任上海社科院常务副院长)与青少年研究所老所长金志塑教授的支持推动下,上海社科院正式成立"国民精神与素质研究中心",由我主持,并经新闻出版局批准出版《公共哲学与现代人》(后更名为《公共世代与现代人》)杂志。近10年来,在沙莲香教授的直接指导与支持下,在邓伟志、李德顺、唐凯麟等大学者的关心帮助下,中心出版杂志百余期,学术著述、文选6种。近10年来,我主张在人的发展、民族性发展的理论研究与实践探索中,定性与定量、主义与问题、理想与现实、实然与应然的均衡互动,稳步推进。在撰写一系列论文的基础上,完成了专著《让"人"做"好人"——当代国民素质演进的历史性反思与发展性愿景》(2017年)。

回望历史,多年的研究使我深感:第一,提升国民素质,当下较为切实可行的是拓展思维科学的教育,以提升国人独立创新的意识与能力,以及协商合作的理性与精神。在人的研究、青少年的研究中,在反思20世纪中国新民、新人的理论与实践的探索中,那种过度的理想化的追求,那种疾风暴雨式的、群众运动一类的做法,都是行不通的,不仅无效,而且还会带来灾难性的后果。而多种学科的探讨、多个民族的实验,似乎都指向一种可行的、温和的、可持续的路径,那就是通过思维科学的研究,通过思维教育的过程,转变人的思维方式方法,来提升人的创新能力与合作理性,改善人际关系、民族关系和国家关系,构建一个和谐的人类命运共同体。可以说,这才是社会发展、人的发展或者说是民族发展、人类发展要真正实现的目标。早在70—80年代,处于战火中的教育大国以色列就将思维教育的实验列为其教育部的两大追踪性研究课题,美国、韩国、德国教育界的有识之士也相继跟进类似的理论研究与实践探索。我国的两弹元勋钱学森、科普大师高士其也在80年代大力宣传、普及"思维科学",可惜的是,迄今中国的思维科学研究与思维教育的普及并未达到两老当年希望的水平与规模。第二,民族性发展的研究,立足本土化、多学科、多层次的展开;从分学科的分析研究到多学科的综合研究,从单学科的结构要素分解性研究到跨学科的结构功能整合性研究。民族性及其发展的研究,应以提升国民的现代素质与开展科学的国民大教育为重要目标,应与本土化的心理、文化研究相结合,并将其作为结构性的要素展开结构功能性的研究。由内部到外部、心理到文化,由分解到整合、静态到动态展开。这里,本土心理研究在这个系统中处于内部的核心地位。除了一般的心理研究外,还应展开大众—精英、传播—教育、宗教—信仰、文化—生活、伦理—道德等心理的分类专项研究;应在厘清西方相应心理研究外延、内涵的基础上,揭示本土相应心理研究在不同文化背景中与前者的差异,并由此适时整合分类研究的成果,探讨由心理与文化、教育、传播乃至日常生活入手,探寻本土化国民大教育,提升国民素质的可能性及其可行性路径。当然,这都应有相应的实证研究的佐证。

杨国枢先生在回顾自己的学术生涯时,曾经把教授的角色分为四个,我理解那是四种境界,这就是教书者、研究者、深入浅出的学问推介者、知识分子情怀者。我以为,做好这四个角色应是杨先生对于教授、学者的最高要求。在今天这个物欲横流的工商社会中仍应该是现代社会知识人应当坚守的基本信条。

四、工作尚未完成,同志仍需努力

我以为对人——国民的研究应该是社会学研究的一个重要方向,因为社会与人是紧密关联的,要建设一个好社会是离不开好人的培育的,这已为我们后发型现代化国家的发展进程所证明:没有现代化理念、没有现代素质的国民,何谈现代社会与现代化的国家。当然,培育现代理念、培养现代素质无疑要从青少年开始。正是基于这一思考,自 2019 年起,在院领导与院中国马克思主义研究所领导的支持协调下,我们研究团队正在展开"国民素质现状述评与国民教育应对"的研究项目,试图从对象与背景、定性与定量、国民素质问题与青少年教育应对多个层次的结合上,探寻后发型现代化进程与民族性发展的建构性演进之路。

周建明
行万里路

> 周建明，男，研究员，中共党员。1952年生。1979年于安徽大学政治系毕业（工农兵学员）；1982年于上海社会科学院研究生部毕业，经济学硕士；1992年于上海社会科学院研究生院毕业，经济学博士。1982—1988年在上海社会科学院经济研究所工作，1989—2009年，上海社会科学院亚洲太平洋研究所副研究员、研究员，任副所长、所长；2009—2013年任上海社会科学院社会学研究所所长；2014年退休。主要研究亚太地区的国际关系和安全问题、中国的国家安全战略和台湾问题。曾任上海社会科学院亚洲太平洋研究所所长、上海APEC研究中心主任、海峡两岸研究中心特约研究员。

我是2009年到社会学所工作的，2013年离开所长工作岗位，2014年退休。到社会学所工作是跨了学科领域，对社会学理论没有什么发言权，开展工作难度很大。在社会学所工作的这几年中，如果说对所里的建设还有所意义、对我自己也有所收获的工作是开展社会建设研究、组织国情调研、参与民进中央调研等几件事情。

一、开展社会建设研究

到社会学所后不久,正逢党的十七大以后,中央对社会建设特别重视,上海还没有一家单位在社会建设领域有比较成熟的研究。社会学所与市社会文明建设办公室(简称市社建办)合作,在社会学所建了上海市社会建设研究基地。在社会建设领域,社会学一般是从民间社会、市民社会的角度来看"社会",而社会建设其实是将党的基层组织建设、群众自治、民生保障、社会治理都包括在内,但到底要怎样做还不明确。当时,所里这方面的工作比较薄弱,要问到上海社会建设的具体情况,特别是市委、市政府关心的问题,还没有人能讲清楚。

要研究上海的社会建设,必须从上海的具体情况开始着手。2009年,我写信给市公安局领导,希望公安口能够对社会建设调研提供帮助。后来,副市长兼公安局长张学兵作了批示,同意我们对公安部门进行调研,这是公安系统对系统外研究人员开放的难得的一次调研。此次调研涉及政治部、交警、刑警、浦东分局、闵行分局、出入境管理、公安学院、督察办、广场办、人口办、派出所等部门。我和许妙发一起进行了这次调研,搞了两个多月,把公安系统的主要部门都走了一遍。通过调研,使我们对整个公安系统的运行、面临的问题有了较为具体的了解,也看到在上海不断发展和转型的过程中,公安系统所承担的重任以及公安战士的巨大付出。这次调研除了给市公安局提供调研报告之外,我还写了一篇专报,反映的主要问题是上海公安系统面对这么大一个国际化都市和迅速增加的人口,现有警力配备与承担的任务相比严重不足,特别是上海即将举办世博会,将会面临非常大的挑战。后来,通过市政法委才知道,这个专报由中央主要领导作了重要批示。

2010年上海世博会成功举办以后,市委副书记殷一璀牵头开展总结上海世博会经验的专题研究,由我们所承担"世博经验对上海社会建设的启示"专题研究。当时我觉得,这是一个难得的调研机会,调研的时候就发动全所人员尽量参与。通过这个课题,我们更多地了解到市区街镇在社会建设与社会治理方面的运作情况。最后,顺利完成了市委交办的任务。

2011年,我们所承担了"创新社会管理体制机制研究"重大课题,在市相关职能部门和区县开展调研,以社会管理为切口继续深化社会建设领域的研究。当时,我们在理论上其实还不够充分,在开展这项课题的时候,我们还没有特别清晰的框架,就是感觉基层碰到的问题很多,中心城区有中心城区的问题,城乡接合部有城乡接合部的问题,远郊有远郊的问题,上海城市建设和城市管理的"三元结构"非常明显。

2012年,在既有研究积累的基础上,我和夏江旗、张友庭一起延伸到城乡接合部研究。其间,对徐汇的华泾、长宁的北新泾、杨浦的五角场、普陀的长征等80年代由郊区的县划入市区的建制镇进行了调研,并以闵行区为重点,调研了梅陇、华漕、莘庄、浦江等镇,把颛桥镇作为麻雀来解剖,还调研了松江的九亭镇,对城乡接合部的经济发展、人口聚集、社会治理、公共服务、干部编制配备、人民来信等问题作了比较系统的了解。其中,我们还承担了市社建办的"上海城中村治理研究",对华漕镇的华漕、许浦两个村,梅陇的单双弄和刘家巷这些社会矛盾很突出的城中村深入调研。那时我们对于城中村做的典型调研比较深入,提炼的问题也比较有针对,感觉是城乡接合部社会管理的问题,违法用地与社会管理、经济问题与社会问题交织在一起,比较复杂,没有一个统一的管理模式，中心城区的办法不适用于城乡接合部，更不适用于远郊，区域差别非常大。

现在回过头来看，在上海社会建设、社会管理领域中，我们具体问题碰得比较多，虽没有形成系统的东西，但也提出了一些市委、市政府值得重视的问题，比如违法用地。在城中村调研中我们发现，统计数据和实际的数据差距非常大。这个问题不解决，将挤占上海的新增建设用地指标，也将成为上海社会管理中最为薄弱的环节。2012年夏，我以人民来信的方式向市委书记俞正声反映，上海社会建设和社会管理的薄弱环节主要在城乡接合部。俞正声书记把此信批给了时任市委副秘书长、市委研究室主任王战。王战找我谈话，并通知我将该课题作为上海市决咨委的课题立项，希望我们进一步研究。在对该课题进行了一年的调研后，我们的报告提出，城乡接合部的问题核心是发展中的违法用地（在没有批准手续的情况下将耕地改为建设用地建厂、建房、出让、出租），整个上海郊区估计在45平方公里左右。这严重超出了国家规定上海的建设用地指标，上海很快将进入无地可用的状态，也在很大程度上造成经济发展的无序和社会管理的失控。这是对郊区违法使用土地失控问题比较早提出警示的报告，后来，上海提出"五违四必"的行动，大力拆违，印证了解决这个问题的必要性。

在对城乡接合部调研中，我们一头抓城中村研究，另一头抓集体经济发展比较好的村，如普陀长征镇的新曹杨、崇明陈家镇瀛东村、闵行七宝的九星村，对上海的实际情况了解做了一点工作。

在上海调查的基础上，我们逐渐将社会建设研究扩大到全国范围，这主要是与民进中央的合作。民进中央与我们院建立了合作关系，民进中央领导定期到院里听取意见。2012年，"创新社会治理，加强基层建设"是中共中央委托民进中央的年度大调研主题。我和夏江旗、张友庭组成课题组,在民进中央参政议政部的协调下,先后两次赴山东调研,在济南、泰安、潍坊、烟台等地进行专题调研。其中,泰安市是全国31个社会管理创新试点之一,获得了比较多的一手资料,在此基础上,我们参与起草了民进中央致中共中央建议书。后来,这份建议书获得了4位中央主要领导的批示,为此,民进中央专门向我院发来了感谢信。

在对基层调研的过程中,我们了解到村居一级负担很重,凡事要求留痕,不是照片就是录像,要填写的台账很多,严重牵扯了村居干部的精力。2013年,正在进行党的群众路线教育实践活动,我参加了市委召开的一次听取宣传系统意见的座谈会。会上,我向韩正书记反映基层负担过重,嘉定南翔镇的一个村需要填写236份台账的问题。市委非常重视这件事情,决定把为基层减负作为落实群众路线教育实践的重要问题来抓。

通过这些调研,我们觉得,社会学研究面临的最大问题就是"两张皮":一边是被现在规范社会学理论研究的这套系统,到了社会学界,不按照这套话语系统你没法与人对话;另一边是我们面临的社会问题,中央在社会建设、社会治理的具体部署方面所要推进的内容往往属于另一个话语系统,如果按照社会学理论的话语,既无法接入,也会失去话语权。从这里可以理解学科建设和智库建设两大系统的不同。如果对于实际工作和生活中的重大问题关注不够,只在某个社会学理论领域下功夫,那么要向智库转型,特别是向国家级高端智库转型的难度很大。

二、组织国情专题调研

按照我原来的想象,社会学应该是一门很接地气的学科,对于我们正处于的大改革、大发展、大转型时代,应该可以大有作为。但来社会学所后发现,80年代以后,社会学的议题设置、概念体系、研究方法已比较系统地规范化了,科研人员即使研究实际问题,也是按照即有议题设置的规范进行,否则很难被社会学界认可,对于社会学议题设置规范以外的实际问题则关心很少。与此同时,即便进入一个实际问题,研究的注意力又往往被该领域和所在地域局限,限制了对整个国情——巨大的地区差别和不断变化社会的了解。不管从哪个方面来说,进行国情调研对于开阔视野、启发思路,以及接近基层干部和群众都有帮助。因此,在社会学所工作时,根据我自己对国情的了解、积累的工作关系、可动用的地方资源基础上,先后组织全所进行了三次国情调研。

2010年,社会学所组织去西北的甘肃和青海进行了一次国情调研。甘肃、青海是我2006年以来去过多次的地方,我也帮助安排院里后备干部培训去过那里,相对比较熟悉。在甘肃,我们在兰州访问了一个由回族妇女马玉兰创办的以穆斯林妇女脱盲和孤儿养育为主的民间机构,这个机构主要靠社会捐赠维持,非常不容易。甘肃中部地区是极度干旱区,每年降雨量不到300毫米,蒸发量要在2 800—3 000毫米,也是深度贫困地区,其中,穆斯林居民占很大比重,除回族外,还有东乡族、撒拉族和保安族等少数民族。穆斯林群众义务教育的普及率低,很多家长不让女童上学,文盲率高,特别是东乡族女孩10多岁就嫁人了,这些妇女随丈夫进城打工后,不仅难以寻找工作,而且在城市里生活也有很多困难:她们不会看路牌和公交车站牌,出不了门;带孩子去看病却进了理发店,因为里面的人也穿白大褂;进了医院不知道怎样挂号、看病、付费、拿药,更不用说辅导孩子的学习了。21世纪初,兰州城乡接合部许多穆斯林进城人员的随迁子女还只能在农民工子弟学校上学。我们去的这个民办学校是专门为这些穆斯林女性文盲提供一个扫盲的学习机会。穆斯林群众中还有一些孤儿,马校长的学校为这些孤儿提供住宿和学习环境。

图1 兰州崇德妇女儿童教育中心(2010年,后排右四为周建明)

在兰州,我们还走访了城乡接合部穆斯林进城务工人员集中居住的七里河城中村社区,了解他们的生产生活情况,也请兰州大学少数民族研究中心的杨文炯副教授做了"回族伊斯兰文化与汉族儒家文化的交流与融合"的专题讲座。后来,我们在调研中还去了全国第一个藏族自治县天祝县,走访了正在夏季牧场放牧的藏族牧民;也到了古浪县,去看了由英雄六老汉治沙的八步沙林场,和地处吉林巴丹沙漠的黄花滩国营林场,那里经过多年治沙改造,已固定了几十平方公里的流沙,并搞起了多种养殖,引入黄河水,成为移民的集中安置地。2018年,习近平总书记考察甘肃时,专门去那里考察过。在古浪县,我们在由台湾企业家温世仁先生在黄羊川镇建的黄羊川宾馆住了一晚,参观了由温世仁、林光信先生在那里创办的用网络来改变西部教育、提升学生素质的"千乡万才"事业,并考察了当地的农村小学。

之后,我们去了青海。在海晏县,我们参观了我国制造第一颗原子弹的"221"基地,走近了共和国这一段可歌可泣的历史。1984年,221基地已经正式退役,草场也经过防辐射处理后退还给牧民放牧,原来的厂区改造成中国原子城纪念馆,陈毅元帅题词的中国原子城纪念碑高耸在那里。在221基地所在草场,我们走访了藏族牧民东知布一家。2006年,我来这里时,认识了他家正在上高中的孩子多杰东知,并支持他完成了学业,当时,多杰正在青海省警官学校学习。为了欢迎我们,东知布原来准备杀羊款待,被我阻止了,后来我们在他家吃了糌粑和自制的酸奶。东知布还拿出藏民只有在婚宴等重大喜庆活动中才穿的藏袍,让大家穿着拍照。由于他家唯一会讲汉语的多杰正在西宁学习,我们很难更多地用语言进行交流,但这是一次非常难得的做客藏族牧民家,对藏族牧区的生产生活有了一些直观的印象。途中,我们还参观了青海湖和刘家峡水电站。一周的时间不长,这次走马观花式的国情调研,使大家对典型的西北地区国情、对回藏等少数民族有了一些接触,对扶贫、治沙、民族宗教、国防建设等问题有了一些直观的了解。虽然这些问题并不是社会学所的同事们正在研究的课题,但有助于大家开阔视野,了解基层和西部的情况。

2011年,社会学所承担了总结举办上海世博会的经验,推进上海社会建设,创新社会治理的课题。这一年,社会学所的国情调研组织去了重庆和四川。到重庆是为了解经适房管理中的创新模式。到四川去,是为了考察2008年汶川地震后的灾后重建工作。

汶川灾区牵动着全国人民的心，我们也希望有机会去了解一下灾后重建情况。在汶川，我们去了县城、震中的映秀镇和水磨镇。在去汶川县城的路上，还能看到许多地震遗址，山体垮塌、道路中断，历历在目。汶川是一个羌族集聚的县，本来耕地就不多，地震中许多耕地都毁了，灾后重建不仅要为灾民建房安置，还要重新安排受灾群众的生计。广东佛山市对口支援汶川县，短短两年，从成都沿岷江通往汶川县城的新公路已修起来，一个崭新的汶川县城也矗立在我们眼前。依靠党的领导，依靠我们国家的制度优势，特别是对口支援的机制，我们去时灾后重建已经完成了。

在汶川，县里安排我们去了震中映秀镇和水磨镇。映秀中学的遗址被保留下来，时钟永远定格在地震发生时的 14:28。在地震中，学校五层的教学楼下面两层完全垮塌下陷，上面两层几乎塌到了地面，可见地震灾害的惨烈。现在，那里建起一个地震博物馆，普及地震知识，以纪念在这场灾难中逝去的生命。水磨镇是灾后重建的样板，一个全新的小镇呈现在我们眼前。考虑到灾民不仅要安置住房，而且还要谋生，整个水磨镇在灾后重建中重新被打造为旅游小镇。镇上沿街建成了两层楼的安置房，底楼作为门面房，可以做生意，解决群众的生计问题，楼上为住房，解决生活问题，可见佛山市在对口支援中的周到考虑。遗憾的是，羌族群众的生产方式是亦农亦牧，不善经商，结果门面房都出租给了云南丽江过来的经营者，水磨镇的旅游开发就带有类似丽江的样式。在参观考察过程中，汶川县领导向我们介绍，地震发生后，我驻外使馆向国内发回了外国专家的建议：对这种严重的地震灾害，救灾要急，重建要缓。三年过去了，重建基本完成后来看，这个建议是有相当道理的。地震后，整个山体松垮，地基不稳定，重建中有的要快，有的必须要缓，否则，即使重建后，基础设施也很不易稳定与维护，不少道路重建后多次发生大雨一冲就垮的现象，多与地质不稳定有关。对汶川地震灾区重建的考察，使我们对人与自然的关系，对我们国家制度的优越性，也对灾后重建中怎样处理好人与自然、社会重建、生计重建都有了真切直观的印象。

2012年，我和夏江旗、张友庭参与了民进中央年度大调研课题"创新社会管理，加强基层建设"。在调研过程中，我结识了山东省民政厅和济南市的一些领导，也考察了一些城乡社区示范点和基层建设典型，以此为基础，我们把当年所的国情调研安排去山东，调研题目为"城乡社区建设创新"。在参观考察中，我们去了济南市天桥区大桥街道、章丘市、济宁市的邹城市考察公共服务体系建设情况，去了泰安市岱岳区天平街道大陡山村参观学习，在济南大学与包心鉴教授和社会学同行就社会建设与社会管理进行了学术交流。山东的社区基层公共服务设施、资金保障的条件不如上海，但在工作推进上很有自己的特色。通过这次调研，我们在上海调研的基础上，对城乡社会建设与社会管理方面的差异，特别是上海与其他省市的差别有了初步的印象。

此次国情调研中印象最深的是大陡山村。实行家庭承包制以来，这个村到90年代已经沦落到村穷人散的地步。当时已考上公务员、在镇里担任团委书记的苏庆亮主动向组织要求回村担任书记。从为高速公路建设提供绿化树苗起，苏书记带领群众一步一步把集体经济发展起来。当时，村里正在搞南茶北种，从南方引进茶树，发展出一种非常有特色的茶叶，并通过合作社重新把村民组织起来，农田由集体统一耕种，村民参加多种经营，硬是改变了这个村的面貌。经过几年的奋斗，生产发展了，年轻人也开始回来，村庄显示出生气。我们去时，村里已盖起客房接待游客，正在向旅游业转型。2012年，我在陪同民进中央领导来村考察时，他们播放了在群众路线教育活动过程中村党支部的民主生活录像,其中,党员们真刀真枪地向苏庆亮书记和村主任提意见,令人印象深刻,值得我们学习。我们去的时候,一群老年妇女在村场上正围在一起给玉米棒脱粒,自家庭联产承包制以来,已经很难再看到这种集体劳动的场面了,所里一些农村家庭出身的同事看到那个场景非常感动。我觉得来这样的村学习考察,对我们这些研究社会学的人很有必要。苏庆亮书记作为领头人,个人牺牲也很多,为了工作,连妻子生产时都无法赶到医院陪在身边。遗憾的是,我2017年再次前往大陡山村访问时,才知道苏庆亮书记已于几年前因心肌梗死倒在了工作岗位上,享年47岁。苏庆亮同志被山东省委授予时代楷模、优秀共产党员的称号。为学习和纪念苏庆亮同志,2018年,山东省专门拍摄了电影《苏庆亮》,已在全国上映。当你走近这样一位奋斗在基层一线的优秀干部,感受一个村庄和群众

图2 社会学所赴山东国情调研期间召开座谈会(2012年)

精神面貌的变化,心里总会激动不已。

三、参与民进中央调研

退休以后,2016年起,我和夏江旗、张友庭一起开始比较系统地参与民进中央的调查研究。其中,比较大型的两次就是2016年、2018年的年度大调研。2016年大调研的主题是"在全面建成小康社会进程中扎实推进农村扶贫供给侧改革",主要调研地点在湖南;2018年的大调研主题是"推进乡村治理体系完善,助力乡村振兴战略实施",主要调研地点在四川。其中,2016年大调研报告也得到中央主要领导的批示,后来,中共中央要求民主党派参与扶贫民主监督,我也就被聘为民进中央脱贫攻坚民主监督工作顾问。

这给了我一个机会到全国各地调研精准扶贫的推进情况。2017年,我们去四川凉山彝族自治州调研,发现深度贫困地区的贫困问题不只是一个经济贫困问题,还有社会贫困和文化贫困的因素,是一种综合性贫困,相应的资源也严重不足,提出对深度贫困地区加大帮扶力度的建议。后来,这份报告中央主要领导作了批示。在调研基础上,以后又陆续写了一些调研报告,其中,一篇关于脱贫攻坚亟待重视的几个问题,还有一篇及早谋划健康扶贫与健康中国的衔接问题,也得到中央领导的批示。

在对脱贫攻坚调研的同时,我进一步关注党的十九大提出乡村振兴战略的推进问题。参与民进中央的调研,使我有机会去各地跑,了解新鲜的经验。其中,印象深刻的是广东清远和山东烟台,这是成建制地以地级市为单位推进乡村振兴,有一套系统的认识和措施,在全国也有推广的价值。同时,也看到很多问题,对我们国家改革开放以来农村改革和"三农"问题的演变,有了从历史到现实较为深入的认识,从道路到体制、从方针到具体政策,都还有许多问题需要解决。

改革开放以来,中国进入新时期,本身是处于大转型、大发展、大变动的时期,没有一门现成社会学理论可以指导中国的实践。西方的这套规范理论有它的合理性,需要借鉴,但不能起到指导中国怎样在社会领域去认识世界和改造世界的作用。把科研人员的时间腾出来,在做好科研的同时,每年都拿出一点时间到下面去走一走,这个还是有点好处的。我觉得,社会学这个学科,随着发展,以后会越来越被实践的发展牵着走,就算是做理论的,以后也必须在中国实践的基础上进行抽象。学术素养或是学术基础是一个方面,还有一个方面是需要学术关怀,要对中国的发展有关怀,中国到底走什么路,在这个过程中需要解决什么问题,有一些理论解释并不是不能用,而是必须要回到社会现实看看中国到底该怎样。而且,哪怕是我们自己国家搞出来的东西,在理论与实践之间也有一个很长的认识深化、修正的阶段,在文件规定与现实实践之间存在一定差距。总之,只有立足中国,立足实践,才能更好地放眼世界,走出一条建设有中国特色的社会学理论的道路,走出一条能为党和国家起参谋作用的智库建设之路。

访谈整理:张友庭

胡建一
归 队

胡建一，男，副研究员，中共党员。1953年生，1979年9月考入上海财经学院工经系学习。1983年7月进入上海市统计局工业处从事能源统计工作。1989年11月调入上海社科院咨询中心，2012年调入社会学所，2013年1月退休，主要从事能源经济和项目评估等工作。曾获上海市科技进步二等奖、三等奖各1次。发表《上海能源需求总量中长期预测研究》《GDP能耗统计比较方法研究》《上海与先进国家(地区)GDP能耗比较研究》等数十篇论文。著有《城市居民低碳生活方式基础研究》《公共项目社会稳定风险分析与评估概论》《东北地区发展研究(2003—2009)》《上地营子知青缘》等书籍。完成各类咨询研究报告近百项。2013年2月起在上海市节能协会担任副秘书长、《上海节能》杂志主编工作至今。

虽然在上海社会科学院社会学所在职工作只有短短的13个月，但可以说，我归队了。

一、进入社会学所的原因

在 2011 年 10 月下旬，我所在的上海社会科学院经济、法律、社会咨询中心被更名撤销。咨询中心自 1979 年成立至 2011 年，32 年间在历届院领导的关心支持和当时老专家的努力下，曾经有过辉煌。实践表明，咨询成果离不开科研，咨询报告就是科研成果的一种体现方式，特别是社科院的咨询报告有时往往是带有前瞻性科研性质的。记得咨询中心的李明珂老先生曾经对我说过，在 80 年代（建立"三资"企业时），汪道涵曾说在上海的重大项目、难的项目、做不了的项目，找上海社科院的专家，就充分表示了对社科院咨询专家的信任与肯定。咨询中心作为社科院的对外窗口，外资委当时认可的具有涉外咨询资质的 28 家咨询机构之一，内靠社科院，外有当时的一批市府专家顾问支持，在外资项目经济可行性研究方面对上海的改革开放是作出了贡献的。让我们记住咨询中心的历届领导，他们是黄逸峰、吴逸、沈俊坡、李斗垣、厉无畏、姚祖荫、朱金海、凌耀初、王振。

"上海社会科学院经济、法律、社会咨询中心"这个机构牌子的获得是非常不易的，它是一种资源，是一块品牌，是凝结了几代老社科院专家心血。我作为一个后来人，也到咨询中心工作了 20 多年，内心充满了对咨询中心的感情，当拿到"下岗通知"的时候，还是感到了深深的失落。在被分流时，以杨敏、黄玮和我为主体的社会稳定风险分析与评估团队，坚持了稳评团队不散的底线。在分流安置领导尊重我们意见的前提下，我们没有去中国学所、文学所、新闻学所，社会学所主动地接纳了我们。

二、结识社会学所的老师和同事们是我的荣幸

2012年1月成为社会学所的正式员工,得到了社会学所的真诚对待。周建明所长为我们安排了独立的办公场所,行政办公室为我们添置了工作必需的彩色打印复印一体机等办公用品,副所长陆晓文带领我们参加了长宁区世行关注的政府经适房调研课题,从方方面面让我们尽量融入社会学所这个集体。虽然我的专业是在工业经济、能源经济领域,是国家在2002年第一批认定的中国注册咨询工程师(投资),在社科院也从事了20多年的项目评估,包括项目的经济可行性研究、国民经济评价、资产(包括有形与无形资产)评估、市场调研和能源经济方面的一些课题研究,但在社会学领域,似乎是比较陌生的。在参加社会学所组织的一些学术交流会上,听到关于妇女问题研究、残疾人问题研究、家庭问题研究,感觉不太了解,不得要领。听到一些关于老百姓的信访问题、民生调研问题、国情调研问题、社会稳定风险研究时,才感到颇有兴趣。

2012年3月,我参加了由社科院组织的参观上海大飞机制造厂家,领略了国家之重器的制造项目,虽然国家在80年代的"运十"飞机项目下马有些可惜,但时间还是对中国有利。作为社会学所的员工,能够近距离了解大飞机制造装配流程,增长知识,增强自身素质,感到幸运。

同年10月,我参加了由周建明所长带队赴山东曲阜地区进行的新农村建设国情调研,下到基层如兖州新兖镇牛楼村、龙桥街道五里庄村、太平街道大陆山村等,拜访了当地村民,实地近距离地

图1 参观大飞机制造与同事们合影(2012年,左一为胡建一)

与村民进行了交流,并与村官们进行了互动。这种全所科研人员集体国情调研活动对我而言是第一次,使我开阔了视野,体察了民情,提升了理论研究必须重视实践的认知。

同年11月,在乌镇举行的全所务虚工作会上,我感受到了社会学所是一支有朝气、工作有活力,整体充满了潜力和上升空间的团队。刘正强的思考和逻辑性、张友庭的工作踏实和勤奋,还有许多老师对工作的认真敬业精神,都给我留下了深刻的印象。

在社会学所工作期间,我的科研能力也得到了有力提升。2010年在咨询中心承接的市科委课题《居民低碳生活方式及碳减排分析综合研究(课题编号 10dz1202402)》于2012年7月结题验收,在12月底形成了自己的独立专著《城市居民低碳生活方式基础研究-基于上海徐汇示范区居民调查》。科研能力的提升有时是需要有一定氛围的,而社会学所恰如其分地提供了这一条件。

这一年,社会学所在社科院的所级考评中获得了第 4 名的好成绩,那时我想,"哼,我的那本书的科研分数还未算上呢,如算上,说不定能进入前三呢……"(已经完全把自己融入进了社会学所)

在社会学所工作的一年多时间里,能够结识社会学所那么多老师和同事,真是我的荣幸。

三、社会学所为社会稳定风险分析与评估和自身能力建设提供了一个很好的平台

社会稳定风险分析与评估(稳评)工作是社会学领域的一项全新实践工作。由杨敏、黄玮和我组成的工作合作团队于 2009 年与市政设计院共同编制《虹梅南路-金海路通道工程社会稳定风险影响分析研究报告》开始,历经数年不断探索努力,终于开创出了一片天地,而在社会学所的工作经历是开展稳评工作的重要一环。

我们知道,自 80 年代初我国引入了国际上通行的可行性研究方法,制定了《建设项目经济评价方法与参数》,为我国经济建设投资项目决策的科学性奠定了基础。在 2012 年,国家又要求各地建立健全重大决策社会稳定风险评估机制,凡是直接关系人民群众切身利益且涉及面广、容易引发社会稳定问题的重大工程项目建设、重大政策制定等重大决策,在作出决策前都要进行社会稳定风险评估,着力从源头上预防和化解社会矛盾,保障和促进经济社会又好又快发展。

根据上述背景,我们的稳评团队在 2012 年及以后参加的上海

主要稳评项目有：汉阳排水系统二期工程项目、曹杨污水厂进水泵站迁建工程、黄浦江上游水源地金泽水库工程、黄浦江上游连通管工程、黄浦江上游水源地松浦泵站改造工程、石洞口污水厂提标改造工程、杨浦区丹东排水系统改造工程、竹园污泥干化工程、杨浦区松潘排水系统改造工程、白龙港污水处理厂提标改造工程、华泾西排水系统工程、庙彭排水系统工程、杨浦区民星南排水系统改造工程、苏州河段深层排水调蓄管道系统工程（试验段）、云岭西排水系统工程、竹园污水处理厂提标改造（一、二厂改造）工程、石洞口污水处理厂污泥处理处置二期工程、白龙港污水处理厂污泥处理处置二期工程、曹杨雨水泵站截污改造工程等数十项稳评分析报告的编制。完成的"上海第三方机构社会稳定风险评估工作作用和地位研究"课题得到了市维稳办的肯定。新开辟的稳评后评估工作走在了稳评行业的前列，如对中国博览会会展综合体项目稳评后评估报告等。

在稳评工作调查实践中，往往是项目业主单位与被调查对象矛盾比较激烈，甚至不愿接受调查，而以第三方特别是社科院身份开展社会类调查，能够起到事半功倍的效果，尤其是社会学所这一身份，为稳评工作的健康发展提供了非常好的平台。在稳评社会调查中我们坚持了独立、客观、实事求是、讲真话原则，将调查的第一手资料和基层的声音如实地反映在报告里，并按照科学的方法进行稳评定量定性分析评判、提出对策建议为有关部门决策提供参考。自己感到高兴的是，在稳评实践中，从实践上升到理论，分别撰写了《关于社会稳定风险分析与评估几个基本概念的若干思考》《稳评定量分析方法比较》，文章发表在《中国工程咨询》杂志上，为完善稳评作出了努力。

在社会学所期间还参与了世行贷款项目昆明市轨道交通 3 号

线工程移民安置外部监测评估项目投标并中标、世行贷款安徽黄山新农村建设示范项目移民安置行动计划报告编制服务投标、世行贷款项目张家口—呼和浩特线移民安置行动计划及环境管理计划实施监测项目投标,为以后成为上海市政府采购评审专家对投标项目进行评审奠定了基础。

2013年1月底我从社会学所退休后的第二天,去了上海市节能协会担任副秘书长工作。在2014年2月起担任《上海节能》杂志主编,并成为上海市政府采购评审专家。在连续7年发挥余热的时间里,参加了两次协会5A社会组织申报并获得通过;参加了政府采购节能与社会类评标项目数十项。正是有了在社会学所的这一段经历,使我在曾参与的社会类工作中充满了底气,并分别在

图2 主持由上海市节能协会主办的期刊语言文字和编校规范培训会(2019年)

不同场合写过《经济发展与风险最小利益最大的理财方法》《上海能源经济与节能态势分析》《上海工业增加值能耗现状分析》等科研类分析文章收录在上海市老科协第 13、14、16 届学术年会论文集中。虽然在社会学所的时间不长，但他在我工作生涯的尾声阶段的影响仍不可估量，真的很值得，在社会学所的经历使我对人生体验的悟性达到了一个新的境界。

田晓虹
我在社会学所的成长经历

田晓虹，女，副研究员。1953年生。1980年进入上海社会科学院社会学所资料室工作。1983年考入上海外语学院分院日语系，1985年毕业。1985—1989年，在社会学所社会生活研究室。1989—1991年，国家公派赴日本大学社会学系当访问学者，1990—1991年，在早稻田大学人间科学部任助教，1991—1992年，受聘于早稻田大学人间科学研究中心客席研究员。2011年退休。任职期间，主要研究领域为日本社会文化和家庭社会学。主持和参与研究课题10余项；出版专著1部，在国内外专业期刊发表学术论文近30篇，发表研究报告、文章及译文60余篇；在国内外做学术报告20余次。1991年，应邀参加在日本神户举办的第30届世界社会学大会，并在会上作学术报告。1998年和2009年，分别应兵库县家庭问题研究所和上智大学比较文化研究所邀请，赴日本作学术交流。

1980年，刚刚恢复的社会学所百废待兴，有大量日文资料需要翻译。当年10月，我通过日文、中文和政治三门考试，进入社会学所资料室工作。回顾 30 余年的职业生涯,大致可分为三个 10 年:80 年代的科研辅助与学习摸索;90 年代的出国研修与独立研究;2000 年以后的厚积薄发与拓展提升。

80 年代初,恢复社会学研究尚处于草创时期。当时所里忙于招兵买马和搭建研究团队,主要是两条腿走路:一是请来国内外专家学者开讲座,办讲习班,提高人员专业素质;二是大量翻译国外资料,学习借鉴,着手学科建设。进所不久,正赶上举全所之力编撰《简明社会学词典》的大事。我在社科院顾问兼社会学所负责人李剑华老先生(早年留学日本专攻社会学,后长期从事地下党工作的著名社会学者)的指导下,合作翻译日本《社会学概论》和日本《社会学词典》中的相关条目。因李老年事已高又患眼疾,我每周要去镇宁路他的家中,把原文和译文逐段念给他听,然后斟酌定稿。虽然译著最终因故未能出版,但这 10 余万字的译文,为建所初期制定科研方向和第一部《简明社会学辞典》的问世提供了诸多参考。此外,我还应所里多位同事的委托,翻译了不少日文和韩文资料。那时大家很乐意互相帮助,有一种拧成一股绳、尽快把社会学所后面的"筹"字摘掉的强烈愿望。

社科院恢复初期,由于专业人才的断层,各所都向社会招收了大量学历不够、专业不符的人员搭建研究队伍。于是院里大力鼓励我们这些人进修专业、提高学历,在所领导的同意下,我考入上海外语学院分院日语系,全日制学习两年后取得大专文凭。1985 年,张开敏所长同意我进入家庭婚姻研究室,我的科研生涯由此正式起步。一开始就下沉到长宁区人民法院民事庭,蹲点半年做离婚调研,直接参与离婚诉讼案的调解、卷宗抄录、数据统计等。撰写的数篇论文和调查报告分别发表于当时上海唯一的社会学公开刊物《社会》①上,以及《民主与法制》②《现代家庭》③等。

1989年,国家教委给社科院下达了一个公派赴日进修名额,经考试,我有幸从本院3名应试者中被录取,赴日本进修家庭社会学。出国前在北京国家教委集结时,恰逢"政治风波"之后,108名来自全国各地的公派进修生被再三告知"只能进修,一律不准读学位"。

我赴日第一年,进入日本大学社会学系,在日本著名家庭社会学教授大盐俊介先生指导下听研究生课程,比较系统地接受了家庭社会学的理论学习,受益匪浅。但觉得一年的时间太短,要学的东西太多。

图1　与指导老师日本大学家庭社会学教授大盐俊介先生合影(1989年)

① 《亲属关系与家庭冲突》,《社会》1989年第1期。
② 《错择人生的男女们》,《民主与法制》1987年第10期。
③ 《他们就不能有别的出路吗?》,《现代家庭》1987年第10期。

在请求延期得到同意后，我申请到了在早稻田大学担任助教的工作，半年后又被聘为早稻田大学的客席研究员。这样我既不违反有关规定，又能自费在日连续学习了。我在两所大学一边听研究生课程，一边参与了有关农村家庭关系变迁、都市人口老龄化、地域历史文化遗产保护等多项研究课题，进一步学习了分支社会学理论和社会调查方法。经过又一年的学习和实践，在基础理论和研究能力上都有了较大提高。尤其珍贵的是，通过参与诸多社会调查，走访了10多个都道府县的基层社会，经常寄宿在地方公民馆或民宿内，深入官厅、企业、社区、学校、家庭、农协、NGO组织等处做个别访谈和问卷调查，近距离接触各个阶层的人们，眼观心悟，视界大开，获得大量的个案资料和调查数据，为深入观察了解日本社会积累了丰盈的第一手资料。

图2　在日本枥木县农村做社会调查(1990年)

此间，中国的改革开放和恢复社会学研究的春风，也给日本社会学界带去了不小震动。由著名社会学家福武直先生（日本社会学会前会长，第二次世界大战前曾来中国苏南农村调查，著有《中国农村社会结构》）为团长的社会学者代表团多次来我所访问，热切希望与我国学界建立合作交流关系。在这股力量的推动下，由福武直先生担任顾问，日本社会学会会长、东京大学社会学教授青井和夫担任会长的日中社会学会于 1988 年在东京成立。那里汇集了诸如根桥正一、木下英司、中村则弘、富田和广、池冈义孝、落合惠美子、米林喜男，以及陆学艺、范伟达、李国庆、陈立行等 100 多名日中社会学者。学会经常举办学术交流会、专题报告会等活动，我作为中方会员也参与其中，并在学会创刊号上发表论文，在

图 3　参加第 30 届世界社会学大会
（1991 年，左起田晓虹、富永健一、青井和夫、陆学艺）

研讨会上作专题发言。在与这些同行的互动交流中,我的社会学视野不断扩大,专业能力得以提升。1991年夏天,我荣幸地应邀参加了在日本神户举办的第30届世界社会学大会,并在会上作了"从家庭结构看中日两国家庭功能的特征"的学术报告。

以日中社会学会为平台,两国社会学界的交流与合作日益增多。当时身处日本的我,为赴日访问学者担任全程翻译,成为一项重要的业余工作,其中包括陆学艺、袁辑辉、范伟达等老师。

图4 陪同中国社科院社会学所陆学艺所长访问日本农村
(1990年,右一为田晓虹,右二为陆学艺)

1990年,由日本文部省提供研究经费的大型日中合作课题"中国城乡社会变迁实证研究"得以立项。我怀着回报社会学所的心情,积极牵线联系,促成了我所历史上最大的与日合作项目,并承担了研讨会谈、信件来往、问卷、论文等大量的双语翻译工作。

由丁水木所长和青井和夫会长领衔的城市研究团队,以上海为调查基地,经过3年的合作研究,顺利完成任务。这也为此后我所与日本社会学界的频繁交流和人员往来奠定了基础。在对外合作很不易的当年,能为所里取得此项目尽一份力,内心感到十分满足。

80—90年代初期,中日经贸、科技合作迅速发展。我国学界对日本战后经济腾飞的"奇迹"和经验十分关注,中日经济比较研究大量涌现,如何借鉴日本的发展模式,成为研究的热门话题,但两国之间的相互了解尚落后于频繁的实际交往,有关日本社会文化的研究,尤其对战后民主化改革带来的社会变迁和国民性演变关注其少,尚处于零星、分散状态。两国的外交也常因历史"痛点"和彼此缺乏理解,发生抵牾和起伏。

我从踏上日本的第一天起,就对以残暴侵略者面目留存于头脑中的印象,与现实中所见所闻之间的反差,感到惊讶和疑惑。社会学研究的职业自觉促使我怀着强烈的好奇和探究心,试图解开这个心中之谜:半个世纪前沉浸于战争狂热的民族,是如何逐渐蜕变为一个民主法治、秩序井然、文明礼貌的国度。在两所大学的学习经历,频繁而深入的从城市到农村的社会调查,与诸多日本朋友的交流探讨,使我得以走向日本社会的纵深处。从以人格培养为特征的教育理念和教育方式,集团主义为核心的组织伦理,到带有经济高速发展时代特征的家庭关系和社会性别;从追求人生价值和生命意义的生存理念,崇尚传统的民间习俗,独具东方特色的社会风貌,到现代化进程中的文明冲突……凡此种种社会生态和人文气象,都引发我思索良久,并暗自许诺要运用社会学的理论和方法,找出隐藏在这些现象背后的内在机理和外部条件。

1992年,我带着三大本"在日笔记"和四箱专业书籍资料回国了。经过多年的文献梳理和理论思考,终于一一厘清了萦绕在心头的那些疑团,从而对日本社会、文化和民族,形成了微观与宏观贯通的比较完整、综合的认识。2001年《解读日本》①一书出版了,她是我10年磨出的一柄小剑,填补了当时国内日本研究的若干空白。在书的序言中,上海市日本学会副会长王少普研究员写道:"只因为作者掌握了大量真实的典型资料,并在此基础上进行深入的理论分析,因而就使《解读日本》成为颇有见地的学术专著。在日本社会文化研究领域应能占有一席之地。"上海市政府外办的官员看了此书后对我的一位朋友说:"从没看到有人对日本研究得这么深,她是克格勃吧……"得知我的日本观能为我国外事工作人员的实践提供新的参考视角,一种实实在在的成就感油然而生。

以此为出发点,我相继在《日本学刊》②《日本研究》③《日本问题研究》④《学术月刊》⑤《社会科学》⑥《妇女研究论坛》⑦等刊物上发表了一系列论文。在本所内连续作了"日本社会结构的基本框架和战后新教伦理""日本人的国民性""日本的两性关系和婚姻家庭"三次学术报告。应邀在复旦大学、上海国际问题研究所、市社联、市社会学会等处作了20余次日本社会文化研究的学术演讲,得到了普遍好评。复旦大学的一位资深国际问题专家对我说:"这些年我国对日本的研究主要集中在政治、经济领域,有很大的局限性。现在急需扩展视野,把社会文化研究提上日程,你的研究是一个很好的开端。"今天,日本研究无论深度还是广度都有了长足进展,然而,再读20年前我的著述,以及近期网上的读者评价,依然

---

① 《解读日本》,东方出版中心,2001年11月第1版。
② 《日本现代化进程中的家庭关系嬗变》,《日本学刊》2004年第1期。
③ 《战后日本婚姻关系的整合与冲突》,《日本研究》2001年第3期。
④ 《当今日本女性的角色地位变动》,《日本问题研究》2001年第3期。
⑤ 《日本社区建设管窥》,《学术月刊》1996年第4期。
⑥ 《变动中的城市家庭关系》,《社会科学》1996年第1期。
⑦ 《战后日本妇女发展》,《妇女研究论坛》2001年第3期。

保有其见微知著、道人未道的独特性,这份经多年耕耘结出的果实,是我人生价值的一次重要实现。

另外,通过参与全国七城市家庭研究、居民生活质量研究、婚姻质量研究等课题,我将在日本学习的家庭社会学理论和方法运用在解释国内现实的实践中,以此检验自己的问题意识和研究能力。有关论文先后发表在《社会学研究》[1]《社会科学》[2]《家族研究》[3](日)等学术刊物上。相继接受上海及外地、外国电视台、电台有关婚姻家庭的访谈几十次,并一直延续到退休以后多年。从日本回国后,我分别在 1998 年和 2009 年应兵库县家庭问题研究所、上智大学比较文化研究所邀请,两次赴日本做学术交流。这些家庭社会学的研究成果和社会影响,是我在日学习工作两年多后,交上的与日本研究并举的另一份成绩单。谨以此感谢李剑华老先生、黄彩英老师、张开敏老师、丁水木老师等历任所领导对我的信任与厚爱,报答国家和社会学所对我的栽培。

2000 年前后,国家与社会关系成为学界探讨的热点,我把日本研究的触角伸向基层社会变迁领域。以前期发表在《学术月刊》上有关町内会的综述为基础,进一步从国家与社会关系演变的视角考察日本城市基层自治组织——町内会在现代化进程中的角色功能转换。通过搜集研读大量历史文本资料,与相关领域的日本学者通信交流,结合在日本时的实地探视,首次将町内会的发展划分为"行政末端""半官半民"和"准市民团体"三个阶段。通过考察其演变的内在规律,发现民间公共意识的生成和自治能力的培养离不开国家与社会的协调与合作,政府适时地向民间让渡管理空

---

[1] 《论转型期亲子互动的特点》,《社会学研究》1996 年第 6 期。
[2] 《近代日本家庭制度的变迁》,《社会科学》2008 年第 1 期。
[3] 《现代中国家庭关系的特征与变化》,《家族研究》(日)2000 年第 3 期。

间,可在避免疏离与对抗中达到良性互动。从而深入探讨了与西方国家很不相同的、具有东亚价值取向和路径特征的演进模式,以期为我国的国家与社会关系的研究和实践提供借鉴,相关论文发表于《社会科学》。① 这一研究结果与理念的确立,对以后我参与和主持的居民自治、社会组织、涉侨社团等多项有关社会建设的研究均有很大启发和帮助。

此后,我独立承担了院课题"在沪外籍人士的社会适应与文化交融",运用中、英、日、韩 4 种文字的问卷,在 10 万在沪外籍人士

图5 参加"现代日本文化与家庭"国际研讨会(1990 年,左起为美国东西文化研究中心人口研究所所长赵理杰、田晓虹、日本大学人口研究所所长黑田俊夫)

---

① 《从日本町内会的走向看国家与社会关系演变的东亚路径》,《社会科学》2004年第 2 期。

中做抽样调查和个别访谈,以研究报告和《经济社会问题专报》[①]等形式,为政府提供决策咨询建议。

岁月荏苒,步履匆匆。40 年前,我从一名自学了 5 年日语的工厂车间核算员,踏入社会学研究的殿堂,一步一个脚印从资料员成长为具有独立研究能力的研究人员。回首个人经历,正折射出特定历史背景下社会学所从草创恢复到摸索前行直至走向成熟的轨迹。我的职业生涯虽然没有骄人的业绩,从事的研究领域也比较边缘,唯怀揣一份敬畏之心,克服重重困难和阻力,见他人所未见,书他人所未书,把个人的有限能力,献给挚爱的社会学事业。能在繁花似锦的日本研究和家庭研究领域留下一抹痕迹,乃是我莫大的安慰。

---

① 《社会经济问题专报》,2006 年、2007 年。

陆晓文
探索求得天地宽

陆晓文，男，研究员，中共党员。1955年生，1984年毕业于上海大学文学院社会学专业。1984—1986年在上海市委宣传部理论处工作，1986年进入上海社会科学院社会学所。曾任社会学所社会调查研究室主任、社会学所副所长，分管研究生教学工作。2018年退休。主要研究领域为社会研究方法、社会结构、社会消费方式文化比较，曾主持、参加多项国家、上海和政府部门的研究项目与课题，主持并参加多次大型社会调查的设计与分析，出版《中国主流媒体的词语变化与社会变迁》《社会建设：世界经验与中国道路》《上海市民意愿调查报告》等多本专著及编著。

我是1986年来社会学所工作的。1984年7月，我从复旦大学分校（后为上海大学文学院）社会学专业毕业后就分到了市委宣传部，1个月后任王元化的秘书。1986年王元化结束任期后，我也有机会继续留在市委宣传部工作，但内心还是想做一份比较有自主性的研究工作，就要求调任至上海社科院社会学所。从1986年进所，在90年代初期有过短暂的离职，后来又回到研究岗位，一路晋升至研究员。我从2006年11月开始担任副所长，任期至2015

年6月结束。应该说,我在所里工作的时间是比较长的,所里的一些重大活动都或多或少有参与。

一、与统计局合作:恩格尔系数为什么降不下来?

80年代的社会学研究处在起步阶段,并没有什么大的理论框架和方法范式的限制,当时的研究者都试图通过自己的研究回应一些大理论,这和现在零敲碎打型的研究路数形成鲜明的对比。创所初期,社会学所的不少研究是为了回应市委、市政府了解社情民意的需要。因此,所里的同事针对市民满意度、需求度作了很多相关调查。

1985年,江泽民被任命为上海市市长,他提出要为市民办实事,希望研究机构能够为他的工作提供依据。我记得第一次上海市政府为市民办实事的市民评价调查就是我们社会学所与市统计局合作完成的,这个报告的撰写者是卢汉龙、潘穆和我,我执笔写了相当部分的内容。1987—1988年,根据我们所的调查分析,上海市政府把将上海人均住房面积的困难补助基准线从原来的人均1.7平方米提升至人均4平方米,这是所里为改善上海市民民生状况作出的实际贡献。同时还对工作路途较长等多项内容进行了调整。这个市民评价调查连续做了3年,产生了不小的社会影响。当时,市委、市政府高度重视社会调查工作,我们所与市委研究室合作较多,我记得有好几次调查都是被召集到市委研究室,并将居委干部直接集合到当时在外滩的市政府进行培训的。

当时,我们社会学所还有一项有实际影响的研究,就是与市统计局联合开展的"社会统计指标研究"。这个研究课题的最核心内容就是在借鉴国外统计指标的基础上，进一步确定适合我国国情和上海实际的基本社会指标。我举一个印象最深的例子。恩格尔系数，如今大家都不陌生，这个系数的含义就是，当一个家庭的收入水平较低时，用于生存性消费的支出比例就会越高；对一个城市或国家也是一样的，它的经济发展水平越低下，食物等生存性支出的比例就越高。然而，80—90年代上海的情况却不是这样，经济显然在快速增长，社会发展的速度是有目共睹的，但上海的恩格尔系数却一直在原来较高的位置上下不来。统计局的同志们当时感到非常困惑，改革开放带来了巨大的经济成就，人们的生活水平提高很快，但食品支出比例为什么降不下来呢？为什么会背离国际规律？这在理论解释上说不通，国外学者也对此感到困惑。

统计局就希望通过与我们社会学所的合作研究解释这个现象。后来经过与统计局的讨论研究发现，恰恰是计划经济体制带来的社会保障与福利制度的存留导致了这一现象的产生。具体来说就是政府分配的公房和单位福利都还保留着，使得上海普通市民的日常开支不需要考虑住房这些内容，与房子相关的开销都不需要从收入中支取，这使得当时收入不高的普通家庭每月收入中的大部分都用于购买食物。因此，恩格尔系数不下降恰恰是单位福利体制所致。而既有对于恩格尔系数的使用与解释，所放置的情境是充分市场化了的国家或地区，照搬这个系数，显然就不适用于计划经济体制下的经济体。

在1995年前后，社会保险制度和住房制度启动改革，之后上海市民的恩格尔系数才逐步降下来。这个案例很有意思，从中可以看出，照搬西方概念和统计指标，不顾其适用的情境，是做不好社会科学研究的。据我了解，80—90年代，上海市统计局在统计调查中所用的统计指标，以及这些指标的构成，很多都是和社会学所的科研人员共同讨论后决定的。有了这些经验后,我也逐渐感到,从外面引进的一些统计指标并不能直接用于解释和度量中国的实际情况,中国可能需要一些本土化的指标,更需要一手资料和数据的积累,这种观念也构成了我们社会学所坚持开展"生活质量调查"的基础。

二、影响深远的系列课题:上海市民生活质量调查

"上海市民生活质量调查"是我们所持续时间最长的趋势调查项目,可以说从 80 年代开始一直延续至今。最早的时候,卢汉龙和美国著名的亚裔社会学家倪志伟、林南等合作开展了一些调研,主要是有关市民生活状况的大样本随机抽样调查,这些调查包含的数据资料十分丰富,有住房、职业、家庭关系、社会网络、满意度,等等。后来刘漪、朱妍逐渐把零散的资料做了系统的整理。

在这个过程中,卢汉龙逐渐成为国内生活质量研究的重要学者,我们所也成为社会调查研究的重镇。整个 80—90 年代,我们社会学所做了好几次大型调查,我记得从 1987 年开始,几乎是每两年一次,一直到 90 年代末。1998 年,我们与美国耶鲁大学的社会学家戴慧思教授合作,做了一次全国的物质消费文化调查,这个调查的规模是非常惊人的。经历了这么多次社会调查之后,我们所逐渐形成了有关生活质量方方面面的数据资料库。国内现有生活质量调查的数据中,我所的资料涉及的时间是最长的,内容是最丰富的,这是社会学所的一笔宝贵财富。我后来撰写的《上海四十年生活质量变化》就是基于这个基础才得以完成。

2003年，卢汉龙进一步提出，我们不仅要在上海系统地做市民生活质量的调查，还要建立一个上海市民生活质量的指标体系。这个项目的主要牵头人就是社会学所与上海市统计局，大家在一起讨论如何联合做调查、做研究。我记得第一次调查是2004年，之后每两三年做一次，一直到2014年，10年间做了四五次调查。参加"上海市民生活质量指标体系"课题的还有李宗克、夏江旗、韩俊等人都参与了讨论和修改。现在我们回望这个研究项目，可以自豪地说，这一指标体系应该讲是上海最早、最完整、成系统的有关生活质量的指标体系，这是项目组的成果，更是我们社会学所的工作成绩。

图1 与市统计局组织的"中英合作社会调查和统计方法"国际研讨会代表合影（2004年，左一为陆晓文）

有了这个指标体系，后续调查基本上参照这个体系设计问卷，统计局也比较认可这个指标体系，依据这个系列调查出的课题成果也获得了市领导的高度重视。我记得，第一份研究报告得到了时任副市长周禹鹏的肯定性批示，时间大概是 2004 年；第二份报告则获时任市长韩正批示，大约是 2006 年，当时市政府还开了一次会议让我去进行专题汇报；第三份报告的关键词是"上海市民收入分配情况分析"，得到了时任市委书记俞正声的肯定性批示，也就是在 2008 年，是他来上海后的第二年。

我们所的生活质量系列调查对了解上海市民生活及市政府工作评价都提供了重要的决策依据。后来，这项调查的资料也成为"十一五""十二五"市民综合评价的分析依据。我写作"十五""十一五""十二五"这三份评估报告的资料来源都是这项调查。以此为基础，我在纪念改革开放 30 周年和 40 周年之际还分别出版了有关上海市民生活质量的著作，一本是我和所里同事共同完成的《上海社会发展与变迁：实践与经验》（上海社会科学院出版社 2008 年版），另一本是我个人的专著，即《改革开放 40 年与上海市民生活质量变迁》（上海人民出版社 2018 年版）。要想了解改革开放以来上海市民的生活变迁，这两本书提供了系统的一手资料。

在市民生活质量调查的基础上，我还对社会建设进行了理论上的思考，出了一本《社会建设：世界经验与中国道路》（上海人民出版社 2007 年版）。直到现在，这项调查的影响仍然留存。比如，市社工党委要做一个"上海社会建设指标体系"，我们的"生活质量指标体系"就被作为一个重要的参照；再比如，2018 年，市委市府有一个重要课题是关于"社会建设如何对标国际一流"，这个课题也交由我做，主要就是因为我长期从事这项研究。

三、社会学所与我

再讲到社会学所,早期在社会学的学科建设方面,我所扮演了重要的角色,作出了不可磨灭的贡献。比如,我们在创立初期就着手进行资料准备和方法培训。1996 年,社会学所主办了很有影响力的培训班,就是卢汉龙发起的"社会学课题设计与操作研究班",借用了上海师范大学的场地。这个培训班大约搞了一周,主要是讲社会学研究的范式和体例、课题研究的设计,等等。所里全体同仁都积极参与了,与会代表来自全国各地的兄弟院系。培训班的老师有不少名家,比如林南、李银河、关信平等社会学大佬也都来参加了培训。这次在上师大的培训班可以说是国内社会学规范研

图 2 "社会学课题设计与操作研究班"社会学所同仁合影
(1996 年,右二为陆晓文)

究的起点,具有里程碑意义。这个研究班对上海乃至全国社会学界都产生了重要的影响。

这个培训班对我个人也有很重要的影响。我上了课之后,就按照老师讲的设计规范写了福特基金会课题的申请书,主题是关于"中国主流媒体的词语变迁",很快就获得立项,拿到8000美元的研究经费,这在当时绝对是一笔巨款!在此基础上,我出版了专著《中国主流媒体的词语变化与社会变迁(1986—1995)》(黑龙江人民出版社2006年版),这也成为我晋升副研究员的敲门砖。现在看起来,我的这本专著也是中国舆情数据分析的早期成果。有意思的是,最近我去北京开会,了解到现在的舆情研究主要靠爬虫软件抓取网络数据,然后再进行分析,而我当时做这个研究的时候,可以说是"人工爬虫":我花了几年时间,把《人民日报》的头版头条和评论员文章都看了一遍,真是费了很大的功夫!

我还有一块比较集中的工作,就是与市委市政府及各个委办局合作,写内部决策咨询报告。比如,我和市委研究室社会处合作写了好几份报告,有的是关于上海城乡居民生活质量的,有的是上海贫困市民调查;和市发改委合作,参与了两次五年规划的市民评估报告写作;还有与市卫计委、市社工党委、市法制委等各个机构开展合作调查。有些调查是通过统计局来发放问卷,有些则是通过调查公司来操作的。这些林林总总的报告中,比较有代表性的是"上海市民诚信报告",这是市政协委托的课题,希望从各个方面反映上海的整体情况。报告交上去后,时任政协主席冯国勤还专门派人表扬了这项工作;《解放日报》也用了一个整版来报道这个项目。另外,每年发布的《上海社会发展蓝皮书》上都会有我的调研报告。虽然许多内参是不能公开的,所以并未正式出版,但通过各种渠道反馈的情况来看,还是产生了不小的影响,各委办局对我的决策咨询工作还是持认可态度的。

在纵向课题方面,我主持过一个上海市哲社课题和一个国家哲社课题,这两个课题几乎是同时立项的。其中,市课题是 2004 年中标的,题目是"社会结构的变化与消费的象征意义";国家课题是 2005 年中标,题目是"社会结构的变化与阶层的主观认同"。国家课题讲的是全国的社会分化与阶层认同,上海的课题聚焦社会分化与消费认同。前一项研究带有一定的政治意味,比如对 80 年代民众的阶级意识、政治认同、制度信心、意识形态等都做了比较详细的调查,据我了解,当时这样类型的社会调查是很罕见的。这个课题的结项还算顺利,得到了"良好"的评价,但因涉及意识形态领域,没有公开出版。上海市的课题也如期结项,重点研究的是中国改革开放后不同社会阶层的消费态度、消费意识,以及消费符号化的倾向。

还需要一提的是我负责的研究生工作。2006 年,我开始担任副所长,分管研究生工作。在此期间,我的工作重点分为三个方面:一是社会学的研究生学科建设;二是提高生源质量;三是提高教学质量与研究水平。

在我负责这项工作期间,通过整理与申请,成功将原来的"应用社会学"二级学科硕士点变成了"社会学"一级学科硕士点;另一方面,在这些年,我们所的生源质量有了很大的提高,与复旦等高校建立了推免制度,课程质量和招生情况一直都广受好评。同时进行课程调整与设计,聘请当时其他研究所的研究人员进行授课,并在课程中专门设置了让研究人员专门介绍各自研究课题与研究过程的讲座,让同学们能够及时了解中国社会学的最新研究方向和研究方法,熟悉研究设计与过程。

我自己在研究生工作中也获益不少。我为研究生开设的"中国文化"课程成为精品课程。这个课的历史要追溯到80年代了：1987年，我被吴书松同志派至北京大学参加中国文化书院的中国文化专题学习，其中有梁漱溟、陈鼓应等著名学者亲自授课，时间长达3个月，学习地点就在新中国成立前夕毛泽东进入北京前居住的清源别墅。这奠定了我对讲授中国文化的浓郁兴趣，并对以后的研究和教学产生了深远影响；我的"社会研究方法"课程原来只是给院里的中国马克思主义研究所的研究生开授，现在还给社会学一级学科的研究生上这门课；我个人也多次被研究生部表彰为"优秀教师"，直到现在我还担任研究生部的督导老师。可以说，研究生工作是我在社科院和社会学所持续时间最长的单项工作。

图3　研究生院组织各所从事研究生工作的同志组团赴京学习考察
(2007年，左一为陆晓文)

最值得骄傲的是,在我负责研究生工作期间,所里有三篇硕士论文获得上海市优秀硕士论文:2009年,我指导的研究生张友庭撰写的《市场化进程与小农的风险规避:基督教传播的社会功能分析——以福建宁镇基督礼拜堂为例》获奖;2010年,徐安琪指导的胡俊琳获奖,她的论文题目是《亲密关系暴力:一般家庭的发生率、性别差异及影响因素——以兰州城乡家庭为例》;2012年,李煜指导的卢文峰获奖,论文题目是《教育对初职地位获得的贡献与劳动力市场供求关系——以1985—2006年教育扩张下的中国为例》。

还有一个重要的工作,我必须要讲两句,就是"世博会"的主题馆设计。2006—2009年,我差不多有整整3年都在参与这项工作,也就是担任世博会主题馆的主题设计评审专家,并赴荷兰、德国和西班牙审定检查中期设计与工作进展。社科院除了我,还有经济所的郁鸿胜和历史所的马学强参与,我们三个分别是社会学、城市发展和上海史的,每次世博局开会,我们都得参加,被戏称为"社科院三剑客"。我就记得当时的工作负荷特别大,这也是因为世博会的设计竞标实在竞争太激烈了,许多知名的广告公司的方案都被毙了。总的来说,我们"三剑客"的工作配合度很高,还一起合作出版了两本专著,分别是《城市发展的理念:和谐与可持续》(上海三联书店2008年版)和《中国城市的发展:历程、智慧与理念》(上海三联书店2008年版)。

2014年,院里开始搞创新工程,当时所里也重新调整了研究室设置,我兼任了"城市社会学研究室"主任,准备以研究室为单位进行申报。当时研究室同志的研究方向各异,主题分散,创新工程申请任务总体情况不容乐观。我邀请了浙江省社联原党组书记蓝蔚青作为院外专家,并多次组织集体讨论,最终确定以"城乡一体化进程中的社会发展与稳定"作为创新团队的申报主题。从2014年2—4月,先后改了十几稿,所幸最后中标。之后又以上海和浙江为研究基地,每年组织课题组成员开展调查,现在正处于最终成果的写作过程中,也算是我为自己在社科院的工作站好最后一班岗,画上一个圆满的句号。

这就是我在社会学所学习工作的点点滴滴,算是在中国发展的滚滚洪流中留下了片段与痕迹。现在,社会学所发展到了一个新的阶段,老人基本要交出接力棒了,要由新人来担当起重任。社会学发展也到了一个关键点,我一直觉得,年轻人做实证研究是非常重要的,但眼睛不能光盯着实证的表面,要把眼光放到对实证资料的总结上,否则就会丧失很多实现飞跃的机会。举个例子,最近我一直带着研究室同仁在浙江海宁调研,我们发现,当地城乡居民对户籍的观念非常淡薄,对于农村户口的记忆非常淡。我们在当地做的生活质量调查显示,农村户籍居民的各项评价都比城市户籍居民要高。我们现在很多学者主张取消户籍,但这个主张的基础是,户籍造成了不公平的二元对立,而且户籍是为了支撑某种特殊安排的管理制度,比如社会分配、社会保障等。如果这些支撑不存在了,户籍即便没有取消,也就不重要了。所以,关键不在于要不要取消户籍,而在于是不是抹掉了户籍背后的分配差异和社会区隔。在这里,我们就可以作一些总结,比如哪些制度在哪些地区已经发生根本的变化,在这些地区有些问题也许就不那么需要关注,比如户籍在已经实现了城乡一体化的地方就不再是问题了。我常常感到,现在这个大时代有点像费孝通在《乡土中国》中讲的那样,应该到了理论总结的时候,希望年轻人能捋起袖子加油干。

访谈整理:张友庭、朱妍

夏国美
扬帆的感悟

夏国美,女,研究员,中共党员。1955年生,1985年6月毕业于上海大学文学院社会学专业,同年进入社会学所工作。2001年12月晋升为研究员,2018年7月退休。曾任上海社会科学院"HIV/AIDS研究中心"主任、"人类健康与社会发展研究中心"执行主任等;兼中国社会学学会理事、中国生命伦理学专业委员会常务理事、联合国艾滋病规划署中国组顾问等。曾主持联合国开发计划署(UNDP)等资助的多项重大课题。和国外同行的合作研究成果被发表在拥有高影响因子的 *The lancet* 上。在《中国社会科学》等国内学术刊物上发表论文百余篇。10多篇论文被《新华文摘》《中国社会科学文摘》《人大复印资料(社会学)》等转载。出版专著11部。合著《社会学视野下的新型毒品》成为一些高校相关课程的主要参考书目。研究成果多次获上海市哲学社会科学成果奖。获2008年上海"巾帼创新奖"提名奖暨"三八红旗手标兵"、2010年"全国维护妇女儿童先进个人",2013年"全国艾滋病防治先进个人"等荣誉称号。

上海社会科学院社会学所是我脱下医生的白大褂后毕生工作的地方,也是我在学术领域百里风趣、扬帆一生的航船。依靠这艘航船,我有幸结识了国内和国际上众多不同学科钟灵毓秀、德高望重的专家学者,阅读了大量经千百年洗涤而不褪色的经典著作,拓展了社会学研究从田野调查到理论引领的广阔视野,品尝了脚踏实地了解民生疾苦、直面问题建言献策的五味杂陈,并最终确立了为促进人类健康与社会发展而努力的研究目标。"回首向来萧瑟处,归去,也无风雨也无晴。"在所庆40周年之际,特撰此文以释情怀。

一、弃医从文的转折

社会,究竟是一个怎样的概念,对于像我这样在童年就被卷入动荡年月的人来说,曾是一个很难弄懂的概念。促使我一直向前探索的原因,仅基于"知识就是力量"这一格言。做医生时,我相信用医学知识去守护生命是一个值得终身努力的目标。但一段不是亲身体验便难以描述的震撼经历,对我后来告别医学进入社会学领域产生了相当大的影响。

22岁那年,我作为上海医疗队的成员到贵州山区服务一年。那是一个有着被誉为抗战生命线——24道拐公路的峡谷深山,也是布依族、苗族等集聚的贫困地区。

启开记忆的尘封,往事如潮水般涌来。

记得一天晚上,医疗队驻地传来急促的敲门声。老乡说,山寨里有孩子得了重病。山高路陡,又是夜里,队领导不敢派我上山,派出了一个年轻身健的外科男医生。下半夜,他回来了,说孩子是内科重症,他没有药,也处理不了。听闻此言,我背上药箱二话没说就跟着山民出发了。那是一个高山苗寨,山径崎岖。我跟着山民在黑夜里向上攀爬。在一处因下雨而坍塌、近乎90度的陡坡前,我傻眼了。靠着山民的推、拉、托,我才筋疲力尽地到达山寨。

万万没想到的是,我居然连病孩的面也没见着。孩子家人说,孩子死了,扔山里了。那一刻,我木然了。一位山民对我说,医生,你好不容易上来了,顺便给寨子里其他人看看病吧。我这才清醒过来,开始挨家挨户问诊开药。中午,一户山民拿出过年吃的腊肉,给我做了一碗腊肉面。当腊肉的香味在屋内弥散开来时,山民家7个衣衫褴褛、露着饥渴眼神的孩子,突然像音符般站立在了桌边。那种场景,此生难忘。尽管当时我早已饥肠辘辘,但我不忍举筷,选择了道谢后离开。

在贵州山区,我经历了太多这样的事情,也看到过太多这样的孩子。即使是冬天,他们也会光着脚,挺着肚,衣不蔽体地站在泥地上。凝视着他们晶亮的眸子和纯真的笑容,我总是莫名地心酸。我曾经走进低矮的土坯房,看到病人蜷缩在全家人共有的一条破被中呻吟;我也曾看到过胎儿的一只小手已先伸出产道,最终胎死腹中的难产场面。直面这些苦难,我深感医学面对贫困竟然是那么无力,意识到消除贫困、改善民生可能更需要社会治理的良方。这种意识的萌芽,对我后来决定弃医从文起到了很大的作用。

迄今为止,我依然非常清晰地记得考上大学告别医院前发生的两件事。一是有位常到我这儿看病的中学老教师在得知我将离开医院时,握着我的手依依不舍地送了我一句话:鲁迅先生和孙中山先生当初都是弃医从文的。言下之意,你要以他们为榜样。二是我相当尊敬的一位老医生,满怀希望地嘱咐我以后一定像费孝通先生一样,为中国的社会学发展做出成就。现在想起来,那是我第一次听到费老的大名,除此之外,我对社会学这门学科基本上是一无所知。当时,我只是被这些前辈的话语所感动,也被他们的期待所激励。我朦胧地感到告别医学进入社会学或许是我人生的一场重大转折,我不必伤感,更无须后悔。

在拿到上海大学社会学系的毕业证书——这张没有返航的人生船票后,1985年夏天,我登上了上海社科院社会学所的科研航船,开始了我的学术启航。多年以后,当年那朦胧的感觉早已被清晰的事实所取代。如果说医学曾经赋予我的是善良人格和维护个体生命的知识,那么社会学赋予我的则不仅仅是人格的锤炼和知识的广博,更重要的是它给我提供了一种透视世界、思考人生的方法,使我的思想实现了前所未有的飞跃。

不过,正如1835年达尔文登上"小猎犬"号航船去追溯"生动的洪堡式场景"时并没有形成自己考察世界的独特视野一样,进入社会学所从事科研工作的初期,我曾经也是视野模糊的。只是达尔文很快就意识到,要从如此浩渺壮观的世界万象中找到生命发展的轨迹,需要"将诗与科学结合起来的非凡的能力"。而我则是花了多年时间攻坚克难,在科研阵地打了几场小小的胜仗之后,才逐渐领悟这个道理的。

我读大学的年代,社会学这门学科在我国才刚恢复重建。尽管当时的社会学系从复旦大学请来了最好的老师进行授课,在本系也聚集了一批颇有学术水准的师资队伍,但和国内外许多高校一样,学生在课堂上能学到的知识,大多不是枯燥乏味的就是晦涩难懂的。毕业时,我曾想做一名新闻记者,直面社会民生。但系里却坚持要我到社科院工作。当初这一相对被动的选择,在后来的岁月中被证实是一种"最好的安排"。数年后,当我第一次在国家级刊物上发表了自己的科研成果,并在全市举办、社科院多人参加的"青年家庭的昨天今天明天"论文大赛中荣获金奖时,我对自己肩负的使命已笃信无疑,并深深折服于系里领导和老师们看人的眼光。

二、脚踏实地的探索之路

每一段人生,都需要脚踏实地,一步一个脚印。人生如此,学术研究也是如此。虽然在今天,学界对吸毒、卖淫和艾滋病等问题的研究早已司空见惯。但在80—90年代,研究者要想勇敢地走向这些更加逼近真理的研究方向,并不是一件容易的事情。30多年的研究历程记录着我曾经走过的风雨,铭刻着我深深的记忆。限于篇幅,本文只能作一点简单的回顾,谈几点体会。

用兴趣驱动科研,用理想守候事业

社会学研究需要浓厚的研究兴趣,需要寻根问底的执着,需要对研究有一颗挚爱的心。而所有这一切,皆源于研究者对理想的坚持、执着和守候。人生有许多十字路口,理想是前行的指示灯。只有坚持理想,才能不以物喜、不以己悲,才不会在五彩世界中迷失自己。

记得我入所后的第一个研究课题是对上海个体开业医生的调查。那时候,由于国家放宽政策,允许个体开业行医,社会上陆续出现了一批开业医生。但自这项政策实施以后,不同的评价和争议也不绝于耳,诸如退休医生开业,又拿退休金又赚诊金,属于非法收入,是走资本主义道路,等等。作为一个社会学专业的毕业生,我深知这是一个需要社会学正视的新问题。因此,入所以后,我就明确以医学社会学作为研究方向,开始进行对上海个体开业医生的现状调查。由于当时做研究没有任何经费来源,为此,我只能用菲薄的工资充当研究经费,购买调查礼品和图书资料,每天在公交车站盼车、赶车、等车、挤车,寻找分布在全市各区的研究对象。有一次换车,站台上黑压压地挤满了人,公交车还未停稳,人们就开始迎着车头冲过去。结果,我被拥挤嘈杂的人群推倒,脚趾被踩成骨折,当场痛得快晕过去。

不过,在那个年代的上海,挤公交车是一种常态。每天高峰时段,公交车基本上都是人挤人、人贴人,关门前经常需要站台上有人帮忙猛推一把才能关上。公交车没有空调,遇到摄氏35度以上的日子,车厢里的闷热真是一种煎熬。性骚扰在公交车上也司空见惯。在这种条件下,做调研确实比较辛苦。相比之下,撰写论文倒显得轻松惬意。尽管很多时候,为了抓紧时间多查阅和摘抄一些资料,在图书馆不吃午饭、不上厕所也是一种常态。但求知求真的研究过程却能给人带来很大的满足感和愉悦感。

这个课题结束后,我在国家级刊物上发表了论文。但没有任何经费支持的研究显然是难以持续的。为此,我一方面继续保持对医学社会学领域的关注,一方面开始参与研究室的其他研究课题。不久,研究室前辈、专门研究婚姻家庭问题的薛素珍老师赴美进行学术访问,探讨美国离婚问题与离婚家庭子女的教育问题,之后,徐安琪主持了离婚家庭子女教育课题,我和研究室的几位女性成员一起参与了这项研究。

记得当时我正怀着女儿,为了完成问卷访问,只能挺着大肚子挨家访问。为了配合居民的作息时间,很多时候还需要晚上出门,待完成问卷乘车回家常常已经夜深。多年以后,我发表了《女性、妻性、母性的角色错位和冲突——婚姻家庭中妇女地位变化与面临的挑战》一文,谈到了作为女人、妻子和母亲的三种角色追求在男性文化主宰的社会中遇到的冲突和挑战,而论文的灵感其实就源于那个时候。

90年代,研究室主任卢汉龙与美国林南教授建立合作,就居民时间分配和生活质量问题在上海开展研究,我又加入了该项合作课题。这是一些看上去和我选择的研究方向并无太大关联的课题,但对一个刚入行的研究者来说,却是一个重要的学习过程,也是拓展研究视野、掌握研究方法的必要过程。

执着与守候为我换来了医学社会学研究的时间与空间,并最终从医学社会学转向视野更为广阔的社会问题和社会政策等研究。

多年以后,当我偶然看到摆放在书柜角落中那一大摞荣誉证书和聘书时,我突然意识到,作为一个研究者,我们所处的那个年代,其实正是中国社会学发展的春天。当时,改革开放的大潮在推动中国社会迅速发展的同时,也将潜藏在社会深层的各种问题带出水面。从某种程度上说,改革开放促进了中国的经济发展和社会繁荣,而社会问题的大量出现,也使得清流与泥沙俱下,为社会学研究带来了机遇和挑战。

1989年,上海准备召开第一届性病防治学术大会,要求社科院派专家参加。当时,院、所两级领导将这个任务交给了还是研究实习员的我。现在回想起来,那时的我,其实还完全没有具备真正的学术鉴赏能力,很难识别哪个研究方向更具有取得科研突破的可能性。但对未知事物的探索兴趣、对学术理想的执着追求驱动了我。我不假思索地一头扎进图书馆,开始了对中国性病问题的社会学研究。

论文送上去之后,我的心情是忐忑的。因为在当时的社会氛围中,我在论文中提出的观点(在现阶段期待借助社会主义的优越性,运用强大的国家机器消灭性病的"性防"决策思想是不切实际的),很可能会被认为是"离经叛道"的。自1962年中国向全世界宣布已经彻底消灭性病以后,这一"东方奇迹"始终被认为是中国的骄傲。事实证明,我的不安是有道理的。

会上,我的观点引起了与会者的激烈争论。我至今还记得几个德高望重的医学专家为此争得面红耳赤的模样。但在"解放思想,实事求是"精神的指引下,会议最后还是采纳了我这个被《大会纪要》概括为"令人耳目一新"的观点,并推荐我到全国大会上做主题报告。当时的所长丁水木对我参加这次大会给予了大力支持,在出差经费非常有限的情况下,甚至同意我买机票而不是坐火车去深圳开会,这对当时的我来说,无疑是一种很大的鼓励。

由于大会的影响,引领中国进入生命伦理学之门的邱仁宗教授从北京来上海社科院找我,提出可以资助我去北京参加相关的国际学术研讨。在那个既缺乏研究经费又缺乏出差经费的年代,作为一名研究实习员,我终于可以有机会与国内外著名的专家学者聚在一起,进行面对面的交流、讨论和学习,并在后来的10年里,对性病和艾滋病问题、生命伦理学、女性主义、公共健康等前沿交叉领域的研究有了清晰的了解。正如我在《女性主义的东方之路》一书的后记中所提到的那样:这些眼光敏锐、见识卓越、关注底层的专家学者,经常在讨论中爆发出种种具有创造性和颠覆性的新思想。

在那些年,我和后来担任浙江社科院社会学所所长、中国社会学学会副会长的王金玲一直是会议期间的"同居"室友,我们各自担任分会主持人。她的敏锐、爽朗和观察力令我欣赏,我们之间的交流从会上到会下,几乎无话不谈,我们的房间也常常成为"夜间沙龙",吸引了许多思想活跃的同仁。其中人大教授周孝正切中时弊的滔滔不绝,北大教授郑也夫一针见血的深刻评论,都给我留下了很深的印象。正是这种高质量的讨论、争鸣和交流,大大激发了我的研究冲动,并对我后来的研究产生了重要影响。

其实科研之路就像登山之路,心中有一个目标,也有一份希望。在艰难的攀登过程中,每向上一个台阶,每踩下一个脚印,都需要坚定的毅力和不懈的努力。但是每一次的攀登,都能让人感受到接近理想目标的乐趣。登山如此,科研也是如此。每一个科研项目的完成,都能让人真实地感受到科研的魅力,享受在科研中发现问题、解决问题的乐趣,并发自内心地更加热爱科研,坚定追求真理的理想信念。

从现实的泥泞中出发,直面中国社会的真问题

世界著名的大数学家希尔伯特曾将"问题"看作是科学发展的灵魂。因为问题的背后往往蕴藏着更为接近真理的东西。只有从问题出发进行研究,才能发现并提出具有创造性和颠覆性的新思想,并促使研究不断向前推进。但要发现当今社会面临的真问题,就必须从现实的泥泞出发。只有脚踏实地,才能感受到这个时代最鲜活的脉动,找到有意义的研究发现,提出有价值的政策建议。

在近 20 年的时间里,我一直没有停止过与艾滋病问题相关的研究。尽管在今天,社会学必须重视对艾滋病问题的研究早已成为共识。但在刚开始进入这项研究时,我其实并不清楚自己究竟能够走多远。

1999 年,《新民周刊》记者江南采访我,说他去图书馆查阅,发现上海只有一篇和艾滋病相关的社会学论文(夏国美,《学术季刊》1994 年第 4 期)。尽管我后来接受了无数次的媒体采访,但我一直不能忘记他当时犀利的追问:面对这样一场全球性的灾难,社会学为何如此冷眼相对?是缺乏学术敏感,还是缺少研究勇气?

问题是尖锐的,答案也是简单的。一方面,学科壁垒和体制障碍,常常让研究者感到无所适从,横亘在面前的障碍和难题不胜枚举;另一方面,从事这项研究意味着必须走出书斋,和"防艾"相关的边缘人群打交道。这对常年生活在"象牙塔"中的学者来说,确实不是一个容易的选择。

记得有一次,我结束访谈中午回院,正遇上一位同事。互相打招呼的时候,他随口问我去哪里了,我说,刚做完艾滋病感染者的访谈。然后开玩笑说,我和他们握过手了,我们也握个手吧。结果他吓得连连后退。尽管在当时,社会上已经反复宣传,艾滋病不会通过握手传染,但面对这个"世纪瘟疫",歧视和恐慌依然十分普遍。

"走自己的路,让别人去说吧!"尽管但丁的这句名言早已人人皆知,但有几个人能真正做到这一点呢?在普遍歧视艾滋病的社会氛围中,在论文难以发表、研究经费匮乏的情况下,研究者要直面卖淫、吸毒、感染者等相关人群,不仅需要具备敏锐的问题意识,更需要具备直面社会的勇气。

为获得第一手研究资料,我曾经在发廊、足浴房和KTV包房等艾滋病高危场所展开系列调研。今天,随着时间的推移,当年那些场景在我的脑海中已经渐渐远去。但有一个场景和一句话,我至今记忆犹新。

一次,我带着复旦大学一名研究生去一个偏僻的发廊做调研。刚进门,我就发现糟了,店里没有一个顾客,却有四五个影视剧黑社会里打手模样的男人,虎视眈眈地看着我们。研究生是个年轻的女孩,当时的紧张和恐惧心理可想而知。但在这种时候,如果我带着她拔脚就退,很难知道后面会发生什么。于是,我只能克制情绪,硬着头皮和他们打招呼。

僵局打破以后，店里的一个年轻女性对我们的谈话内容产生了兴趣，就把我们带到里间，咨询了一些关于妇科方面的问题。没想到，就在我们谈话的时候，墙上的一道布帘突然拉开，一个"小姐"走了出来。我瞥了一眼，里间居然有张床，一个男人衣冠不整地正在穿鞋（我本以为布帘后就是墙壁，没想到这是一道隔离帘，里面还有内室）。看到这一幕，我不由地倒吸一口冷气，原来这里刚刚做完一单"生意"，怪不得外面有这么多打手守着。

走出发廊，研究生心有余悸地问我：夏老师，如果我们今天牺牲了，是不是可以算作烈士？在后来的岁月中，每当我想起这句话，心里就五味杂陈，并对这个后来成为某著名跨国公司高层领导的研究生充满敬意。透过"牺牲"和"烈士"这两个词，我看到的不仅仅是一种直面社会的学术勇气，更是一种对社会责任的担当，对底层命运的恻隐之心。

正是由于这项研究的艰难性和挑战性，所以在相当长的一段时间里，我对研究生的带教和合作者的选择表现得相当挑剔。我不仅要求对方能力出众、人品优异，还希望是一个能够关注底层、追求真理、直面社会的"自投罗网"者。我以为在社会学领域，这样的人可能很难碰到，但让我欣慰的是，在社会学所的研究生中，居然不乏这样的优秀学子。从王水、缪佳到黄巧妮、陈若婕，在她们身上，我都不同程度地感受到了一种真诚与豁达，一种直面社会的智慧与勇气。

王水是我在社会学所带教的第一个研究生。在很长一段时间，她甚至不敢和她母亲明言自己要面对的调研对象是什么人。但我想，在面对那些自称"五毒俱全"的受访者时，她的内心必然也是害怕的。但不管处境如何，她始终会在困境中绽放笑容，从不告劳。也就是这个在同届学生中年龄最小的甜美女孩，在毕业前和毕业后,协助我完成了两项难度很大的研究。这是一个有科研发展潜力的学生。所以,当所里因名额限制拒绝她留下从事科研的要求后,我一直深感遗憾。

在针对艾滋病问题的田野调查中,我曾遭遇过无数次撞击心灵的震撼,看到了艾滋病问题背后社会学研究者的责任。在艾滋病最猖獗的年代,我会利用一切时间去高校、机关、社区开设讲座,希望为中国的"防艾"事业尽一己之力。后来成为我学生和助手的缪佳就是在这种情况下闯入了我的视野。

多年后缪佳告诉我,当年我曾去复旦开设防艾讲座,尽管那时我并没有记住她,但这次讲座对她影响巨大。毕业前夕,她放弃了免试直升复旦法学院研究生的机会,报考了社科院社会学所的研究生,并以第一名的成绩通过考试,"自投罗网"地成为我的学生。在后来的许多年里,她从我的学生和科研助手成长为我的科研合作者,共同完成了好几项极具挑战的研究课题。

由于艾滋病的传播是一个与社会性别密切相关的问题,妇女所处的不利的文化和社会地位使其更容易陷入艾滋病风险,而艾滋病的难以遏制将导致更为严重的社会性别不平等。为此,我用了将近5年的时间,探索在娱乐服务业女性人群中开展艾滋病行为干预的方法,完成了和美国欧道明大学的合作研究课题。这项工作不仅得到了许多志愿者不辞辛劳的鼎力协作,也得到了相关部门领导的大力支持。在开展项目研究的过程中,缪佳用她羸弱的肩膀,挑起了和她的年龄并不相称的重担。她不但要根据相关理论完成行为干预课程,还要带领50多名研究生到KTV、发廊等场所进行一对一的问卷访问。尽管这些研究生通过培训,对参与调研要面临的挑战已经有了一定的心理准备,但是真正进入场所,还是有研究生会被吓哭。因为这是她们只在影视剧里看到过的完全陌生的场景。这种时候，缪佳只能一边安排工作，一边安抚她的同学。在她身上所表现出来的境界与格局、宽容与坚韧以及遇事豁达、波澜不惊的特质，经常让我钦佩不已。毕业前夕，由她独立主持的第六轮全球基金上海市艾滋病项目更是获得业内专家的一致好评。

与缪佳和王水有所不同的是，在带教黄巧妮和陈若婕的时候，我在毒品和艾滋病问题方面的研究课题已经结束。但我没想到的是，黄巧妮，这个看上去非常柔弱的女孩，居然自费跑到毒品和艾滋病高发的四川凉山开展调查。这是一个极其贫困的、彝族聚居的山区，调查难度可想而知。为完成调研，她两次进入凉山，掌握了撰写毕业论文所需的第一手资料。和黄巧妮相似的是，在我已经没有相关课题和经费支持的前提下，陈若婕依然选择了"互联网下的毒品滥用"这一极具挑战的命题作为自己的探索方向，并在"第六届上海禁毒理论与实践研讨会"征文活动中获得一等奖。

在社会学所的这些年轻学子身上，我看到了 80、90 后年轻人的责任心、进取心和对底层命运的关爱之心，看到了报考社会学专业的研究生直面社会问题的敏锐和勇气。我相信，从社会学所走出去的年轻人不管毕业后到哪里工作，都必然能够直面问题、关注民生，扛起国家和时代赋予的使命。

以公共政策和公共利益为导向，将科研成果转化为政策建议

在社会学研究过程中，坚持直面社会是一个非常艰辛的过程。但当研究者在这一过程中找到了解决问题的方法，发现通过自己的努力可以改变有些政策，解决哪怕只是很小的一个社会痛点，对推动社会发展作出一点贡献时，这种混杂着心酸的满足感，也是很

多人难以企及的。

在四川的一个艾滋病高发村庄,我询问一位因卖血而感染艾滋病的农民:你对政府有什么要求?他说,自从生病以后,他已经丧失了劳动力,好几年没有给村里交提留税了。他很担心自己死后拖欠的这些提留税要让他的孩子补交,所以,他希望政府能给他免了提留税。面对同样的问题,另一位感染者犹豫良久才怯生生地说,能不能每个月给他20元钱的补助,这样他的两个孩子就可以有肉吃了。

在云南中缅边境的村寨,我看到一些因吸毒而感染艾滋病的家庭,穷得连被褥铺盖、锅碗瓢盆都没有;在昆明,一位因车祸造成左大腿骨折的感染者,伤口化脓感染了也没有医生愿意给她做手术;在新疆,艾滋病像瘟疫一样在滥用海洛因的年轻人群中蔓延;在上海,我仅仅是认真倾听了一位感染者和他妻子内心的倾诉,这个女性就哭倒在我肩头,事后夫妇俩还给社会学所写来了感谢信,因为他们在备受歧视的社会环境中已经失去了公正的待遇和倾诉的机会……

面对这样的人和事,我常常百感交集,心头倍感沉重。我将研究发现撰写成文,送交国务院相关部门。我不知道这些文字最后是否会被束之高阁,但我依然愿意相信这些建立在田野调查基础上的研究报告,对推进相关的政策创新将会具有积极意义。

2003年,SARS(非典)在中国爆发。我为《文汇时评》撰文《SARS以后中国的选择》。我在文章中指出,要建立一个足够强大的、可以从容应对瘟疫爆发的公共健康防御体系,我们还需要跨越很多障碍。之后,我参加了由市委副书记殷一璀主持的"SARS与公共卫生问题"专家咨询会,就SARS问题发表了自己的看法和建议。11月,由清华大学等主办的"AIDS与SARS国际研讨会"

在北京召开。这次高层论坛受到媒体广泛关注。国际防治 AIDS 基金会主席、美国前总统比尔·克林顿先生出席了论坛。作为特邀嘉宾,我在会上的发言受到主持人和与会代表的高度评价,认为该演讲报告"非常具有感染力和说服力"。同年 12 月,温家宝、吴仪到北京地坛医院看望艾滋病病人并与他们握手,把中国抗击艾滋病的工作推上了一个新台阶。

2004 年,国务院开始实行减征或免征农业税的惠农政策。四川 14 厅局联合出台文件,采取八大措施加强对艾滋病病毒感染者和病人的关怀与支持。其中,文件特别要求税务部门对感染者和病人耕种土地应交纳的农业税及附加农业税历年尾欠实行全额免征。获知这一消息,我的兴奋和感慨之情难以言表。

2005 年,我应邀出席在北京大学举行的第二届中美关系研讨会,美国总统布什出席了研讨会开幕式。在会上,我和美国天普大学法学教授斯科特·伯里斯、美国欧道明大学社会学教授杨秀石合作,前后宣读了两篇论文。在此之前,我和伯里斯教授合作的一篇论文也被收入北京大学出版社出版的《中国卫生法前沿问题研究》一书。

这是极其辛苦的一年。这一年,我还完成了"中国艾滋病社会预防模式研究"的课题,首次从理论层面提出了"艾滋病社会预防模式"这一重大命题。研究报告得到政府部门的高度关注。卫生部高强部长、王陇德副部长分别作了批示。在中央党校高级干部报告会和央视新闻会客厅特别节目"决策者说"栏目中,王陇德两次提到上海社科院的这项研究成果,并对其中的观点和政策建议作了肯定性评价。新华社等近 10 家媒体对成果内容作了报道和专访。

2006 年,温家宝总理签署国务院第 457 号令,针对艾滋病的

"四免一关怀"政策开始制度化、法律化。

研究艾滋病问题的心路历程告诉我,社会学研究必须要坚持以公共政策和公共利益为导向,这是真正实现学术创新的第一驱动力;同时,社会学研究也必须坚持将学术成果转化为决策建议,努力成为政策突破、政策创新的推动力。

近10年来,中国虽然新建了许多各种类型的智库并取得了一些成绩,智库总数也从2008年的全球第12位跃居目前的第2位。但是,正如有专家所指出的那样,这些智库普遍存在研究深度不够、主体地位不明、缺乏内容创新等问题,"超越时代的智库建言思想"还很缺乏。我认为,造成这一状况的主要原因就在于许多建言缺乏长期研究的积累。

从这个角度来说,社会学所的优势是明显的。因为社会学所是以学术研究为主的科研机构,许多研究项目都具有长期、扎实的基础,这与那些需要快节奏地为政府机构出点子的智库有很大的不同。从这个角度来说,如何进一步发挥社会学所的作用,多产出对决策层有重大启发和预见价值的研究建议,我们可以做的还有很多。

突破学科划分的限制,走向跨学科的团队研究

进入21世纪以后,跨学科研究的发展势头已经势不可挡。现实世界的一切重大研究突破,都需要通过跨学科研究才能实现。学科的多对象化和对象多学科化趋势,使跨学科研究名副其实地成为库恩提出的科学探索的新"范式"。

要探索跨学科研究的前沿领域,首先必须形成一支跨学科的研究团队,通过跨学科、跨文化、跨国界的合作,把优秀的、不同学科的人才组合起来,通过思想上的相互交流,智力上的相互沟通,

才能形成最理想的科研合作模式,共同创新。

2004年2月,在尹继佐院长的支持下,社科院成立了"HIV/AIDS(艾滋病病毒/艾滋病)社会政策研究中心"。中心邀请了中国社科院、协和医科大学、复旦大学、上海交通大学、上海预防医学会、上海疾病预防与控制中心、华山医院等20多位不同学科的专家学者加盟。时任副市长杨晓渡出席成立大会并致辞。记得当时,看着济济一堂的专家教授,杨晓渡副市长意味深长地说道:"你不容易,今天这些专家几乎都来了。"这句话,我至今记忆犹新。也正是这句话,让我清晰地感受到了社会学研究者身上肩负的责任与使命,加深了对跨学科研究重要性的认识。

中心成立后,北京外文出版社出版了我的英文专著 *HIV/AIDS IN CHINA*,向全球发行。之后,上海市人大把艾滋病立法纳入重要计划,开始进行专家意见征询。尽管在当时,不同学科

图1 上海社会科学院HIV/AIDS研究中心成立(2004年,右二为夏国美)

的专家都希望能在意见征询会上提出恰当的观点和建议,但由于缺乏实证调查依据和严密论证的准备以及时间的仓促,结果往往不尽如人意,导致专家征询在很大程度上成为一种程序形式,无法达到本来的目的。

正是由于这个原因,我萌生了组织专家研究艾滋病立法的念头,并和团队的其他专家达成共识。在华东政法大学、上海政法学院、清华大学以及社会学所等不同学科专家的共同努力下,经过反复讨论和激烈辩论,我们完成了被称为国内第一个由民间力量拟定的地方性艾滋病法规,在《上海市艾滋病防治条例》出台前递交人大和政府。47万字的最终研究成果《艾滋病立法:专家建议及其形成过程》由法律出版社出版。

这个跨学科团队所展现出来的对国家的命运、对艾滋病防治的使命感以及他们的远见卓识给我留下了非常深刻的印象,这项研究是具有开创性意义的。《青年报》整版介绍了这项研究成果,《东方早报》《新闻早报》《新闻晚报》《上海法治报》《环球时报》《法制日报》等都对这项研究成果做了报道。会后,市教科文卫夏秀蓉主任等人专门邀请我就这一研究成果做了半天讨论和交流。

王荣华院长曾经告诉我,他和时任上海市委书记习近平见面时,习书记手里就拿着这本书,并告诉他自己正在阅读。为此,王院长特地问我要了此书,并对艾滋病研究中心的工作给予了高度肯定。

2004年12月,中心召开"艾滋病立法国际论坛",市人大副主任胡炜和美国驻上海总领事夫人南希都出席了此次论坛。同年,应国务院艾滋病办公室邀请,我去北京参加了"艾滋病防治策略"高层圆桌会议,与卫生部领导就中国的"防治艾滋病"政策和法规汇报了我们的看法和意见。

图2 艾滋病立法国际论坛（2004年，前排右五为夏国美）

在这个研究项目中，社会学、法学、医学等不同学科合作研究的优势已经彰显无遗。我发现，从社会学的学科视角来看，很少有一种疾病会像艾滋病那样对全球社会造成如此深远的影响，并把文化冲突、人权和公正、危机和整合等所有社会学所关注的问题都显现出来。对这些问题的研究及其所蕴含的价值，已经远远超出了艾滋病本身所具有的符号意义，动摇着经典社会学的理论及其相关范式。在这种背景下，任何单一学科的研究已经不能解决所有研究主题提出的要求。

所以，摆脱定式思维的束缚，突破学科划分的限制，走向跨学科的团队研究，不但能产生许多新的学科增长点，更有可能取得研究课题的重大突破。

由于艾滋病问题作为跨学科的研究结合点，只是开启了跨学科研究的一个主题,随着联合国对健康概念的重新定义,一个更大的研究主题开始出现,这就是普遍意义上的人类健康与社会发展的宏大命题。在王荣华院长的支持下,上海社科院和美国欧道明大学合作,召开了城市化、性别与公共健康国际研讨会。

2007年8月,"上海社会科学院人类健康与社会发展研究中心"成立。我们希望运用多门类、多学科知识以及定性和定量相结合的系统分析和论证手段,进行跨学科、多层次的,以人类健康和社会发展为重点的科研活动,合作产出论文,并为相关部门提供决策建议。

中心成立后的第一个研究课题是"新型毒品"问题。选择这一研究主题的理由是充分的:尽管当时新型毒品在我国上升的势头已经十分明显,但除了媒体报道之外,国内关于该问题的研究性文献十分匮乏。而这一研究的缺失将直接影响政府对新型毒品管制的宏观政策制定,影响立法或法律对毒品概念的修改或概念的扩大解释。

两年的辛苦换来了跨学科合作研究的又一成功案例。这项研究的中期报告"上海新型毒品的蔓延态势和策略建议"由中心递交上海市委,市委书记习近平同志在研究报告上作了重要批示。2009年,市人大常委会主任刘云耕为这项研究的最终成果——《社会学视野下的新型毒品》一书作序,并对此书给予了高度评价。专著出版以后,被全国200多家省市级和高校的图书馆所收藏,成为许多高校的教材、研究机构的参考著作、禁毒部门最主要的理论与实践指导类书,并在脱销多年后重新再版。

2008年,中国社会进入了一个非常特殊的时代,一方面,我们在经历了大雪、冻雨、地震、洪水、风暴等各种特大灾难后仍然成功举办了奥运会,经济增长高达9.7%,体现了强盛的活力;另一方面,贫富差异继续扩大,社会矛盾不断加深,食品安全事件不断曝光，由工业污染导致的癌症等问题在各地区大量出现。怎样才是真正的"健康中国"成为一个全新的问题。为此，我们继续秉承跨学科研究的理念，与自然科学、医学科学和社会科学等诸多领域的著名专家学者合作，从不同学科视角对同一命题进行系统合作，出版了第一部"人类健康与社会发展前沿论坛"——《中国健康大趋势》（上海社会科学出版社 2008 年版）。这本书的视野突破了地域界限，将焦点对准了人类关注的永恒目标，引起学界的高度重视。

2008 年，中心和美国欧道明大学合作，召开了多学科视角下的"健康、公平与发展"国际研讨会，并在此基础上出版了第二部"前沿论坛"——《理性的诊断》（上海社会科学出版社 2010 年版）。我们在书中指出："如何依靠人类的理性预见去降低可能遭遇的风险，是人类健康发展的唯一选择。"

实践证明，跨学科的团队研究不但是成果产出，尤其是高水平成果产出的强大推动力，也是拓展研究项目、为决策层提供参考建议的重要渠道。特别值得一提的是，在多年的合作研究过程中，我与美国欧道明大学社会学系的杨秀石教授建立了良好的合作关系，我们的 10 多篇论文被发表在美国的 *Social problems* 及国内的《中国社会科学》等学术刊物上。

在当今世界，社会、政治、经济等各个领域的问题正在变得越来越复杂，"问题间的内部联系更为盘根错节，每类问题得出的不同视角的结论似乎都有新的发现，但又难以集结为系统的依据"。这就要求社会学研究者能够适应时代需要，超越学科间隔，通过调查研究，用最前沿的研究提出新思想、新观点和新建议。

社会学研究者应该承担引领社会进步的职责

社会学的研究对象是人类社会。社会学研究者比其他任何人都更能通过社会而存在,也为社会而存在。所以,关注社会、关怀民众、服务社会、造福社会,是社会学研究者的终极使命。

社会学研究者不仅需要写好科研论文,提供决策建议,同时也要主动做好社会热点、焦点和敏感话题的正面点评与引导,善于将科研中发现的新思想、新观点转化为民众能听懂的语言,通过各种大众媒体传播出去。事实上,只有带着社会责任感去面向社会、服务社会,研究者才能在这一过程中实现对真理的执着追求。

正是基于这一认识,我接受了上海文广集团电视新闻中心的邀请,成为"案件聚焦"等法制栏目的长期特邀嘉宾,经常对栏目中涉及的社会热点和焦点问题进行剖析与评论。由于多数拍摄都在社科院完成,所以社科院也被节目的编导们戏谑为第二演播室。此外,我也会接受其他电视台以及人民网等媒体或互联网的采访和邀请,赴全国各地和全市各单位为干部群众、高校学生开设讲座。

图3 在北京大学医学院开设讲座(2002年)

我不记得自己在承担这些工作时投入了多少时间和精力,被剥夺了多少睡眠和休息的时间,但我清楚地记得面向社会、服务社会给我带来的快乐和满足。

从《文汇报》《解放日报》《环球时报》《青年报》《东方早报》《新闻早报》《新闻晚报》《新民晚报》《法制日报》《上海法治报》到《新民周刊》,到《社会观察》《科学生活》《自我保健》《人与自然》《人与健康》等刊物,虽然我付出的时间和精力大都与科研考核无关,但我依然无法拒绝,因为这是社会学研究者的责任和使命。

在《娱乐至死》一书中,美国学者尼尔·波兹曼曾全面剖析了电视传媒所主导的文化。他不无担心地指出,现在许多公众话题都日渐以娱乐的方式出现,即使严肃的历史,也难免会遭受娱乐化的解构。这种背景已经成为社会学研究者不可承受之重。

不久前,抖音短视频邀请了几十位国内顶级的老科学家,请他们给科普网红的短视频把关。这些人中不乏中国科学院院士、中国工程院院士和许多名校的专家教授。但是不管他们的头衔是什么,他们都具有一个共同点,就是一颗颗为了普及科学知识蓬勃而年轻的心。

他们的行为告诉我们,使命感铸就永远不老的科研青春。在完成科研工作的同时,社会学研究者有必要面向社会大众,做好社科理论的科普工作,承担引领社会进步的职责。

三、感谢、感恩、寄语未来

回首往事,我难免会惊讶于自己曾经的"工作狂人"状态。从2001年起,在差不多10年的时间里,我的科研考核每年都超过合格分值一倍甚至几倍。为此,我获得了社科院终身免考资格。

那是一个无法复制的年代,我每天都在超负荷运转。记得有一天,我上午在分院主持一个重要的学术讨论会,午饭时接受报社记者的采访,下午再赶回所里接受CCTV1记者柴静的专访。偏巧,那次拍摄的主题是"工作压力与过劳死"。我在节目中谈到了休假的权利不可放弃,结果柴静在拍摄结束时追问我,你自己能保证休假的权利吗?我一下子语塞。节目播出后,有同学告诉我,你太累了,屏幕上只看到你脖子上的汗水一直在往下滴。确实,我太累了。作为一个曾经的医生,我好像已经忘记了健康并不是一个可以无休止透支的东西。但是现在回想起来,我发现自己当时其实很享受这种燃烧生命的过程。除了孜孜不倦探求真理的乐趣,除了学者的使命和担当,还有一个非常关键的原因,就是当时社科院的领导为我爆棚的研究激情提供了良好的环境条件。

"HIV/AIDS社会政策研究中心"成立之际,记得当时的院党政办主任、后来的院党委副书记洪民荣曾经听到这样的质疑:为什么不叫"艾滋病社会政策研究中心"?没想到,根本不用我作答,他就清楚地解释了HIV和AIDS这两个概念的区别。对此,我是十分惊讶和感动的。社科院领导干部的知识储备和基本素养,由此可见一斑。

尹院长退休后,十届市政协副主席王荣华兼职担任了社科院党委书记和院长。因为是兼职,所以王院长当时非常忙,经常只能利用周末或晚上到社科院安排工作。作为没有任何行政职务的普通科研人员,我当时对这一切并不十分了解,只是多次听到有些中层干部在背后发牢骚,说新来的院长工作重心根本不在社科院,大家上班的日子从来就找不到他。于是,在一次院部听取科研人员意见的会议上,我直言不讳地质疑王院长,为什么在社科院根本看不到院长?多年后,王院长和我谈起这件事,他说,其实当时他很不高兴,还特意问了一下这个提意见的人是谁。

但就是这样一个从上任初始就被我"得罪"的院长,在他担任院长的几年中,用他虚怀若谷的博大胸怀,赢得了我发自内心的敬重。他不仅促成了上海社会科学院"人类健康与社会发展研究中心"的成立,还担任了中心的名誉主任。在中心成立大会上,王院长向与会的专家学者郑重承诺,一定要为大家做好服务。多年以后,当我看到当年的会议记录,内心依然充满感动。

卓越的领导者,不管在哪个领域,都具有不可替代的重要性。

事实上,研究机构不同于其他军政和生产机构的一个明显特点就在于,它不是权力意志的操控器,而是自由意志的激活地。如果领导者独断专行,就必然会扼杀其成员的科研积极性,造成虚假成风、万马齐喑的局面;而尊重真理、善于引领、服务科研的领导者,就会创造出令人怀念的美好氛围。

所以,在这里,我要感谢尹继佐和王荣华两位院长,同时还要感谢左学金常务副院长、刘华副书记和洪民荣副书记对我工作的支持,感谢社会学所的几任所长,特别是卢汉龙、吴书松老师为我创造的愉快而宽松的科研环境。可以想象,如果没有这样的环境和领导层的远见卓识,就不会有我后来的成绩。

坦白地说,我做科研最辛苦的年代应该也是我最快乐的年代。只不过在拼搏时欠下的健康债,最后总要自己去偿还。所以,在社会学所工作的最后几年,我开始放慢脚步,专心完成《女性主义的东方之路》一书,这也算是我在女性主义领域耕耘多年,对自己的思考积累进行的一次提升。

退休前的那些年,我做的最为开心的一项工作就是完成了"社会凝聚力研究"这一社会学所的重点课题。这是一个无论从学术还是智库的角度来看,都具有一定前瞻性的研究主题。我们不仅要在理论上形成自己的框架,而且要在实证上开发我们自己的测量工具。在所长杨雄的支持下,以社会发展和社会政策研究室为主,我们组成了一支凝聚力超强的团队,历时3年,共同完成了这个项目。研究成果《社会凝聚力:国际视野与本土探索》(上海人民出版社2018年版)出版后,同时被中新网和英文网站所报道。

应该说,这是一次成功的团队合作研究。团队成员和衷共济、攻克难题的合作精神,常常让我感动。为此,我要感谢这个团队中的每个人,同时也要感谢办公室的刘漪和束方圆为项目的圆满完成所付出的努力。值得一提的是,尽管这本书的封面署名是"杨雄、夏国美",但我始终认为正确的署名应该是"李骏、刘汶蓉等"。因为没有他们持之以恒的努力和付出,此书最后根本不可能出版。

最后,我还要感谢我的同事们,能和你们成为同事并相处多年是人生的一种缘分。我特别要感谢的是社会学所曾经的办公室主任王莉娟。退休以后,她就成为"HIV/AIDS政策研究中心"和"人类健康与社会发展研究中心"的办公室主任。她的理性、严谨、智慧和宽容常常让我惊叹。在我最忙最辛苦的日子里,她用高度的责任心和非凡的工作能力协助我完成了一系列重大研究项目。很明显,如果没有像她这样的许许多多人卓有成效的坚定支持,我的研究之路还能走多远?所以,借此机会,我要向所有曾经给予我热忱帮助、关心和支持的人致以衷心的感谢!

今天,社会学所已经走过了40个年头,我们也在从互联网时代走向人工智能时代。科技的迅猛发展正以前所未有的惊人速度改变着现实社会的形态和结构,也对社会学的研究方法提出了全新的挑战。无论是研究范式、研究对象、研究路径,还是研究价值,社会学都在遭遇一场前所未有的冲击。在这样的时代做科研,压力大但机遇也多。因此,我相信社会学所的明天必将会变得更加美好,在社会学所工作的每个人,都会在这艘航船上扬帆前行,在发展的历史画卷中留下辉煌的一页。

郑乐平
无穷的探索

郑乐平,男,副研究员。1956年生,曾任社会治理与社会建设研究室主任、上海慈善事业发展研究中心研究员。2016年退休。长期从事社会组织、慈善公益和社会发展研究。2000—2001年赴加拿大渥太华卡尔顿大学社会学和人类学系访问。曾主持美中学术交流会资助课题"中国社会转型期社团组织的功能发挥及其条件的研究"(2001—2003年)、上海社科规划课题"政府与非营利部门关系之研究"(2002—2004年)、上海社科规划系列课题"社会建设及社会管理创新研究——关于加快形成现代社会组织体制的研究"(2013年)、上海决咨委课题"关于推进上海社区治理能力现代化的突破口和举措研究"(2014年)。发表有《社会组织与治理转型》《构建政社良性合作的制度化机制》等论文,著有《超越现代主义与后现代主义——论新的社会理论空间之建构》等书,翻译、编译《文化与时间》《科层制》和《经济·社会·宗教——马克斯·韦伯文选》等学术著作。

我的学术生涯大致可分为两大阶段:第一阶段(1983—2000):主要从事城乡发展研究;第二阶段(2001—2016):主要从

事社会组织和慈善研究。

1975—1979年我在崇明红星农场工作了4年,1979年参加了高考,并考取了复旦分校(后改为上海大学文学院)。当时还没有"社会学"这个专业,所以我1979年入学时读的是政治系。1980年社会学专业重建后,我们这一届的政治系学生就全部转为社会学专业。

我是1983年从复旦分校毕业进入社会学所工作的,我记得自己的毕业证书上写的是"复旦分校",而学位证则已经是由上海大学颁发的了。当时我入所后,就分在"城市研究室",这个研究室由钟荣魁同志负责。他走的是社会调查的研究路子,就是到实地去走访调查,采集各种类型的数据资料。后来我们汇编出版了一本《上海城镇》的小册子,包括南翔、罗店等著名集镇。

当时对于乡镇发展的路径,总体上还是倾向于将乡镇的人口和资源集中到城镇来发展,当然这种路径有好的地方,也有不好的地方。我们对于乡镇的研究包括两块内容,一是乡镇怎么布局,二是乡镇企业怎么发展,我们收集的资料是多种多样的,既包括行政管理部门整理的各种数据,还要收集镇志、乡志等历史资料。

我记得我们乡镇发展研究的课题组在当时有两个主要观点,现在想起来都是非常前沿的。一是浦东浦西要协同发展。浦西浦东要用桥或者是隧道连接起来应该是非常容易的,大桥修了一座又一座,但在当时,技术困难和财政压力都是非常大的,修那么多桥是很难想像的,既然交通解决不了,大多数人根本就不会想到两岸协同发展这个方向。到90年代开发开放浦东,协同发展才得以变成现实。但这个观点钟老师在80年代就反复主张过,他深入研究了国际城市群的发展,发现凡是有河流经过的都市,两岸协同发展是大趋势。

二是不赞成"飞地式"的城市扩张,尤其是卫星城建设。当时上海的卫星城建设已经如火如荼,例如桃浦、金山、吴泾等地都成了卫星城。但我们课题组调研下来发现,这些卫星城仅仅是部分工厂和工业区的导出和外迁,并没有起到有效的人口分流,很多职工宁愿每天通勤,也要住在市区,这样反而增加了道路的交通压力。我们课题组认为要采取辐射性的发展模式,从中心向外围逐步扩大城市规模,而不是飞地式的选点发展。

我们的乡镇调研大多是自筹资金进行调查研究的,并没有什么稳定的资金来源。至于成果,我们的论文和研究报告主要发在所刊《社会学》上,同时会提交一个比较详细的调研报告。当时,我们和部门经济所的农业经济研究室合作调研比较多,常常一起下去踩点,也有一些思想碰撞。

图1 在泰国参加国际多学科合作项目研讨会
(1993年,左为郑乐平,右为钟荣魁)

90年代,我们研究室还参加过一个五国合作调查,我印象也比较深刻。这个主题很有意思,是关于"水产养殖的生物多样性"的。生物多样性与社会学有什么关系呢?当时我记得是加拿大的两所大学的研究团队发起的,由亚洲开发银行资助,他们在印度尼西亚、菲律宾、泰国和中国寻找合作伙伴,中国由两家机构参与,一是无锡淡水养殖中心,二是我们社会学所,主要也就是我和钟荣魁老师参与。

这个课题是一个非常典型的跨学科研究,由遗传学、经济学和社会学的研究者组成,遗传学者考察养殖实践如何保留和促成生物多样性,经济学者考察水产养殖的营利预期与模式,而社会学者则要从消费者认知和接受程度来加以探讨。我们国家选点调研在江西省,记得当时我和钟老师把整个江西都跑遍了,坐着长途车从赣北到赣南,调查过程非常艰辛,但这段经历令人难忘。

图2　在江西兴国调研(右一为郑乐平,右二为钟荣魁)

第二阶段的转折点是赴加拿大 10 个月给自己学术生涯带来的变化

2000 年 10 月—2001 年 7 月获得中加交换学者奖学金,作为国家公派的访问学者赴加拿大渥太华卡尔顿大学社会学和人类学系,从事"加拿大志愿和社区部门研究"课题。在加拿大工作和生活的 10 个月里,加拿大人志愿参与的广泛性、组织类型的多样化和志愿者管理的专业化等给我留下了深刻的印象。因为我的研究项目是"加拿大志愿和社区部门研究",所以访问了不少非营利组织和慈善组织,包括政府机构等。

图 3　在渥太华访学期间留影(2001 年)

另外,为了研究加拿大志愿部门,也是为了体验一个义工的感受,卡尔顿大学的史密斯教授将我介绍到了加拿大国立文明博物馆考古部做义工。他首先带我去见了博物馆义工中心的丽兹女士,一个年轻而充满活力的义工管理者。经过一定的程序,过了几天我正式到考古部做义工。

考古部的高登教授是一个热情、爽朗的老头。在我在博物馆做义工期间，他慷慨地借给我一辆自行跑车，使我可以在每个周五的上午沿着河水清澈、处处嘉树繁花的丽多河畔的专用自行车道一路从房东家骑到渥太华河对岸的博物馆，而毋庸去乘差不多半小时才来一班的公共汽车。

考古部使用了十几个义工，主要从事将中文考古文章翻译成英文，由于要做中译英的工作，考古部招聘的义工全是华人移民，有来自香港、台湾的，也有来自大陆。每天都会有几个人来做义工，或者半天，或者一天。

文明博物馆做义工的经历可以说是一段愉快的经历。不仅让我了解到了义工管理的整个过程（从招聘、筛选、评估到表彰等），还结识了不少朋友，经由日常交往和闲聊，也让我对加拿大社会和人们的日常生活有了更深入的了解。

2001年10月回国后，自己的学术兴趣有了一个比较大的转变，研究重点从城乡发展研究转向了非营利组织（即后来称作的社会组织）和慈善研究。

我比较早地对上海社会组织的发展状况、存在问题和应对策略作了系统的研究探索，这段时期的代表性研究成果：一是美中学术交流会《中国社会转型期社团组织的功能发挥及其条件的研究》（合作者有孙慧民、李宗克）；二是市课题《非营利组织与政府关系之研究》。

我们的主要观点是，为了重构政府-NGO关系的新模式，应当实现如下的几个转变：（1）由直接的行政管理向间接调控（借助法律、税收等手段）的转变；（2）由直接提供公共物品和服务向间接提供公共物品和服务（委托各种非营利组织和私人部门来实施）的转变；（3）由单纯的领导被领导关系向引导—合作—伙伴关系的转变；（4）由单一的行政管理方式向多部门（政府、企业和第三部门)共同参与的社会化治理方式的转变。

　　这个阶段,我承接并主持了多项市区一级的决策咨询项目和委托项目,如上海市决咨委招标课题"关于推进上海社区治理能力现代化的突破口和举措研究"(2014年5—11月);浦东民政局委托课题"浦东公益服务园运作成效及影响力评估"(2010—2011年);静安区司法局委托课题"洪智中心联合治理模式研究"(2010—2011年);静安区政协委托课题"关于推进静安区社会组织发展研究"(2010年);静安区政协委托课题"业委会与社区治理研究"(2015年)。

　　参与市府研究中心招标课题"上海综合配套改革与社会组织发育和壮大问题研究"(2008年3—8月,负责课题的调研以及建议稿、研究报告和课题书稿章节的撰写)。参与了卢汉龙主持的上海市委决策咨询课题"转型期上海慈善事业发展研究"(该课题获2004—2006年上海市决策咨询二等奖)。

　　此外,我作为上海慈善发展研究中心的成员,参与了中心的一系列活动,主要有三大类:

　　一是每年与上海市慈善基金会合作举办一次公开论坛,会议邀请相关领域的专家和慈善组织的代表共同研讨,结合慈善事业的发展需求,每年的主题不一样,如志愿服务、企业社会责任等。

　　二是每年承接上海市慈善基金会一个项目,并将相关研究成果作为主报告放在上述的书中。当时与我们一起对接相关事宜的是上海市慈善基金会的宣传部,这样的合作非常好,因为上海市慈善基金会对我们公开相关资料,便于我们进行深入的研究和剖析。

　　三是每年与上海市慈善基金会合作出版一本与慈善领域相关的书,与上面的论坛是合一的,主要方式是通过公开征文,将会议的论文编成论文集,我撰写的多篇论文和研究报告收入了每年一本的专题研究著作中。

我的科研历程受这个研究中心影响还是比较大的,因为一直参与相关科研工作,所以现在退休之后,还经常被上海市慈善基金会邀请做一些课题的专家评审,为"上海慈善网"提供一些前沿性的全球慈善研究及新趋势,主要是翻译西方慈善最新的研究成果。

另外,我对社会学理论和文化研究一直抱有比较浓厚的兴趣,撰写和翻译了相关的著作和译著。一方面利用在加拿大做访问学者之便,收集了大量的英文文献资料,回国后撰写了《超越现代主义和后现代主义——论新的社会理论空间之建构》一书。该书尝试通过介入后现代主义对主流社会理论的挑战,以及主流社会理论对后现代主义的批评与回应,寻找一种新的理论结合点,以拓展社会学的研究视野和理论空间。此外,还翻译了《文化与时间》《科层制》等学术著作。作为本所硕士研究生的任课老师,讲授当代西方社会学理论,并撰写了《当代西方社会学理论》讲课稿。

作为国际第三部门的会员,我还应邀多次参加国际第三部门研究会(ISTR)两年一度的国际会议,如第七届双年会(曼谷2006年7月9—12日),在分组会议上交流了自己撰写的英文论文"Government and NPOs: A New Pattern of IntersectorialRelarionship"(《政府与非营利组织:部门间关系的新模式》)。2010年7月7—10日参加在土耳其伊斯坦布尔Kadir Has大学召开的国际第三部门研究会第九届双年会"面对危机:第三部门和公民社会面临的挑战和机遇"。在分组会议上交流了《社会组织、公民素质与社区治理》一文。通过交流,不仅了解了国际范围第三部门和公民社会的研究现状、各个学者的研究兴趣,以及采用的不同的理论视角和研究方法,也让同行了解到了中国社会组织的发展及在社区治理中发挥的作用。

回顾自己的学术生涯,有这样一点反思或体会:一是聚焦。

图 4　部分专著与译著

每个人的知识和精力都是有限的,只有持之以恒地聚焦于某个领域或某个主题,经过长期的积累和深入研究,才会形成自己的独特见解,才会有突破,才会在相关领域拥有一定的发言权。二是理论研究和经验研究相互融合、相互渗透、相互作用。理论研究如果不是建立在深入的、丰富的经验研究基础上,很容易陷入不着边际的泛泛而论;而经验研究如果离开长期的学术积累所形成的理论框架和洞察力,就会囿于就事论事的片面之见。

访谈整理:朱妍、苑莉莉

杨 敏
在社会学所一路走来飘过的几片云

杨敏,男,副研究员,注册咨询师。中共党员。1957年生,1980年进入上海社会科学院经济法律社会咨询中心工作,2012年调入社会学研究所。2017年退休。研究方向为国际金融公司贷款项目社会影响评估、政府投资项目社会稳定风险评估。承担或主持数十项投资咨询项目、课题研究或评估,包括上海飞利浦半导体有限公司的设立、社会稳定风险概念和基础理论研究、上海第三方机构在稳评工作中的作用和地位研究、世界银行贷款上海青草沙水库南汇支线工程社会影响评估、世界银行贷款昆明轨道交通3号线建设社会影响评估、亚行贷款上海苏州河综合整治(一期)社会影响评估等。2010年被聘为上海市城乡建设和交通委员会科学技术委员会第七届委员会委员。

子在川上曰:"逝者如斯夫,不舍昼夜。"时间的沙漏在一点点地静静流淌,岁月的痕迹在一笔一画地细细描绘。美好的回忆虽然短暂,但总能带给我许多温馨和感动。

2011年,上海社科院机构调整,原上海社科院咨询中心全体人员被重新安置。2011年11月11日午夜11点,我接到社科院相关领导通知,社会学研究所周建明所长已正式同意原咨询中心的胡建一、黄玮、汤潇、刘文敏和我5位转至社会学研究所。由此开启了我在社会学研究所将近5年的学习和工作经历。

2012年1月,我清晰记得我等几位原咨询中心的科研人员来到社会学所一周不到,当时的所长周建明和所办公室主任刘漪热情地招呼我们几位开会,询问其他同事和我,"你们到了新的部门有什么需要和要求?如果工作上有困难尽管向所领导和办公室提出"。我们几位都很感动,深切感到社会学研究所对我们这些新来的人关心有加,好似一个温暖的大家庭。之后,在所长周建明的关怀下,所办公室积极落实并为我们提供了在社会学研究所工作所需的各种便利,其中包括各种办公用品,如复印机、打印机、手提电脑等,为延续原来在咨询中心的工作提供了尽可能的方便。每每想到这些,让我感激不已。

我们5位初来乍到印象最深刻的第一位老师是陆晓文。陆晓文当时是社会学研究所副所长,陆老师为人开朗,给我的第一印象是没有一点陌生感,待人随和;在与陆老师接触中感到他笑谈中常常迸发出幽默和睿智,在无拘无束、不知不觉的交谈中使我们感到相互之间的距离瞬间拉近了,感到他好像是我们相处已久的老朋友,又好似久别重逢的老同事。也是陆晓文老师第一个接纳并安排我们一起参加由他承担的世界银行委托课题"关于长宁区公共租赁房发展的现状和未来"。

2011年,当时在廉租住房、公共租赁住房、共有产权保障房、动迁安置房"四位一体"的住房保障体系基本形成情况下,如何确保在高房价、土地紧缺、人口逐年增加的上海形成一个覆盖城市中低收入群体、外来常住人口和人才引进方面的住房保障体系,进一步做好各方人群的住房保障,急需找到一个发展的方向。为此,世界银行通过市财政局委托上海社科院社会学研究所以上海市长宁区为例对目前长宁区公共租赁房的保障体系进行研究。

那次研究课题是世行研究团队与陆晓文的研究团队承担,其中还包括了长宁区和上海市政府相关部门的成员,如上海市财政局、长宁区财政局、长宁区发改委、长宁区住房保障和房屋管理局、长宁区住房保障中心、长宁区公共租赁住房运营有限公司以及规划和土地管理局。长宁区发改委对研究团队给予了指导并分享了关键信息和数据。上海市财政局涉外经济处也对该研究提供了大力指导和支持。

这个研究课题世行方面的负责人是 Ms. MeskeremBrhane,其团队成员由高级城市专家、项目经理、住房专家、城市规划专家、资深社会发展专家、住房融资专家等组成。社科院社会学所课题组承担了具体研究工作,主要负责人为陆晓文,课题同时也接受社会学所前所长卢汉龙的领导,课题组成员包括顾建发、杨敏、胡建一、黄玮、刘文敏、汤潇、徐荣琴等,上海财经大学研究团队也分享了有关房地产数据和人口普查的数据。

课题研究的主要目标是:如何促进和实现长宁区未来保障性住房建设。课题研究侧重从市场角度分析上海市和长宁区现有的住房情况,明确市有关领导人应如何更好地使住房供求相匹配,以便更精准地把保障性住房提供给目标人群。经过一段时间研究发现,长宁区必须统筹以下两方面工作:一是实现上级政府制定的建设目标;二是采取最有效途径提供保障性住房。

长宁区位于上海中心城区,人口密度较大。长宁区是上海市下辖的 16 个区县(当时)之一,总人口 690 571 人(第六次人口普查数据),面积 37.2 平方公里,人口密度 18 564/平方公里,地处上海西部,位于市中心和虹桥国际机场之间。由于商业繁荣且新建了高铁站,吸引着寻求机会改善经济状况的城乡外来人口,从而导致住房需求增加,尤其是低收入人群或无上海户口人群的住房需求。

研究发现,长宁区土地利用高效,住宅、商业和制造业用地结构合理。从长宁区住宅和写字楼分布看,虽然低收入住宅区较为集中的西部写字楼较少,但住宅区与工作和购物场所之间无明显断连情况。住宅区几乎遍布全区(虹桥综合交通枢纽所在的除外)。西部住宅区相对较多,东部公共建筑相对较多,但公共建筑也与住宅区相间分布。写字楼集中于东部、中部和西北部地区,购物中心散布于全区。

课题研究从2011年11月开始到2014年5月完成,历时近3年。其间,陆晓文悉心安排和拟定课题的调查问卷、调查单位、会议研讨等一系列调研前期准备工作,带领我们分别来到长宁区政府各个部门调研,如区发改委、区统计局、区人力资源和社会保障局等,期间还参访了长宁区经适房和廉租房管理部门等,实地参观了上海已建成并投入使用的徐汇区馨宁公寓经济适用房(供出租)基地。经过深入调研,各位着手撰写研究报告,经几易其稿后,研究课题终于在2014年5月迎来了研究报告的评审。在评审中,大家对研究报告提出不少有益的补充意见,最终使得课题圆满完成。这是我们来到社会学所与陆老师的第一次合作,说是合作,其实是陆老师在引领我们。也是这次较长时间的合作,使我们与陆晓文老师结下了深厚的友谊。

2014年,上海社会科学院积极响应中央加强中国特色新型智库建设的号召,以构建国内一流、国际知名的社会主义新智库为目标,大力实施智库建设和学科发展的双轮驱动发展战略,使社科院努力成为哲学社会科学创新的重要基地,成为具有国内外重要影响力的国家高端智库。

为顺应这样的背景,社会学所相应对原有的研究室作了调整。2014年,院设立科研创新工程团队。我清楚地记得,又是陆晓文老师带领由臧得顺、刘文敏、张友庭、王会、朱志燕和我组成的社会学所"城市社会学研究室"和浙江省社联主席蓝蔚青老师总共8人建成的一支竞标团队,以"上海城乡一体化进程中的社会发展与稳定"为题,参与全院竞标。通过匿名评审,最终中标,成为我院首批智库型创新工程团队。

创新工程中标是与大家当时的努力密不可分,更倾注了陆老师精心组织、指导所花费的大量心血。

在陆晓文老师带领下,作为创新工程团队之一的我积极承接与"上海城乡一体化进程中的社会发展与稳定"课题相关的研究课题,在此期间与其他同事共同承担并完成了一系列重要的课题,如期间承担的"虹梅南路金海路通道工程"社会稳定和影响的分析评估课题就是上海城乡一体化建设的重大基础设施项目,与上海城乡一体化建设密切相关。

参加该课题的成员有胡建一、黄玮、刘文敏,以及外部合作单位上海市城市设计研究院总工程师张亚勤女士等。当时,社会稳定风险评估类课题也是上海第一次开展,课题组成员缺少这方面的科研和工作经验。我们在市发改委、市建交委、市政工程建设处等单位领导的支持和配合下,对如何开展课题研究和工作进行探索和研究,我们共同设计调查方案、制定调查方法。然后着手对工程受影响地区徐汇区凌云街道、闵行区梅陇镇、吴泾镇等虹梅南路高架沿线受影响的居民小区、商户、企事业单位、居民和企事业代表等进行社会调查前的培训和教育,接着开展地区社会调查,召开项目建设受影响各街(镇)办相关部门居民和企业代表座谈会,征询各方意见和建议;将获得的意见和建议反馈给主管部门和设计单位,并进一步优化工程设计方案,尽量将工程建设对周边的影响降到最低限度,使工程建设对社会影响尽量减到最小。通过反复调研和意见征询,对课题评估报告不断修正,最后将评估报告提交相关部门专家评审并通过专家评审,工程最后得以正式开工。

图1 课题组成员与梅陇镇、吴泾镇居民和企业单位代表座谈(2009年)

评估报告完成后即着手开始项目建设。项目于2014年12月开工,至2017年9月正式通车。从此,远郊奉贤与上海城区通行变得更加方便、快捷。车辆从奉贤通过起于金海路的虹梅南路隧道过江,随后驶入虹梅南路高架,直通浦西中环线。过去从奉贤开车走S4公路前往市区,至少需要一个小时,虹梅南路黄浦江隧道和高架建成后,最快35分钟左右能抵达市中心。这条通道将成为上海城乡市级主要干线,可将奉贤滨海地区、南桥新城、紫竹科学园区、闵行新城等主要客流集散点连成一线,不仅为闵行区出入中心城区增加了一条通道,也分流了S4公路的交通压力。工程总投资30亿元,是上海当时在建的最大投资工程,也是上海城乡一体化建设过程中的重大基础设施工程。虹梅南路黄浦江隧道也是上海已建成的黄浦江隧道中最长的公路隧道。

项目完工并投入使用后一年,市政法委立即委托第三方机构对我们撰写的评估报告是否符合实际并对项目建设是否具有积极作用进行了后评估,以验证当时的分析评估是否恰当、正确或可行。

后评估报告认为,"该项目的《评估报告》针对综合对策、置换或动迁公示公众参与过程可能引发的风险、置换或动迁补偿安置落实、施工期对地区居(村)民影响引发的风险、运营期对周边小区影响引发的五个方面风险提出了十四条具体风险稳定措施,并将具体措施细化到街道、乡镇和社会稳定风险应急机构各职能部门"。接着后评估的评价认为:"其风险预防化解措施基本可行、合理,对保障社会稳定具有重要意义,同时在此基础上,评价补充提出和强调了八个方面共十九条具体措施。"

当然,该课题的评估报告还存在许多不足之处。毕竟这是我们承担的第一个上海城乡一体化建设"社会稳定风险分析评估"课题,有许多地方需要学习和完善。但这个课题为我们今后进一步开展此类课题的研究提供了宝贵的经验。

在这个课题的开展过程中,我们课题组成员还得到当时的所领导周建明所长的支持和关心,毕竟这也是我们来到社会学所开展的第一个评估课题,却又是对上海市政基础设施建设带来较大影响的重大社会影响评估课题。

2013年8月,我们研究室接到市政法委相关部门委托的《开展上海第三方机构在社会稳定风险评估工作中的作用和地位研究》课题。此项课题研究的目的是,由于当时社会稳定风险分析与评估刚刚起步,也是上海从 2009 年以来,在重大事项、工程、政策做出决策前为从源头上预防和减少社会矛盾,对可能影响社会稳定的因素展开社会调查,寻找、发现、识别社会稳定风险因素,开展科学、系统的估计与评判此重大决策的初始风险等级,预警可能影响社会稳定的情况,制定相应对策和措施防范和化解社会稳定风险矛盾,确保重大决策的顺利实施。为此,上海市政府相关部门还出台了《关于建立重大事项社会稳定风险分析与评估机制的意见(试行)》。通过课题研究,我们了解到上海当时承担此项评估的机构状况和不足,对今后如何顺利开展此项工作提出指导性意见或建议。

课题由胡建一、郑琦、刘文敏、黄玮、王会和我等担纲。我记得王会当时刚刚加入我们社会稳定风险分析评估课题研究,对这类研究课题不太熟悉,但凭着她深厚的学术素养和研究功底很快就进入角色。在课题实施前,她与我们其他课题组成员一道制定调研规划,安排调研日期,邀请调研单位与会。在调研中她全身心投入,积极参加,同时,还自动承担起其他工作,如为到会的专家、会议代表做好各项招待与服务工作;所办公室学术秘书束方圆也一同参加了部分工作,如我们所有的会议录音资料及其他相关资料都由她收集、整理,并为此首先在做好自身所承担的工作的前提下为这个课题花费了不少时间和精力。课题研究报告最终于 2013 年 12 月得以完成,并于 2014 年 1 月由市政法委相关部门邀请相关专家对课题研究报告进行评审并获得通过。

我们的研究报告还在市政法委安排下,向中央相关部门做了汇报,介绍上海的稳评机构状况并进行了交流。这是我与王会和小束的初次合作,接着小束还与我们合作进行了多项课题工作,她认真、谦虚且勤勉的工作精神和态度令我印象深刻,为我们课题的顺利完成作出了很大的奉献。在此,向王会、束方圆两位同事表示敬意和感谢。

从2014年开始,在社科院"上海城乡一体化进程中的社会发展与稳定"创新工程前提下,研究室的每个成员在首席专家陆晓文研究员带领下都积极在做这方面的相关工作和研究。

在这段时间,胡建一、刘文敏和我以及包括当时已经离开社会学所、在社科院其他部门工作的黄玮等相关人员承担很多上海城乡一体化建设的课题和项目。比较有影响的如世界银行贷款上海市青草沙水源地原水工程——南汇支线工程社会影响监测评估。

《上海市青草沙水源地原水工程》是为解决上海城市中长期供水需求的重大规划。20世纪90年代初,本市有关专家就提出"关于青草沙作为水库开发的建议",此后在市政府统一部署下,市有关部门经过15年努力,组织数十家大专院校、设计、施工单位和供水企业进行大量、长期、系统的基础研究和技术论证,并取得了丰硕的研究成果与资料。在此基础上,位于上海崇明长兴岛的青草沙水源地纳入经国务院批准的《上海市城市总体规划(1999—2020)》和经上海市政府批准的《上海市供水专业规划》《上海市海洋功能区划》《上海市水环境功能区划》。

青草沙水库项目于2007年6月5日正式开工,至2011年6月正式建成通水。这项工程是关系到上海千家万户用水安全和用水连续性以及确保上海供水安全的关键基础设施,是一项民生工程,也是上海城乡一体化过程中的重大基础设施工程。这个课题的重要性在于正如《上海市供水专业规划》中明确指出的,"开发青草沙水源地,是形成'两江并举,三足鼎立'的水源地供水格局"。

青草沙水库工程由六大支线工程组成,分别为:南汇支线工程、青草沙水库及取水泵闸和输水泵站工程、长兴岛域输水管线工程、长江原水过江管工程、五号沟增压泵站工程、陆域输水支线工程——金海支线工程。

我们承担了世界银行贷款建设的青草沙水源地原水工程——南汇支线工程社会影响外部监测评估工作。根据世行贷款建设工程的要求，我们要对工程建设造成的社会影响编制征地拆迁移民安置计划、工程建设社会影响评价报告及每6个月一期的工程征地拆迁移民安置计划实施后的外部监测评估报告。

我与黄玮、胡建一等从2008年开始一直到2016年对工程沿途的受影响村庄、企业等涉及的村民、企事业单位员工进行实地调研，召开座谈会等听取他们的意见和诉求。通过我们调研发现问题并撰写成评估报告，反馈给政府相关部门、建设单位和世行社会安全保障部门。在青草沙水库先于南汇支线工程建成的前提下，我们历时8年将该项目的社会影响评估得以顺利完成。

在上海城乡一体化建设过程中，我记得与胡建一、黄玮、刘文敏、王会及其他院外有关老师和专家一起又承担了一个关系到上海城乡居民家庭用水的重大基础设施工程课题的评估任务，即黄浦江上游水源地金泽水库工程建设的社会影响稳定风险分析评估。该项目是上海第二大城市供水水源地，水库位于青浦区金泽镇。

由于工程时间紧，涉及的范围大，我们即刻组成课题小组夜以继日进行实地社会调查，尤其是金泽水库受影响的5个村分别是龚都村、任屯村、田山庄村、东西村、徐李村的部分水田被征用进行实地调研。在路途遥远的情况下，大家不辞辛苦，分头到各个受影响的点召集村民开会访谈，了解他们的意见、建议或诉求等，汇总分析项目建设对当地造成的不利影响，寻找解决和化解这些负面影响的措施和办法，把为民工程做到实处，使项目地附近的村民或居民真正受益;同时,将发现的问题及时向建设单位、当地政府有关部门反映,共同寻找解决和化解的办法。最终,将现场调研的一手资料和收集其他相关资料撰写的评估报告提交决策部门评审,为项目的顺利实施打下坚实基础。2019年1月20日,金泽水库工程获得"上海市水利工程优质奖"。

黄浦江上游水源地金泽水库是上海四大水源地之一,主要包括松浦大桥取水口、金山取水口、松江斜塘取水口、青浦太浦河取水口、闵行取水口、奉贤取水口,水库供水总能力约755万立方米/天。2010年3月1日,《上海市饮用水水源保护条例》正式实施,根据条例要求,黄浦江上游水源地在内的水源区划定为保护范围。因此,黄浦江上游都纳入饮用水水源一级保护区。

金泽水库工程是将青浦、松江、金山、奉贤和闵行(部分)等西南五区现有取水口归并于太浦河金泽水库和松浦大桥取水口,形成"一线、二点、三站"的黄浦江上游原水连通工程布局,并实现正向和反向互联互通输水,确保供水安全。"一线"是指连通太浦河、金泽水库至松浦大桥泵站的一条输水主干线;"二点"指太浦河金泽水库和松浦大桥两个集中取水点;"三站"指青浦、松江和松浦大桥3座原水提升泵站。

为尽快提高黄浦江上游青浦、松江、金山、奉贤和闵行(部分)等西南五区水源安全保障程度,在主导规划方案框架下,将现状各区分散分布的原水工程集中归并整合,近期先期形成"小水库加原水连通管"工程布局,以"统筹兼顾、灵活调配"的原水供应模式应对突发水污染事故的影响,并为远期工程提供基础条件。

该项目建设总投资5500万元,项目建成后将解决地区供水水质时常不稳定的问题,将使青浦、松江、金山、奉贤和闵行(部分)等西南五区城乡670万居民日常用水得益,地区居民的身体健康得到基本保障。同时,上海的供水水源通过"两江并举、多源互补"的发展战略,以围绕量足、质优、安全可靠的规划目标不断完善长江口青草沙、陈行、东风西沙和黄浦江上游四大水源地及原水系统总体布局的目标得以实现。为上海城乡一体化和经济社会的可持续发展提供必不可少的基本保障。

在上海城乡一体化建设过程中,建设是前提,稳定是基础。没有稳定作为基础,建设是难以得到发展的。因此,我们在"上海城乡一体化建设过程中的发展与稳定"课题研究中,尽量承担对上海城乡发展一体化有实效的课题和研究,尤其是对上海城乡发展带来益处的课题。这也是社科院决策咨询所秉持的原则和方向,虽然有些课题在推进过程中会遇到各种困难和问题,但在首席专家陆晓文研究员和课题组成员之一浙江社联原主席蓝蔚青教授的指导和带领下,我们研究室的各个成员都以百倍的努力完成自己应该承担的任务。我记得每次社会学所在年终成绩回顾或考核时,课题组成员臧得顺、张友庭、朱志燕、王会及刘文敏都表现得非常出色。

我还先后完成了在上海城乡一体化进程中其他类似的重大课题,如白龙港污水处理厂污泥处理处置二期工程社会稳定风险分析评估、竹园污水处理厂污泥处理处置二期工程社会稳定风险分析评估,以及与臧得顺、王会和朱志燕等一起完成的杨浦区大武川防汛排水泵站截污调蓄改造工程社会稳定风险分析评估、普陀区曹杨雨水泵站截污改造工程社会稳定风险分析评估、普陀区桃浦科技智慧城核心区排水系统工程社会稳定风险分析评估及徐汇区龙水南路泵站迁建工程社会稳定风险分析评估等。

我感到我们研究室的每个成员都是非常努力和优秀,尤其是在陆晓文老师带领下每个人都取得了丰硕成果,这与陆老师平时对我们这些课题组成员的及时指导和现场考察分不开。我记得每隔一段时间,陆晓文老师都要组织研究室全体成员到上海市内外相关地区就城乡一体化发展的课题展开社会调查和实地考察,以了解上海市内外在城乡一体化建设中的经验和问题,促进和提高我们的科研水平。

2015年11月,陆晓文老师带着研究室全体成员去崇明区调研。在调研过程中还发生一件至今都难以忘怀的事。这件事情虽是一个小插曲,至今想起仍有点令人忍俊不禁,但又有点"惊心动魄。"陆老师贵为首席专家,但为了方便和做好此次崇明地区的调研,他不辞辛苦让全体调研人员坐到他的车上,由他亲自驾车前往崇明。路途上大家说说笑笑,车辆在上海市区的高架上穿行,两旁的高楼大厦刷刷地飞快地往后走去。大家在车上你一言我一语地讨论着调研的任务和目的。不一会儿,奔驰的车辆到了长江隧道,穿过隧道,越过长江大桥,在导航的指引下,车辆来到了崇明区地界。崇明的公路虽然不宽,但看上去像刚刚修建过的一样,柏油马路像刚刚铺就,漆黑崭新,道路上交通标志线像新刷的一样,黑黄分明。时间已近中午,路上几乎没有行人,来往的车辆也不多。这时我们车辆道路两旁出现诱人的各种花卉和高大的绿色植物,一片片绿茵茵草地从疾驰的小车两旁闪过,车飞快地向目的地驶去。开着、开着我们的车开到了一条大河面前,拦住了去路。前面已经没有路了,但导航仍然指示我们向前走,无奈之下我们的车只能选择拐向左边那条唯一的道路。走了一段,路又断了,前面又是一条大河挡住去路。这时我们的左边是一片农田,右边是河流,前面也是一条大河,很明显我们走进了断头路,进入了"死胡同",前面已经无路可走。这时大家顿感有点惊慌和无措。陆老师下车看了看地形后说,没关系,我们往回走。他重新上车,在很窄的断头路上反复倒车掉头，他驾驶着车辆前后、左右地倒车。我们车辆右边是河，左边是农田，前面还是河，两边都是滚滚向前的滔滔河水，坐在车上的人顿时感到有点害怕，有人说要下车。陆老师在驾驶座上镇静地说，你们不要怕，我会安全地倒出来带你们出去的。果然，经过几次转圜，车辆稳稳地调转了方向，由原路驶了出去。这真是一次有惊无险的经历。以后每每说起这事，大家还是唏嘘不已，夸赞陆老师的驾驶技术娴熟，临危不惧，操作果断。这次经历也够我们记取一辈子的。

　　来崇明主要调研关于崇明经济社会高速发展中存在的管理方面的问题。由于崇明全县面积接近上海全市 1/5，历史上一直是上海的农业大县，城乡一体化发展水平远低于其他区县。2009 年年底崇明"长江隧桥"全面贯通后，崇明经济社会由此进入了加速转型发展时期。产业经济的发展带动了崇明外来人口总量与结构的变化。如何加强外地来沪人口集聚区管理和治理，是我们本次调研的目的，也要为当地政府有关部门研究如何加速外来人员融入本地居民生活提出意见和建议。最后在座谈和取得相关一手资料的调研基础上形成了研究报告。为上海城乡一体化建设积累了崇明地区的经验。

　　2016 年 5 月，陆老师带领我们全体成员和部分社科院在读的研究生、博士生来到浙江杭州对当地的特色小城镇发展道路进行调研。这次调研的目的主要是了解杭州特色小镇建设的经验和可借鉴的方法。这类特色小城镇模式也是城乡一体化建设和发展的一种探索。

　　我们知道，"小城镇"更多地表现为一种空间形态或功能载体。费孝通指出，有一种比农村社区高一层次的社会实体的存在，这种社会实体是以一批并不从事农业生产劳动的人口为主体组成的社区。从地域、人口、经济、环境等因素看,它们都既具有与农村社区相异的特点,又都与周围的农村保持着必要的联系。我们把这样的社会实体用一个普通的名字加以概括,称之为"小城镇"。杭州的这些特色小镇就有这些特征。为此,我们进行了考察、调研和学习。

同时,我们也参观了小城镇周边的农村地区。我们看到的杭州农村地区也已经高度城市化。因此,我们感到城乡融合的前提是农业现代化,乡村工商业的高度发展,农村文化、技术全面提高,乡村与城市生活水平接近,以至城乡差别缩小乃至淡化。

2016年9月,我们研究室成员和社会学研究所另一组创新团队一起在陆老师和现任所长李骏带领下前往新疆社会科学院社会学研究所学习、了解当地城乡建设方面的经验和问题并开展学术交流,同时还去吐鲁番农业局学习交流他们在城乡建设方面的经验和方法。

9月的新疆依旧夏日炎炎。大家冒着酷暑一个单位、一个单位地参观、交流、学习。大家饶有兴趣奔赴当地周边的乡村,走访当地村民。整个行程使我们觉得新疆在城乡融合建设中也有不少经验和方法值得我们认真总结。

2017年5月,陆老师又安排我们全体成员和社科院部分在读研究生和博士生来到浙江杭州就"城市文化建设的杭州经验"开展实地调研。我们首先参观了大运河(杭州起始段)两岸街区的建设基本情况,其中,参观了杭州段大运河博物馆,听取了大运河目前运行状况和未来发展规划介绍,同时,我们还参观了当地具有民间特色的文化艺术展览馆或博物馆,了解当地一些民间文化艺术的发展历史和未来的传承及走向。最后,我们考察队与浙江杭州市拱墅区人民政府相关职能部门进行座谈交流,尤其是对京杭大运

图 2　赴新疆到当地乡村调研(2016 年,左一为杨敏)

河(杭州段)未来发展提出各自的意见和见解,考察圆满结束。

2018 年 6 月,陆老师又安排我们全体成员来到浙江杭州开展"杭州数字化建设的实例"的参观和调研。本次调研主要是了解杭州咪咕数媒(原移动阅读)互联网阅读平台的创立过程和运作方法,学习、了解杭州华数集团国家实验室和中国网络作家村工作模式,还参观了西溪文创园、杭州公交集团数字化管理中心。这次调研主要是案例学习,陆老师因其他重要调研任务没有同行,但他事先都作了精心安排,整个行程在蓝蔚青老师的悉心策划下,前后衔接进行的有条不紊,考察和学习均很圆满。

还有一件值得记取的事,2018 年 3 月,在社会学所工会组织下,全所人员赴崇明长兴岛郊野公园活动。长兴岛郊野公园虽然

图3 参观作家创作园和华数集团国家实验室并合影留念(2018年)

刚刚建立,但园内设施很齐全,内容也很丰富,尤其是园内工作人员服务热情、周到。由于公园占地面积较大,刘漪老师特意安排电动车带领我们乘车参观整个园区。然后,又参观了公园内设立的奇石展览馆、民间文化艺术展览馆等具有鲜明特色的展示场所。奇石展览馆内各种石头惟妙惟肖,有些石头像极了日常生活中的红烧肉、鱼、蘑菇及各类蔬菜等,各种展品丰富且引人入胜,让人看了流连忘返。尤其值得一提的是观园活动还专门安排了植树节目。全体人员可自由组合成两三个人一组,分别在公园内指定的地方种植两颗树苗,并在种植的树上吊上名牌,写上自己的名字和植树日期,以期日后有机会可以再来探访自己种植的树苗是否已经长大。活动意义在于多年后再来长兴岛郊野公园可以看到自己种植的树苗是否已经成才,或长成参天大树,也预示着自己将随着小树的长大而慢慢变老。这是一个值得纪念并有意义的公益活

图 4　与同事在长兴岛郊野公园植树
（2018 年，右起为杨敏、刘文敏、汤潇）

动。这次活动让大家过了快乐的一天。

光阴如箭，日月如梭。有一首诗说得好"这一刻，不要叫醒我………"没有为什么，就是有一种抹不掉的怀旧感。陆老师多次安排和提供的社会调研和考察给我在课题研究和工作上提供了不少有益经验，也为我顺利完成各项课题提供了坚实的基础。在此要感谢陆老师，感谢在所里与我一起并肩与共的其他诸位同仁，是他们丰富了我的学习、生活和工作经历。

我与社会学所，尤其是与我研究室同仁的相处、相识将近 5 个年头，说长不长，说短也不短。但回想当初仿佛还是昨天，所里的事、所里的人依然深刻地印在脑海里，清晰如故。

正如诗里讲的："昔我往矣，杨柳依依。今我来思，雨雪霏霏。"

时间过得飞快,一切都在变化,正好似"人生天地之间,若白驹过隙,忽然而已"。过往好像一场梦,其实是自己实实在在地付出。社会学所已经走过 40 年不负昭华的历程,或许未来将更加辉煌,抑或默默无闻。默默无闻才堪大任,喧哗只是瞬间。我的回忆只是我在社会研究学所 40 年年华中几片飘浮的云彩。往昔不可追,未来仍可期,那么,未来究竟会如何,就交给未来吧。

杨 雄
时间如梭　初心不变

杨雄,男,研究员,中共党员。1957年生。社会学所原所长,兼任上海社科院社会调查中心主任,《当代青年研究》杂志社社长、总编辑,上海儿童发展研究中心主任、上海家庭教育研究中心主任、上海社科院慈善研究中心主任等。目前担任中国社会学会常务理事、中国社会学会青年社会学专业委员会理事长、中国教育学会家庭教育专业委员会副理事长、上海社会学会副会长、国务院妇儿工委智库咨询专家、上海市消费者保护委员会常委、十三届上海市政协社会法治委员会副主任等。曾主持国家及省部级重要课题和规划课题30多项,出版论著20多部,发表论文60多篇。曾获中央文明委授予的"全国未成年人思想道德先进个人"全国妇联授予的"全国家庭教育先进个人"以及"中国青少年研究突出贡献奖""全国百名家庭教育公益人物""首届上海十大社会工作杰出人才"等荣誉称号。

时间如梭,岁月如歌。自1993年调入上海社会科学院工作至今,一晃已有26年。回顾我过往43年的工作经历,似乎也简单,也就是历经了三个单位:部队、高校、社科院。军旅生活使我养成了令行禁止,团结、紧张、严肃、活泼的作风;在高校做老师,是我喜欢的工作,训练了自己的严谨讲课、治学作风;而进入社科院工作,则大大拓展了自己的研究阶位与视野。下面我简要记叙一下进入社科院之后的三段工作经历。

1993年1月—2000年底。我选择从本市高校调入上海社科院青少年研究所,担任青少年研究室主任。当时自己对青年问题研究兴趣蛮浓。进了所后,我主要开展了以下两个方向的研究:其一,跟随姚佩宽研究员开展中国青少年性教育比较调查。姚老师正主持"八五"国家教委重点课题"中国城市青少年性教育跟踪研究"。这一项目当时处于全国领先地位,课题组先后发布了很多成果。之后我接力了姚老师这一课题,开始主持"九五"国家教委重点课题"中国城乡青少年性意识、性行为比较研究"。为此要特别感谢姚老师将我领进了这一研究领域。其二,继续我在高校就很感兴趣的青年价值观、青年文化研究。由于上海社科院与高校相比,优点是无须天天坐班,不用每周为本科生上课,时间充裕,也较自由,故这一时期自己发表了不少青年研究文章,也出版了多部专著。

1999年春节过后,院党委为了培养青年科研人员,我被派至市委宣传部研究室轮岗挂职。需天天上班,主要工作是协助、起草部领导各类讲话稿,参与一些工作调研。在部里工作至2000年春,大概由于自己是学中文的,文书功底尚可,市委宣传部领导希望我留在部里工作。我思来想去,最后我还是向部领导提出仍想回社科院工作的想法。因为我内心还是很喜欢、很适合做科研工作。当时能返回社科院还有一个插曲,就是中宣部将从2000年起在全国组建一批舆情信息直报点。经市委宣传部批准、院党委讨论决定,任命我为上海社科院社会调查中心主任,该中心作为中宣部首批 50 家舆情信息直报点之一。尽管工作压力很大，但我还是满怀热忱地投入到这项具有创新与挑战性的工作中去。值得欣慰的是，本中心曾多次被中宣部评为年度先进单位（2010 年底，上海社科院中宣部直报点从院社会调查中心分离，单独成为院舆情研究中心）。

2000 年 12 月—2013 年 9 月。我被院党委任命为青少年研究所所长，兼任院社会调查中心主任。同年，我晋升为研究员。作为全国最大的地方省级青少年研究所，上海社科院青少年研究所经过近 20 多年历任所长、前辈学者之集体努力，本所在全国社科院系统、高校以及青年研究界颇具学术影响。在担任青少所第四任所长期间，我个人推动做了几件事：第一，与市政府妇儿工委等主办了多届"为了孩子"国际论坛。该论坛至今已举办了 11 届，社会影响力较大。第二，牵头完成了数项重要课题。如牵头主持首部《全国家庭教育指导大纲》、主持完成"全国未成年人思想道德建设测评体系"。上述两项课题，均获得中央常委肯定性批示。作为上海市儿童发展研究中心主任，参与主持了多项政府重要项目，如"上海中长期教育发展规划""上海青少年发展规划"等。青少年研究所也曾获得了上海市"五一奖章"先进集体荣誉称号。第三，作为《当代青年研究》总编辑，我在提高、维护本刊学术质量、声誉上花费了不少时间精力。本刊始终坚持正确的办刊导向，团结全国青年研究专家学者，定期举办青年理论与学科建设研讨会，刊出一批影响较大、引用因子较高的青年研究学术论文，得到了同行认可。为此本刊曾两次入选 C 刊。

2013 年 9 月—2019 年 4 月。因工作需要，我又转任社会学研究所所长，兼青少年研究所所长。虽然我在职博士读的是社会学专业，但要真正进入社会学研究领域，尤其担任好社会学研究所当

图 1　第六届世界中国学论坛时与同事合影(2015 年,右一为杨雄)

家人,对自己还是相当有挑战的。我接任社会学研究所所长时,面临上海社科院进一步推进深化体制改革。5 年来,在积极履职方面,主要完成了院党委交办的两件事。第一,完成青少年研究所和社会学研究所两所合并之工作。经过大家配合,较为平稳地完成了院里交办的这一艰巨任务。整合后的新社会学研究所,之后几年内所级核心竞争力逐渐上升,在多次研究所责任目标制考核中处于全院靠前位序。第二,组织社会学所的研究团队参与全院创新团队竞争。当时,上海社科院作为国家高端智库试点单位,探索引入科研竞争机制,从中遴选 60 个院创新型研究团队。本所积极组织,在大家共同努力下,社会学所最终有 4 个团队入选首批院创新研究团队。而本人作为"社会调查与公共政策"创新团队首席专家,5年来带领本团队成员团结奋斗,围绕"民生民意"这一核心社会指标,运用社会调查方式,先后数十次发布了有关上海民生民意的研究报告。不少研究结果、专报直接呈送市委领导,并转化为公共政策。也曾多次获中央领导、市委领导肯定性批示。在2019年终期评估中,本创新研究团队获得院前10名的较好成绩。

图2 应邀参加马来西亚马莱大学的国际研讨会
(2019年,左四为杨雄)

时间如水,稍纵即逝。尽管如今人的平均预期寿命在延长,但对于个体而言,"有效工作时间"并不长,一转眼自己已年过花甲。但较幸运的是,我在"有限工作时间"里,最终选择了社科院,做自己较喜欢的事,所以内心感到安宁和愉快。而自己任何点滴学术成绩与荣誉取得,都离不开历任院、所领导的指导与支持;离不开同事们的合作、帮助。感谢社科院为自己提供了一个较宽松、良好的学术氛围，可以让每个愿意潜心学术、智库研究之科研人员找到发挥个人潜质与专长的空间，在实现个人梦想的同时，也可为社会作出一定贡献。在最后一段工作期间，作为一个老党员、老同志，自己将保持进取的年轻心态，不忘初心，不断学习，见微知著，修身前行。

图3　参加上海"国际少儿生活方式展"主题论坛(2018年，左三为杨雄)

刘 漪
一个媒体人的"华丽转身"

> 刘漪,女,中共党员。1963年生。1985年6月毕业于上海大学文学院社会学系社会学专业。1985年7月—1995年6月任上海经济报社编辑,1993年7月被评为记者职称;1995年7月—2004年5月任上海金融报社编辑。2004年6月进入上海社会科学院社会学研究所,2005年6月被聘为助理研究员。先后任社会发展研究院外事及行政秘书;2010年1月起在社会学所从事人事、外事、研究生教学秘书等工作;2011年3月起任社会学所办公室主任,并先后任社会学所工会主席和社会学所总支副书记等职。

2002年春,社会学所下属三产"久事调查中心"负责人——原社会学所副所长吴书松因年事已高,需招人接替。经人介绍我第一次来到社科院接受面试。走进这座神圣殿堂有一种蓦然肃立的感觉。我好奇地走在5楼通长的走廊,环顾四周静悄悄,一扇扇紧闭着门的办公室(那天不是周二、周五上班日),呵,比起我们灯火通明加班、嗒嗒嗒键盘声的编辑部和排版机器轰鸣的印刷厂,这里工作环境不是一般地好(羡慕表情)。吴书松老师慈眉善目,对调查中心工作如数家珍,侃侃而谈,我感到压力很大,搞经营不是自己的强项。经过慎重考虑，就此退缩了。

2004年冬，当时的社会发展研究院（简称社发院）社会转型与社会发展重点学科资料库亟须一名资料管理员。在学长陆晓文引荐下，我向社会学所投去了任职申请书（当时我已经41岁）。4月初，我又一次来到社会学所接受面试。这次的主考官是所长卢汉龙，潘大渭、孙克勤两位副所长，还有社发院办公室主任王莉娟。记得那时我着正装，正襟危坐。简单介绍完自己的履历，然后就接受领导们的各种询问。"你毕业于哪所中学？"（感觉是查三代）。"上海市敬业中学"；"你为何想来我们社科院？"（就职动机）"我期盼朝九晚五规律的工作"；"你觉得自己优势在哪里？"（自我评价）"社会学专业毕业，20年的记者、编辑生涯，撰写新闻报道和调查都是来自新闻的第一手资料，敏锐的观察力与洞察力，客观地看待社会现象，20年做夜班（吃苦抗压能力）、记者满街跑（社交能力）、编辑靠电脑（办公自动化能力），且本人性格开朗，工作有激情"；"工作岗位是科辅而不是科研你怎么想？"我没答上来，压根儿不知道科研与科辅有啥区别；"社科院工资收入低你介意吗？""只要有规律的工作时间，我愿意接受这份工资（事后果真没想到当时工资这么低）"……从容淡定、对答自如。答毕，记得当时副所长潘大渭扯着大嗓门直夸"敬业中学历史悠久，老牌中学毕业的就是不一样；职称我们可以跟院人事处去争取"。所长卢汉龙当即说"一看谈吐就是媒体来的，欢迎来社会学所，你下周就可以来上班了"。我轻松过了面试关。

2004年6月我正式入职社会学所，成为542重点学科资料库一名管理员。记得周二科研人员上班日，办公室主任王莉娟带着我到每个办公室向大家介绍："这是我们所新来的，从报社来的"，我则在一边谦卑地说着"请多关照"，老师们都很热情地说着"欢迎,欢迎"。

重点学科资料库是坐班制,每天朝九晚五,刚开始主要是将所里历年的各类调查问卷输入电脑并进行归类。虽说这活比起报社快节奏的满街采访、写稿、编辑排版、加班不知要轻松多少,但我每天一到下午就会不知不觉地朝墙上的挂钟看,两点钟(离下班还有3小时)……四点钟(离下班还有1小时)……每天重复这样的机械性工作,对于行踪惯于独来独往、快节奏工作的我很不习惯,角色转换一下子陷入了窘境。

不过,我还是很珍惜这份工作,默默告诫自己"朝九晚五的工作就是这样子的"。慢慢调节了近一年,我将社会学所一部分历年调查问卷都输入建立了数据库并按年份逐一进行分类。其间,还帮助宗教所专业研究萨满教的王宏刚研究员扫描融入他毕生心血而拍摄及收集来的大量各种珍贵照片和资料等。我已经习惯并适应这份工作了。

2005年初,副所长潘大渭找我谈话,说因工作需要调我至社会发展研究院办公室(当时社会学、青少、人口及宗教所合署办公机构,以下简称"社发院办公室")兼任行政工作,我当然听从安排。2005年初至—2010年底,我在社发院办公室从行政秘书干起,扛水、复印、收发报刊,各种后勤服务、跑腿活统统归我(嘲笑自己:从"无冕之王"的记者跌入了办公室行政人员,当时连人事或学秘岗位都轮不上)。一个没有任何群众基础的"外来户"总会听到来自各方的风言风语,"她好好地在报社不干,来社科院肯定是为了养老""要么就是人际关系不好来这里换环境的"……我没气馁,凭借自己开朗的性格和良好的媒体人际交往能力,每周二、五上班就腿勤往各研究所科研人员办公室跑,哪间日光灯管坏了通知物业维修,哪间需要饮用水了马上扛过去,哪位老师需要复印、刻录、扫描，我一一承接下来。渐渐地，社发院下属四家研究所大多数科研人员都认识了我，他们有事都愿意来找我帮忙，我也乐意为他们服务，从院物业维修部、会场部、印刷厂、食堂乃至保卫科，跟院相关科室有了更多接触，我把每一次任务当作一次学习机会，终使有些人对我的"养老而来"有了改观，窗口服务得到了社发院领导和大部分科研人员的肯定。2006年，由社发院总支推荐，我被社科院授予年度"优秀共产党员"称号。

图1 在中共七届二中全会旧址考察学习（2007年）

2007—2010年，除了继续兼任行政秘书外，我还兼任外事和职称晋升工作。每年20多个出国团组，4个所10多位职称晋升的科研人员，我从零开始。这里无师带徒，没有人会主动教你并指导你，我主动去院职改办、外事处和兄弟所请教学习，认真做笔记，在实际中不断积累经验。久而久之,我也成了半个专家。其他所年轻人只要来问,我就一一回答并耐心地指导,只想他们能比我少走弯路。认真负责的工作态度得到院职改办的认可,这时起,每年职称评审期间,院职改办都会请我帮助一起核对全院申请晋升人员的晋升资格和科研成果。在社发院办公室工作期间,还配合社会学所领导负责本所离退休老同志工作,领导家访、生病探望、去世慰问都带上我,慰问去世的社会学所建所筹备组负责人之一的黄彩英家属和研究员钟荣魁家属,探望生病的方任安和陈信生两位老师,还有慰问身患帕金森病的薛素珍老师等,从中了解到他们生前的工作和生活点滴。社会学所重建后,他们从各行各业汇聚到社会学所,有的刚步入中年,有的临将退休,但是他们为了振兴和发展中国社会学研究而贡献了自己后半生的智慧和力量,见识了社会学前辈们的渊博学识,学到了敬业而忘我的工作态度,我对他们怀着深深的仰慕和敬意。在之后的几年,我们陆续送走了好几位社会学所"元老级"学者。

2010年底社发院办公室解散,我回到社会学所办公室,继续干行政工作。当时社会学所办公室仅有3人,出纳黄宇栋,办公室主任郭太阳和我,小黄负责出纳、后勤服务和国有资产管理,郭太阳负责学秘和所图书资料室,其余工作全都归我负责,人事、外事、研究生、职称晋升、招聘,等等。前5年的锻炼,对于这些工作流程、职称政策我已经驾轻就熟,故回所办公室后工作开展得井井有条。2010年7月,束方圆派遣至社会学所办公室接任学秘、外事和研究生工作;2011年1月,郭太阳退休;同年3月,我接任社会学所办公室主任,除了出纳工作,办公室基本就是"二人转"。刚起步阶段,当时退休返聘的原办公室主任王莉娟老师给了我很大帮助和指导,使我迅速转换角色,一年多来工作开展得很顺利。2012

年,院经济社会法律咨询中心撤销,分流来了5位50后、60后同志,其中4位副研究员,一位研究实习员。而本所科研人员随着新老交替,职称额度、办公用房一时间矛盾突出。我协助所领导一边积极找院职改办协调职称额度,一边跑院相关部门协调办公用房。

图2 与社会学所部分同志合影
(2013年,左起卢汉龙、刘漪、夏国美、杨雄、李骏)

2015年1月,院体制机制改革,原青少所人马整建制并入社会学所,办公室人员从"二人转"变成了"三人转",工作量有所减轻,至2016年8月,仅过了一年半,奚艳调任院妇委会任专职副主任,所办公室又重新回到了"二人转"的局面,而此时,全所在职和离退休人员数几乎翻番,在职和离退休人员数形成了倒挂,工作量可想而知。

2015年3月,因工作需要,院拟调我至他所。当时两所刚合并不久,杨雄所长表达了不愿我走的想法,但最终表示尊重我个人的意愿。其实我从没有想过要离开社会学所,一则自己是社会学专业毕业,可谓"专业对口",另则来所10多年有感情了,这里有我的学兄学姐,有我朝夕相处的同事和合作默契的所领导,也从来没有好好思考过自己的职业愿景和升迁,因为这里有良好的工作环境和合适我的岗位。

进院15年,社会学所给我提供了又一新的人生舞台。从新闻界转型至社会科学的服务与管理者行列,从行政秘书、外事专管员、研究生教学秘书到人事干部等所有岗位几乎都轮遍了(除了没去机关轮岗外)。2011年至今,我连任社会学所工会主席,2016年和2019年两度带领所工会会员在院十月歌会比赛中拔得头筹,从2016年起连续每年夺得院工会"智库创新杯"拔河比赛二、三等奖。2018年5月被任命为社会学所办公室主任兼所总支专职副书记,推上了社会学所党政领导岗位,协助所领导,传帮带好社会学所这支年轻队伍。

2004年至今,我经历了四任所长领导的时代(卢汉龙、周建明、杨雄、李骏),特别是2019年11月新任的社会学所80后所长李骏,让我看到社会学所的未来,更看到了哲学社会科学新生代的希望。在自己仅剩的最后几年职业生涯中,我会继续配合所领导,弘扬和传承社会学所优良传统,承上启下,努力拓展和发展社会学学科领域,服务于社会学所科研,致力于培养新人。使自己无愧于社会学所,无悔于近20年坚守的社会学所行政管理岗位。

曾燕波
我与社会学所共成长

> 曾燕波，女，中共党员，研究员。1966年生。主要研究青年价值观、青年就业、家庭教育。曾在《解放日报》《文汇报》《社会科学》《毛泽东邓小平理论研究》《政治与法律》《上海经济研究》《青年研究》《中国青年研究》等刊物发表学术论文120多篇，其中，多篇被《人大复印资料》和《新华文摘》全文转载。独著、合作论著10多部。获得过全国"五个一"工程奖，并多次获得省部级哲学社会科学优秀科研成果奖。主持和参与多项重要研究课题、大型调查研究项目。

上海社会科学院社会学研究所成立40年来，对我国社会学发展作出了重要贡献，具有一定国际影响力。我来到社会学所工作快20年了，伴随与见证着其发展历程，越来越为能在其中而感到自豪，同时，从青年社会学研究工作者到青年社会学研究员的成长过程，也和社会学所的培养密切相关。

上海社会科学院作为上海唯一的综合性人文和社会科学研究机构，我通过人才引进到上海社会科学院，是对我大学毕业以来从事青年研究的肯定，很是欣慰。在来社会学所工作近20年时迎来所庆40周年，也有机会思考一下社会学所和我。时间真快，来时还是青年,我把最美好的青春献给了社科院,献给了社会科学事业,我将继续努力。近20年时间,经历的事太多,就像昨天一样记忆犹新,在所庆的时候,我想分享几件感触深的事情,庆祝建所40年。

刚来社科院时,老同事对新同事的关心和指点让我很是感动,当我搬入新居时,所里的同事全来我家为我祝贺,心里满是温暖。帮助别人快乐自己,如果能对新同事有助益,我也是很乐意去做的,能在集体当中体会到一种精神和好意,才能乐观生活工作,才能做好事情。

我的研究方向是青年社会学,主要研究青年价值观、青年就业和家庭教育。中国青年研究是在80年代末和90年代初开始的,我1990年参加工作,一直从事青年教学和研究工作。青年研究是一项有意义的工作,我能为加入这一事业感到高兴,通过努力,获得过全国"五个一"工程奖,并多次获得省部级哲学社会科学优秀科研成果奖。经过多年的研究工作,在全国青年研究领域具有一定影响度,多年来曾经得到多位国内著名专家或学科有影响专家的指导和肯定,他们认为我研究的领域在国内的青年研究界具有影响和代表性。

我主持和参与过多项重要课题项目,写论文和研究报告,在科研的同时不断学习。多年的科研工作有了一定的积累,曾在《青年研究》《中国青年研究》《社会科学》《毛泽东邓小平理论研究》《政治与法律》《上海经济研究》《解放日报》《文汇报》等刊物发表文章120多篇,其中,多篇被《人大复印资料》和《新华文摘》全文转载。独著、合作论著10多部。有一次,《中国信息报》专访青年就业问题,记者在全国范围内找到有代表性的两名专家进行大篇幅报道,在报上看到时任中国青少年研究中心主任的郗杰英和我的照片,对当时还是青年的我很是鼓励。《家庭教育》杂志多年来一直约稿,成为长期作者,每年发几篇,多的年份每期一篇。

对于青年价值观的研究是我从事青年研究的第一个方向,著有《当代中国青年的价值进步》《当代中国青年价值观发展特点及生成因素研究》《大学生社会意识与政治稳定》《确立信仰与信念:青年价值观建设的必修课》《当代青年价值观的分析与再塑对策》《青年价值观念的亚道德化倾向》《试论当代中国青年的价值进步》等,从青年价值观的发展趋势到青年价值观的热点问题,经过梳理与预判,提出有针对性的个人观点。对于新中国成立,特别是改革开放以来中国青年价值观的几个阶段的划分,我是以国家经济社会发展情况为大背景,认为时代特征对青年价值观的发展产生了

在北京参加学术会议时留影(2010年)

最为重要的影响,青年价值观对社会发展具体反哺和推动作用;青年价值观从一元到多元,终归还会发展到一元,但后面的一元并不否定和排斥公民私人生活的自由价值与人格追求,但它限定了公民的私人生活权限不能越过基准线,自由人格和多元价值之间,有着一种为各方共同接纳和信奉的一元价值标准,这就是作为底线道德的制度认同与法治精神。关于青年价值观研究的观点被很多学术成果加以引用,具有一定代表性。

对青年就业的研究是我重要的研究方向,著有《大学生毕业生就业问题对和谐社会发展的影响》《青年失业问题及其治理对策》《新经济条件下的青年人力资源开发》《阻碍"再就业工程"实施的五个问题》《知识经济与青年职业流动》《青年就业需要支点》《青年就业的国际比较与借鉴》等,《关注下岗年轻系列》在报纸上进行连载,有很多关注和反馈。提出的观点:作为职业的准、新入场者,青年的弱势地位明显;2030的就业问题要比4050的就业问题更应引起政府部门的重视;针对大学毕业生低工资甚至是零工资问题,提出制定大学毕业生最低工资标准等建议得到上海市政协和上海团市委的重视,有的被提交到上级政府部门,同时,在学术界产生影响,观点被多次引用。

我评副研究员时是作为省级有突出贡献的拔尖人才破格提早两年晋级职称。我来社科院时是副研究员,评上研究员时是在当时的上海社会科学院社会发展院(四个所的社会学片),是最年轻的研究员。从科研工作来讲,有一个很明显的感受,就是评上研究员之后科研工作的责任更重了,比如课题、做报告、媒体访问、评审(省市级和各高校)等工作。我担任过上海青年讲师团讲师,做报告的范围和内容在学术界越来越广阔。媒介采访由报纸到电视直播越来越多,以专家视角探讨青少年问题。

上海社会科学院以构建国内一流、国际知名的社会主义新智库为目标,大力实施智库建设和学科发展的双轮驱动发展战略,成为国内外学术交流的主要平台,成为具有国内外重要影响力的国家高端智库。我深知上海社会科学院为我在社会学领域发挥作用提供了发展平台,有了这个平台才有我今天在社会学研究中取得的一定成绩。我做过的社会兼职有中国社会科学院文献信息中心和共青团中央《青年塑造未来》编委、中国社会学会青年社会学专业委员会理事、上海青年社会学专业委员会副秘书长、上海市预防青少年犯罪研究会理事、上海市青少年教育协会理事、上海市期刊协会理事、上海市法学会理事等。我认为社会学研究工作是要以科学方法真实地反映现实情况,发现问题的关键是深入调查研究,从而提出有针对性和操作性的对策建议。同时,要扩大研究成果的影响力,为科研成果转化应用打下基础,为社会学发展服务。

社会学研究是一种创新,我研究的每一项科研成果都付出了努力,我为每一个成果的完成和出版感到莫大的喜悦和满足。一分耕耘一分收获,几十年社会学研究与宣传的过程也成为我人生中最好的体验。回顾社会学研究生涯,从参加工作之初对职业的懵懂到现在取得一点成绩,更坚定了我社会科学事业的选择。对社会学的研究是无止境的,我将用毕生的精力继续社科事业的追求,创新务实,谱写社会学研究新篇章。

张结海
我在社会学所的 20 年

> 张结海,男,研究员。1967 年生。先后获得国家社科基金、上海社科院创新工程特色人才计划、上海市曙光计划、英国科学院王宽诚基金、法国外交部精英计划等资助。近年出版《社会转型期后悔情绪之研究》《欧洲的翅膀与中国的云彩》等专著。在《心理学报》《社会学研究》《现代传播》《经济学季刊》《人口研究》、Journal of Experimental Social Psychology、Applied Cognitive Psychology、Journal of Family Studies Review、Journal of Cognition and Culture 等国内外重要刊物发表论文多篇。

也许只有到了我这个年纪,才能真正体会到什么叫岁月如梭、什么叫弹指一挥间,尽管过去这么多年,我至今还记得第一次来社科院的情景。

时间回到 1997 年,我第一次来到淮海路大楼,走廊里很安静,我路过一个所的公告栏,外事处的一张通知吸引了我的注意力。这张通知的具体内容已经不记得了,大意是一个出国项目通知各所报名参加。我很惊讶,出国这么抢手的事,这里竟然是公开报名,而不像当时绝大多数单位那样私自决定。

到社科院工作以后，我发现果然每次出国项目都是全院发布，公平竞争。2002年法国外交部开始实施一个"精英"项目，第一期在北京和上海同时展开。后来听说第一期最好，第一期法国领事馆也特别重视，他们自己面试，在上海社科院和上海多所高校录取了一批年轻学者，我有幸被录取，首先在上海接受法语培训，之后再赴法国3个月。

　　转眼间，上海的法语学习结束了，上海的学者和北京的学者分别从上海、北京出发前往法国，这是我第一次去法国，也是我第一次出国。法国给我的第一印象是，政府非常强势，可以搞定一切！比如，你到了机场，你可以到指定的柜台取一张大巴票，乘上大巴把你送到市内一家旅馆先住上一到两个晚上，然后再转到一家公寓。没钱了，你到相当于教委的机构拿张支票，再到银行取钱。我住的那家公寓租金便宜得不得了，我想着下次有机会自己来法国的话，就住这里，所以我去找管理员要联系方式，表示以后还想住这里，因为租金很合理。没想到，他告诉我，如果我自己来，租金要贵3倍的样子，因为现在的价格是专供法国政府的。

　　我这样说可能大家还没什么概念，我换一种表述方式，假设一个老外到社科院做访问学者，出发前已经有个中国人帮他把机票买好了，老外乘飞机到了浦东机场，出了海关，他到东航柜台取了一张机场大巴的票，乘到社科院附近下来，直接住进一家旅馆，第二天或第三天再搬到一个比市场价低得多的公寓里。第二天一个老外到浙江大学做访问学者也是这样、第三天去南京大学也是这样！

　　我记得当时我们上海有个法语班同学因故没法和大部队一块走，推迟一天才到巴黎，等她从上海出发时，我们已经到达了法国西部小城LaRochelle。我担心地问接我们的法国小伙，会有人再去接她吗？小伙笑了笑："不用着急,到处都是我们的人。"

到处都是我们的人,我至今也不知道法国政府是怎么做到的？

在法国3个月,前两个月还是法语培训,我们参加的是欧盟的语言培训项目,这个项目是对欧盟国家的年轻人进行其他国家的语言培训的,来的多是附近的意大利、德国、西班牙、奥地利等国家的学生,周末还组织各种活动。

第三个月,全部人员北上巴黎,只有我去了图卢兹,另外一个同学去了马赛。去之前我在网上找了一个图卢兹大学的教授,叫希尔顿,一个典型的英国名字,其实他就是英国人。我快去的时候,他给我发邮件说自己度假去了,不过没有关系,他的博士生让弗朗索瓦会接待我的。我从蒙彼利埃乘火车到图卢兹,出了车站的地下通道,看着一个哥们手上举着写有我名字的牌子,我想这一定是就是让弗朗索瓦了。

和让弗朗索瓦一接触,我的第一感觉是人家的知识面比我们广多了。其实,图卢兹大学的条件真不是非常好,那个年代中国学者出国一个重要的任务是收集资料,因为许多文献在国内找不到。所以,我去了,赶紧催他一块去图书馆,把我从其他论文的参考文献中感觉有用的文章补上。

有一天,他陪我去图卢兹大学的图书馆,硬件就比华师大新建的图书馆差一大截,软件……我发现里面心理学的杂志种类并不比华师大多,只是有几样杂志华师大没有,他们有罢了。所以,我去了一次之后再也不需要去第二次了。

但是,尽管如此,让弗朗索瓦的知识面之广让我暗暗吃了一惊,他专业本来是思维推理,但对我当时做的后悔研究也很熟悉。我去的时候带了一个方案设想,他看了很有兴趣,于是我们开始讨论实验细节。

讨论之后,我很快发现老外的视角就是和我们不一样,他喜欢抽烟,他老婆也抽烟,不过习惯挺好,就是从不在家里抽,所以隔一会儿他就和我说,他下去抽支烟,回来以后就提出个新看法。再后来,一家北京的《世界》杂志还约我们俩合写了一年的专栏,一个共同的题目一人写一篇,专栏的内容也能看出我们之间的巨大差异。

他给我看了他的影集,我一下子意识到我们原来是生活在不同星球上,他的童年是夏天在海边度假,我的童年是夏天在湖边稻田里双抢。感谢改革开放,尽管那会儿和法国差距还很大,但毕竟不那么大。

我在写这篇回忆文章的时候,心想,如果他再来一次中国,看着中国的高铁、移动支付、快递和共享单车,不知道该作何感想?

让弗朗索瓦还带我去他岳母、妈妈、爷爷、姑姑家做客,他经常让我住他家,说既省钱又方便。之前我脑子的是美国电影里看到的,即使是亲爸亲妈来了也住旅馆,住家里这个传统在中国、至少在中国的大城市也正在消失。

从法国回来之后,开始按计划做实验。实验大部分失败了,因为和预期不吻合,改进之后再做还是不行,又找不到其中的原因。投出去的几篇文章都被拒了,对我的打击很大,因为这几篇文章的理论部分我思考了很久,自己觉得还是有道理的,但实验数据不太支持。

虽说评审是匿名的,但有位美国大咖因为语言风格太鲜明,一眼就看出那是他的评审意见,他认为我的四个实验只有一个是成功的,但一个实验又不足以支撑一篇论文。学术界有句俗语叫 publish or perish,这时我都做了差不多上千个被试,最终也只能放弃了。

好在我们另一条线的实验成功了,文章发出来了,法领馆看我们合作有成果出来,负责文化合作的官员拉米先生告诉我们,他们支持了许多中国学者去法国、法国学者来中国,但是双方学者合作出成果我们是第一次。法国人真很随性。我记得那天在我们院里搞了个小酒会,拉米得知这个消息之后,立即把他们部门一个工作人员叫过去交代了一阵子。那个工作人员随后走过来告诉我说,拉米先生把其他的名额取消了,给我们。于是,我立即通知让弗朗索瓦,让他准备来上海。

之后,我又去了图卢兹、他又来了上海几次,陆陆续续又发表了几篇文章。再后来,由于我们的兴趣都转向了,合作就这样告一段落。

借助所庆吉日,回想起过去的这段岁月,真心感谢院所还有外事处为我们提供这样的机会。和外国同行合作,收获很大,也让我这样没有出国留学过的土鳖首先看到了自己的不足,有点想法但

与社会学所全体同仁合影(1999 年,左二为张结海)

手段很欠缺,更为重要的是没有人家刻苦。西方学术水平超过中国,我认为重要原因之一是西方学者整体比中国学者花在学术研究上的时间更长。

革命仍未成功,同志还需努力!

张 亮
荏苒 20 年：我与社会学所

> 张亮，女，管理学博士。1975 年生。主持国家社科基金一般项目"新生代流动人口未婚同居的成因、趋势及社会效应研究"，主持"家庭社会政策研究""上海妇女生活方式变迁"等研究项目，出版著作《父亲参与研究：态度、贡献与效用》（第一作者）。发表《推动男性家庭角色的改变——欧洲就业性别平等政策的新路径及对中国的启示》等论文 10 多篇。

社会学所建所 40 年庆在即，感叹时光流逝之余，也让人有了回望过往的勇气。

我与社会学所缘起于 2000 年一次偶然参加的社会调查。当时是研一的暑假，一位学长在闲聊时提起，他们正在做一个社会调查项目，有个成员临时有事中途退出，想找一个社会学或心理学专业的人补进来，主要承担调查报告的部分撰写任务。当时我们刚上过社会调查方法课，也学了 SPSS 软件的基本操作，想着这是一个学以致用的好机会，我毫不犹豫地说我可以。直到把报告完成交稿后，才知道这个调查项目是由上海社科院青少所杨雄所长主持的。没过多久，学长又说杨老师有新的调查项目需要人，问我是否还想参加。就这样,我第二次、第三次……加入杨老师的课题,也因此有机会前往社科院。第一次来社科院,就被它所处的上海最为繁华的地段、建筑风格独异的办公大楼所吸引,来的次数多了,向往之心渐生,觉得要是在这样的地方工作,每天上班的心情肯定都是开心愉悦的。机会在我还没察觉时来临了。2001 年下半年,杨老师在一次指导完报告的修改方向后,说起社会学所徐安琪老师正在进行一项调查,想找一个实习生帮着做抽样、问卷核查的工作,问我是否有兴趣。由于学校没有开设家庭社会学课程,家庭只是社会学的一个章节,所以,我当时根本不清楚徐老师的学术成就和地位,也根本没意识到这是一次多么难得的机会,只是想着抽样、问卷核查都是自己还没有做过的,现在有这样的学习机会,当然不能错过。之后,社会学所成为我常来的地方,我跟随着徐老师跑遍市区居委会去抽样,与调查员一起听徐老师的调查培训课,学习如何对数据进行逻辑检验……对于我这个可以说是零起点的实习生,徐老师悉心指导,把我带入家庭社会学之门,我也因此成为社会学所的一员。

2002 年 6 月,我进所的人事关系档案基本完成,但尚未到正式入职时间,属于准社会学所人。当时,恰逢社会学所与美国内布拉斯加州立大学人力资源和家庭科学学院联合举办"家庭:优化与凝聚"国际研讨会。此次会议是徐老师一手联系、组织安排的,邀请了来自美国、墨西哥、澳大利亚、韩国等近 40 位国外家庭研究领域的专家学者,国内做家庭和性别研究的"大咖"们——李银河、潘绥铭、邓伟志、杨善华、风笑天等悉数到场。即使现在来看,也完全称得上是一次"盛况空前""影响深远"的国际会议。

当然,让我对此次会议记忆犹新的原因,除了第一次见到以往只读过其著作或是学习过其主编的教材的"大咖"们的激动之情

图1 "家庭：优化与凝聚"国际研讨会（2002年）

外，还因为我在半只脚踏进社会学所之时，就给所里捅了一个"大娄子"。当时我负责会议费的收缴开票工作，因把一个参会者的姓名写错了，使那张收据作废，我没多想，顺手就把作废的收据撕碎扔掉。等到出纳发现收据单号连不上找过来，我才知道自己犯了财务上的大忌。因为我对财务工作的无知，连累当时的出纳陈阿姨、办公室主任王莉娟老师和徐安琪老师，分别向院里和市财政局写情况说明和证明材料。

虽然在正式进入社会学所之前，我就经常来所里，除了徐老师外，还熟悉一同参加调查的李煜、李宗克，但其他人基本不认识。刚上班时，我如同一般的职场新人，怀有忐忑之心，担心自己能否顺利完成角色身份的转变，同事之间相处氛围是否友好，领导是否平易近人。两件小事很快让我融入社会学所大集体之中，有了一种归属感。作为当年所里唯一的一位大龄未婚女青年，我的终身大事在我进所后就受到办公室、工会老师们的热心关注,帮着出谋划策,希望帮助我早日解决个人问题。这些家长里短的闲谈和关心,很快打消了我的陌生感。几个月之后所里组织的一次外地旅游活动,则是让我完全融入了所集体。那是一次全所大部分同事参加的旅游活动,到达后,当地导游带我们去用餐,她说知道我们这个团是上海来的,特意交代饭店不要放辣,做些甜的菜。对着一大桌的美食,其他人吃得香甜,只有我难以下筷。虽然来上海三年多了,但我无辣不欢的湖南胃,还没有适应把糖当调味品。饥肠辘辘之下,"好想有个辣的菜呀"脱口而出。同一桌的卢汉龙老师和王莉娟老师,立即让饭店单独为我炒一个放辣椒的菜。此后的每一餐,必定有一道菜是为我点的。以至后来的外出活动,同事们总会习惯性地来一句,"张亮要吃辣,点个辣的"。

刚进所时,除了我和另外一两个人,其余都是"老"上海人,每次所里开会,上海话是会议室通用语言。偶尔有人想到还有我们几个"新上海人",提醒大家要说普通话,但往往是讲不到两三句,又重回上海话。果然,学习任何语言都需要环境。之前在上海的3年,因为学校里大家都是讲普通话,我听得懂的上海话不超过5句。进所不到半年,我的上海话听力就从"不及格"飙升到"优秀"等级。很快,所里的大大小小会议,我也可以在满场上海话之中用普通话插上几句,积极加入学术讨论和闲聊八卦之中。随着往后的新进人员几乎都是"新上海人",原来的"老"上海人相继退休,社会学所"新-老"上海人构成比例发生反转,会议语言也在不知不觉中由上海话转换成了普通话。

在进所后的近20年,社科院的发展定位几经转变,社会学所也历经几任领导风格各异的所长。尽管如此,社会学所有一点始终没变,那就是宽松的学术氛围。科研人员可以自由选择感兴趣的研究领域和议题,不管这些研究是宏大、主流,还是微小、边缘,是"有用",还是"无用"。在这种自由宽松的环境下,我和家庭研究中心团队一起做着自己感兴趣的研究,从孩子成本、家庭压力、父亲角色、未婚同居,到城乡家庭价值观比较和中俄家庭比较,从一年一度的中国家庭十大事件评选到《中国家庭研究》。对我而言,这些既是工作也是兴趣,幸甚至哉!

图 2　家庭研究中心合影(2013 年,左起为张亮、徐安琪、刘汶蓉、薛亚利)

社会学所走过了 40 年,回望自己有幸随行其中的近一半岁月,愧疚自己的碌碌无为,感谢一路相遇相伴的良师益友们。

陶希东
我和社会学所

陶希东，男，研究员，中共党员。1976年生。研究领域为城市社会建设与社会治理、城市区域跨界治理、国际大都市治理等，在《社会科学》《城市规划》等核心刊物或重要报纸发表100余篇论文或文章，多篇论文被《新华文摘》《人大复印资料》全文转载。近年来主持或参与课题30余项，承担国家社会科学基金两项。独立或合作完成著作10余部，代表性专著或合著有：《浦东之路社会建设经验与展望》《中国跨界区域管理：理论与实践探索》《转型期中国跨省市都市圈区域治理——以行政区经济为视角》。合作论文《我国特大城市社会稳定面临的挑战及对策思路》获上海市第七届邓小平理论研究和宣传优秀成果二等奖；合著《科学发展观：中国区域经济统筹发展》获上海市第七届邓小平理论研究和宣传优秀成果著作三等奖。上海社会学学会理事。香港大学、英国伦敦大学学院访问学者。

当历史的车轮转动到2019年的时候，对中国而言，这是一个特殊的年份，是伟大的中华人民共和国成立70周年、伟大的中国共产党成立91周年、中国改革开放40周年的一年，意义非凡，中华人民共和国成立70周年重大阅兵仪式的壮观场面令每个国人骄傲和自豪,令世界刮目相看。2020年更是一个划时代的年份,既是我国全面建成小康社会的重大节点和"十三五"规划的收官之年,我们即将迎来2021年建党100年、全面实现第一个百年奋斗目标的重大时刻,可喜可贺。当今时代,因作为一个中国人而感到骄傲和自豪。而在国家实现第一个百年奋斗目标、成功开启第二个百年奋斗目标的2020年,也是上海社科院社会学研究所成立40周年的一年。作为一名普通党员和上海社科院社会学所的一名普通科研人员,本人自2006年进入上海社科院青少所、2013年进入社会学所工作,已经整整14个年头了,其中作为社会学研究所的一员,已度过了7年的时光。现在回想起来,真是一眨眼的工夫。一路走来,在党的引领、单位关心、领导关怀和同事们的帮助下,自己的学术研究也取得了一定的积累和发展,深感父母恩、党恩、国土恩、领导恩、同事恩、众生恩的伟大,感受颇深。现有三点感受向大家汇报如下:

一是社会学研究所作为上海社科院高端智库的重要组成部分,自从成立以来,较好地适应了国家、地方发展需要,为党和国家的社会建设、社会管理、社会治理等重大决策作出了巨大的贡献,能够在这样的机构开展学术与决策咨询研究,首要并最大的感受就是非常荣幸。尽管因年龄等原因,本人未能亲自经历社会学所40年发展的全程,但自进入上海社科院青少所、社会学所工作的10多年,正好也是国家和上海经济社会深度转型发展的关键时期,经济发展方式不断变革,国内外环境不断发生诸多新变化,社会结构、社会利益、社会心理快速变化,社会矛盾问题集中呈现,国家和地方对社会建设、社会管理、社会治理等重大社会议题的决策咨询提出了巨大需求。正是在这一大好形势和背景下,本人有幸参与了社会学所承接的来自国家和地方政府的一系列课题研究，既充分发挥了社会学所为国家发展、为人民发展中应有的功能和作用，又与社会学同仁们一道调查、研究并回应了国家和地方政府面临的诸多现实议题，从而为实现人生价值提供了最大的机会和平台，这应该是一个人获得幸福的根基所在吧。

二是一个研究机构的成长、发展与壮大，是受多种因素综合影响的结果，尤其是能否具有一个宽松自由的学术研究氛围、严谨的学风文风、团队协作的研究风格、结果导向的激励机制等，显得至关重要，社会学所长期以来，成功塑造了这样一种独特的文化氛围和制度体系，也成就了一个个好领导、好同事，也取得了一系列较好的总体研究成果。当然，这种氛围也是上海社科院的发展基因，从而促进上海社科院不断从一般地方性智库演变成了一个政府离不开、想得起、用得上的国家高端智库之一。就我在社会学所的工作感受，举几个这方面的例子，比如，社会学所的领导都是平易近人、和蔼可亲的，时刻都能充分尊重每个科研人员的学术自由，对帮助大家出成果、调动积极性等方面制定了诸如设立出版资助金、配套奖励、绩效额度分配更公平等一系列好制度，为大家自觉努力工作坚定了制度基础。在非规定上班时间，一些同事自觉按时按点到班或加班加点，在周六周日也来单位工作，甚至有些同事专门买了小床，晚上加班太晚无法回家就直接睡在办公室，第二天再接着干，我为此深感敬佩。我还记得，我的3本书能够出版，就是得益于卢汉龙老师的重点学科（2本）和研究所出版资金（1本）的帮助，我想这一点其他同事应该具有和我相同的感受。还比如，这几年，借助院里创新工程和以前的重点学科、特色学科等建设，形成了相互协作、相互负责的兵团作战式研究方式，成功推出了一系列有影响力的社会研究成果，在社会上产生了很好的影响。还例如，在办公室的精心组织、生动活泼的整体氛围下,全体同事都能够积极参与院里各项活动,本着重在参与、力争上游的精神,在拔河比赛、歌咏比赛等活动中也取得了较好的成绩,赢得了院领导和其他兄弟单位的好评。看似一个简单的活动,实际上其背后反映的是一个小单位的文化精神和集体意识,本人觉得,这是任何一个大小组织获得不断进步、不断发展的第一密码。

三是走过 40 年发展历程不容易,不管是社会学所,还是上海社科院,或其他兄弟研究所,我们都要懂得,今天所取得的一切,是万缘俱合的结果,是所有前辈努力积累、当代人奋斗、不断传承、不断创新的结果,每个人和研究所之间、研究所和社科院之间,每个人和社科院之间,都是"是一不是二",是命运共同体,每个人都发展得好才是一个研究所真正的好,才是社科院真正的好,更是整个

上海市社会学年会社会治理创新分论坛与会代表合影
(2019 年,右三为陶希东)

社科界真正的好。站在新的发展起点上,我衷心祝愿社会学所和每个同事的明天更加美好!也衷心祝愿上海社科院学科智库齐腾飞,早日成为国内外知名的学术重镇和具有世界影响力的全球一流智库。

程福财
做脚踏实地的社会研究

> 程福财,男,研究员,中共党员。1977年生。现任社会学研究所副所长。毕业于香港大学,主要从事儿童福利、社会政策与社会组织研究。先后主持"流浪儿童的社会融合问题研究"(2008年)和"困境儿童国家保护制度研究"(2015年)等两项国家社科基金项目,主持并完成由中央和地方政府有关部门委托的多项政府决策咨询课题。出版学术专著两部,论文20余篇。先后获得澳大利亚长江进毅奖、上海市第十届哲学社会科学优秀成果著作类一等奖、张仲礼学术奖、上海市浦江人才计划、上海市曙光计划等奖励和荣誉。目前兼任中国社会学学会理事、上海市社会学学会常务理事、国务院妇儿工委儿童工作智库专家。

2001年,我硕士研究生毕业后进入社科院青少所工作。所长杨雄研究员和老所长金志堃先生在不同场合多次告诉我,社科院十分注重应用研究、政府决策咨询研究。80年代,新生的青少所根据当时市领导的指示,完成了关于青少年犯罪、青年就业等方面的重要决策咨询研究。这种脚踏实地的研究风格,代代相传,延续不断。

进所之后,我参加的第一个研究项目是由杨雄所长主持的关于青春期教育的研究。其研究目的,是要调查分析青少年性生理发育、性心理发育、性社会适应状况,探索青春期教育的路径与方法。于我而言,这是一个全新的、陌生的领域。参加其中,既感兴奋,又觉压力沉重。好在课题组长始终给予我以温暖的信任、支持和宽容。经过近一年的努力后,项目终于顺利完成。我记得我那时十分兴奋,不断地和好朋友诉说。研究的成果能够出版成书,能够得到领导的认可(自以为),能够对人们之于青春期个体的身心变化、社会适应的理解有所帮助,还能得到额外的写作费,这是何其美好的事情。是的,今天想起来,这种兴奋仍然有其合理性。

青春期项目完成前后,我还参加了浦东青少年事务研究、闸北弱势青少年研究、上海市民法治意识调查研究等项目研究。这些课题参与,既是领导安排的,也是自己选择的。研究主题的不断变化,对初入职场的新人是严峻考验,也是良好的学习机会。它在一定程度上拓展了我的视野,丰富了我的研究经历,提升了我开展科研的能力,对个人的生涯发展有积极意义。当然,每一名科研人员都应该有自己专门的研究领域。2003年9月,在杨雄所长的推荐下,我暂别社科院,转赴香港攻读博士学位,开启4年多的博士论文研究。

2003年及之后的几年,是不平静但很美好的岁月。2003年3月,广州爆发孙志刚事件,舆论哗然。一个多月后,中央果断废除饱受争议的《城市流浪乞讨人员收容遣送办法》(简称《收容遣送办法》)。民心备受鼓舞,人们奔走呼告,对未来充满希望。但相伴而来的,是街头"流浪乞讨人员"的迅速增多。不少孩童也离开家校,浪迹街头,成为一些人反对废除《收容遣送办法》的理由。我的博士论文研究,就聚焦于这些流浪儿童,试图在田野调查的基础上去理解流浪的童年。这个选择有一定的挑战性,但因为喜欢,做起来也不觉得辛苦。街头田野调查的开展是最艰难的,好在我得到所里的正式支持和和所内同事的私人关系推荐。

经过四年半的努力,我于 2008 年初博士毕业,并重返社科院上班。社科院的春天,还是一如既往地温暖宜人。所长杨雄、副所长孙抱弘、室主任董小苹等在我回所后,给予我诸多提携、指导和独立开展研究的空间。我自己的一个研究计划也在 2008 年当年幸运获得国家哲社基金资助。回头想起来,这笔基金资助,对我后来的职业发展十分重要。没有经费,要做研究是比较困难的事情。

社科院和高校有诸多相似之处,又迥然不同。在这里待的时间越长,越能体会这种差异。简单地说,社科院钱少,时间多,自主空间大,比较强调决策咨询研究。我从不掩饰自己对社科院钱少的无奈,也从不掩饰对时间多、自主空间大的喜欢与享受。10 余年来,我始终聚焦于儿童社会研究,少受干涉。从流浪儿童、儿童保护到童年的政治与文化规范、童年的社会建构等,这些在社会研究领域中比较小众的议题,一直占据着我主要的研究精力。我很庆幸自己能够如此恣意放纵。这种自主,并非自然而然的事情,而是院所对学术与学者自主性充分尊重的结果。社科院是强调对重大现实议题进行研究的,但对我这样的小众研究,也保持宽容。数年前,院里在讨论学科建设时,曾经特别强调要对"绝学研究"予以特别支持。我的研究当然不是绝学,但听到那种严肃讨论,做小众研究的人内心也是欢喜。因为这种欢喜,无论大小环境怎么变化,我都选择稳居社科院。

2015 年,按照院部的安排,青少所整建制并入社会学所,我们从社会学所的近邻,变成其中的一员。这个转变,当时确实有些突然。但就我个人而言,这种变化并不难适应。我本来就是做社会

受邀参加民政部、中国建筑集团对全国农村留守儿童关爱保护的"百场宣讲进工地"活动(2018年)

研究的。1999年,还在上大读硕士时,我曾跟随导师来社会学所参加学术会议。2001年进入青少所工作之后,也得以认识原本在文献中认识的社会学所内的著名学者们,近距离感受社会学所的研究氛围。卢汉龙老师、徐安琪老师等在社会学界具有重要的影响,他们关于城市社区治理的研究、关于婚姻家庭的研究等至今还是相关学者的必读文献。能够在他们战斗的地方继续战斗,是荣幸的。当然,我们能否继续前辈的辉煌与光荣,还取决于我们的能力和态度。

　　社会学的研究偏好宏观,注重结构与制度。在研究方法上,更加强调实证。在研究议题上,更加丰富多样。这样的研究取向,对于原青少所的同事当然是一个很大的促进,我自然也不能例外。我们身处的环境总是会以可见或不可见的方式驱动、制约着我们的行为和选择。在日常交流之中,在正式的学术交流之中,我们有机会以更社会学的方式讨论儿童与青少年议题和更加广泛的社会议题。在课题组织与研究推进的过程中,我们的队伍也明显更加强大。从小所的人变成大所的人,我们可以更加昂扬。当然,也有人说,在社科院,社会学所只是不大不小的所,但我偏偏认为它始终就是一个大所。它的大,不在于其级别规模,而在于其影响力。

回头追忆,总感觉时间飞快。不知不觉间,我来社科院已有近20个年头,加入社会学所也有5年之久。今天,看到我们研究所新人辈出、硕果累累,团队建设不断取得新成绩,大家都倍感欢喜与自豪。好的集体,能留住好的人才。好的人才,能建设好的集体。回首过去40年的华章,展望未来发展的前景,我确信社会学所一定能欣欣向荣,并在推动国内社会学学科建设、推动我院智库建设方面发挥重要影响力。

薛亚利

所与我：忆中三思

> 薛亚利，女，副研究员。1977年生。主要从事当代中国社会研究，包括社会风险和流动，家庭研究、社会认同和城市包容等。在《学术月刊》《社会》和《社会科学》等学术刊物发表多篇论文。曾主持完成国家社科基金项目"人口'家庭化'流动的效应、困境及对策研究"，上海市人民政府决策咨询专项课题"大众创业，万众创新的家庭支持系统研究"等。出版专著《村庄里的闲话——功能、意义和权力》。目前担任中国社会学会生活方式研究专业委员会常务理事、中国社会学会家庭社会学专业委员会理事。

所庆40周年，开启了一扇窗。依窗回望，社会学所和自己分立于窗的内外，两相对比，才发现社会学所恢复重建后的时间与我自身年龄相差无几，也才意识到个人的生命轨迹已深深嵌在了所的发展历程中。

回顾自身，发现所谓的三十而立和四十不惑，我都在所内度过，但要理出与所交错组织的履职经历，却又茫然无从。这种认知困顿的原因，倒不是思绪飞扬，而是源于研究所与个人都尚在发展变化中，如今所言所忆之事，他日会因所思所想有变而不再看重。

对个人,无论如何,生日都会年年有,对工作单位,举办所庆却要数年之隔可谓时机不易。常言道"三思而后行",借机我便坦言三思,说说想当年进所的特殊经历,进所后幸运加入学术团队,以及对科研工作者身份的一点认识,以便此后接续前行。

一、进　　所

撰写此文时,所里正在进行一系列招聘工作,邮箱里收到竞聘人的面试报告题目信息。这离竞聘人明年的正式入职还有半年的时间,这是单位新进人才的标准化流程,不过,我当初入所,情形却有所不同。

所里的前辈王莉娟老师曾对我说:"你们三个,和其他人进所都不同的,是我们提前考察好的。"以特殊途径进所的,除了我,还有另外两位同事,前辈所说的"考察",乃是 2002 年我们参与所内举办一个国际会议期间的表现,那时我们仨都还在华东师范大学读硕士。由于国际会议事务庞杂,作为学生的我们,被临时借用来充当会务帮手,帮忙做些会场内外的活儿,如资料翻译、陪同外宾和会务报销等,来的一共 4 个,其中一个是高我一届的师姐张亮,另外两个是一起读书的同窗,其中一个是刘汶蓉,当时怎么也不会想到张亮、刘汶蓉和我,就是王老师说的特殊"三个",而我们还会成为科研工作中十几年老友;也不会想到,偶然接触的会议主题"家庭凝聚力",会成为我进入家庭研究领域的一个导向标。回想会议情形已记忆模糊,但记得初次见到前辈徐安琪研究员,她的神情既忙碌又严肃。还记得会务工作期间闹的低级错误,当时我和同伴负责登记外宾的费用报销单据,因为书写错误,同伴撕掉了这些出错的单据,作为学生的我们没经验,大家根本都没意识到这是财务管理中的大忌,事后被问起我们才大惊。不过,我们认错态度很好,在场的伙伴们都认真补写了事件说明。报销真是个让人头大的事儿,十几年了,已经是严肃的科研工作者了,我还得为繁琐的报销手续时不时"加班"苦干。

如今回想在国际会议中当帮手时的表现,包括我们的出错纠错,都是被所内的前辈们暗中考察过了。尽管学生身份的我们对此无知无觉,更不会知道,这种"暗中考察"为我们进所赢得了一个潜在的入职机会。2005年夏,我接到张亮师姐的婚宴邀请,在她热闹的婚宴上,我再次见到已享誉内外的前辈徐安琪研究员,她非常优雅地问我:"你工作有去向了吗?如果有更好的机会,那你就去。如果想来所里,可以考虑一下!我可以帮忙去推荐一下!"当时,我正在考进高校,但研究方向并不理想,这个时候听到徐老师的建议,想到她就在社科院这个平台上很有建树,就觉得进社科院来所也许更适合我,于是,欣然同意。后来参加了正式面试,2006年3月28日,当我正忙准备博士论文的毕业答辩时,收到一则短信"您已经被录用,协议书签好了,请联络何时到我处来。特告。祝答辩顺利。"就这样,我如期入职,一直工作至今。

二、团 队 成 员

详述我进所过程,也是为了说明一点,进所方式也对未来的研究工作有很大的影响。这个影响分为两个方面,一个就是研究团队,另一个是研究领域。徐安琪研究员学术声誉已隆多年,硕士期间已幸运认得她,在她身边已经有我的两位校友,初入工作单位,这种熟人关系自然会引发亲近,我自然也加入到徐老师领衔的研究团队。2006年我进所时,徐老师正在筹划家庭基础学科的系统建设工作，她在家庭研究中浸润已20多年，她对家庭研究领域可谓是了如指掌，也对家庭学的学科建设有着成熟的考虑和长远的打算，因此她对我们团队做了集体协作的工作部署，当时除了合作课题之外，我们三个助理各自负责一块，我负责《中国家庭研究》书刊，张亮负责中国家庭研究网，刘汶蓉负责《家庭研究通讯》。说起家庭学的学科建设，徐安琪老师可谓是使命担当，她深感家庭对社会乃至个人福祉的重要性，但家庭学却从80年代兴盛后转入低潮，并多年处于学科边缘位置，且家庭学的科研成果也较少在社会中应用，多年前我曾撰写过一篇家庭研究的专报，一直被她看重，时不时还被她提及，开始我以为她看重的原因是曾被市领导批示过，后来才明白她从中看到家庭研究也能走进政府决策，从而体现其应用价值。在具体的工作中，我们慢慢理解徐老师对家庭学学科建设的很多想法，这些想法也慢慢渗透到我们的研究中。

徐安琪研究员凭借对家庭的诸多开创性研究，在国内独树一帜，她是我家庭研究领域的领路人。无论在所时间还是从事家庭研究，我都算是刚刚入门，因为我进所最晚，也起步最迟，在多年的团队学术氛围熏陶下，我对家庭研究也渐渐熟悉起来。作为后辈的我们年轻一辈研究旨趣也有不同，相比之下，我对家庭结构和婚姻礼仪有较大兴趣，刘汶蓉和张亮则分别对代际关系和亲子关系的兴趣更浓，这让我们对家庭学的研究也能视角互补。后来，我们团队成员都有了自己独立负责的国家社科项目，我们便都沿着自己的兴趣去拓展家庭研究。不过，家庭学研究的新生议题也很多，家庭本身与我们自身息息相关，受制于大的社会变动，家庭也经历着或大或小的变迁，这些都是可供选择的研究议题。家庭研究的开放性视野中，我意识到当前社会对风险领域研究有强烈的需求，

图 1 《中国家庭研究》书样(2006—2014 年,团队合编书刊共计 8 卷,由上海社会科学院出版社出版)

于是,我的一部分研究兴趣开始转移到社会风险领域,也希望以后能在这个领域做出些特色来。

徐老师对我们的影响,还有研究合作的开展方式,特别是国际合作。徐老师扎根家庭学由来已久,已经和美国、日本、俄罗斯的家庭学资深人士及机构都建立了学术合作,这为我们后辈从事家庭研究搭建了一个优势平台,后来,我们与美国、日本和俄罗斯的家庭研究合作,也都有反响较好的科研成果,如与俄罗斯合作课题中,我们先后编撰出版了英文版、俄文版和中文版的专著,回头看这些国际化视野的系列成果,一种幸运和自豪感便会油然而生。

图2 中俄合作项目组合影(2014年,左一为薛亚利)

图3 俄罗斯科学院社会学所(圣彼得堡)所长专程来沪商讨"现代化进程中的家庭:中国和俄罗斯"合作研究项目(2012年,右一为薛亚利)

三、身份管理

回顾在所工作的这10多年经历，还能发现自身的一些特殊性。每个人的经历都是特殊的，但如果这些特殊不被自己所认识到，或者不会对你产生重要的影响，这种特殊性是无足轻重的。但有些特殊性却不同，它总和你自身的成长轨迹相关联，有三个情形是我在所工作期间无论如何都绕不过去的，第一，就是我进所时身怀六甲。我的这种特殊情况，大概是社会学前所未有之个案，这就要感谢这个社会学所的人文关怀和宽容氛围，记得时任所长的卢汉龙研究员从未给我过工作压力；前任副所长潘大渭研究员还曾驱车送我回家。记得当时是参加中国学论坛，会后天色已晚，他看我有孕在身多有不便，主动送我回家，那是下班的高峰时段，记得穿过人流密集的大渡河路时，潘老师紧张地说"开车，我也是刚刚上手！"当然我还要感谢团队成员，她们对我照顾不限于工作上的，还延伸到细微的生活里，女儿出生后睡的婴儿床就是团队成员们送的。第二，是著作获得出版资助。进所两年后，我的一本著作获得上海市的学术出版资助，该年度我还被评为所内优秀科研人员，这对我来说是难得的心灵安抚，我之所以如此欣慰，并不是在我之前所内未有人获得该资助，而是我当时的状态正需要鼓励，我在进所伊始就面临生育养育，这种必须付出的家庭照顾责任占用了大量的工作时间，影响了我的工作状态，有段时间我很是焦虑，会陷入怀疑自身能力的地步，这时科研成果受到重视和得到认可，这种意外就是恰到其处的激励，让我宽慰不少，也支持我后来评上副高职称，以及拿到国家社科基金项目等。第三，就是出国留学。工作多年之后，想到国外看看的想法越来越强烈，于是，也就付诸行动，强化语言培训,也幸运拿到了国家留学基金委的访问学者资助项目,顺利完成了在英国曼彻斯特大学为期一年的学术访问。从全院范围来看,受国家资助出境访问的学者为数不少,但从所内来看,在我在所期间,我是拿到国家资助访学的第一个。其实,这种国家资助的获得并没有特别意义,因为所内一直都有国际学术合作和交流的惯例,学术出访也较为平常,之所以提及此事是因为我出访回来之后,不断有年轻同事向我询问该项目的申请情况,我才意识到有很多同事也打算走这个途径到国外看看。如此说来,我的出访看起来像是开了一个小头,我也希望所内有更多同事能趁着年轻都走出去看看。

在所13年,作为一名普通的科研人员,感受所的变化莫过于人事的变化。从整体氛围来看,身边同事人数越来越多,年龄愈来愈年轻,科研能力越来越强。如果细说一点,这期间先后经历四任所长,他们领导风格迥异又各具人格魅力。我进所时的首任所长是卢汉龙研究员,他性格温和且管理宽松,让我快速融入了所集体这个大家庭。第二任领导是周建明研究员,他从国际关系所调任过来,是非社会学专业出身,但他作风严厉,非常注重基层国情调研,印象最深之处是他带全所深入西部偏远贫困村落地区做田野考察。第三任领导是杨雄研究员,他是院所调整时青少所并入社会学所后上任的所长,他管理稳健,很看重课题的精细化管理,这期间我曾申请到了国家社科基金项目。第四任所长是李骏,今年才刚刚上任,他非常年轻,但曾在香港求学多年,期待他能带来更为多元的管理方法,把社会学所带入更加光明的未来。作为一名普通的科研人员,相比于领导变动,对我们影响更直接的是同事相处,多年在所,身边的同事研究各有所长,面对面时大家有着插科打诨和嬉笑逗乐的开心,但每个人都沿着自己的发展轨迹在努力奋进，这种同事关系营造了总体积极向上的工作氛围。遗憾的是，由于所现在人员较多，举办和组织集体活动没那么容易了。

回头来看，13年在所的工作经历也不过弹指之间，但细想之下科研之路却觉得漫长。虽然我们的科研成果会因为脱离现实被批评，以切身经历来看，从事科研的人从来都不可能安逸地待在象牙塔里，10多年工作下来，我反倒渴望坐冷板凳的寂寞境界，这其实是一个奢侈的渴望，准确说近乎无望，因为现实往往相反，科研者作为一种身份带有天然的脆弱性，它总是被其他多种身份裹挟着，移民、市民、女性、女儿、母亲、恩师门下、项目成员、团队负责人、活动参与者、专业人士……诸多不同的身份中，总有些身份与学者相亲相近，又总有些身份却与学者身份相斥相左，因此，作为一名科研工作者，想成为理想中的学者，看起来就是在追求一个不确定的身份，需要个人在不同身份的拉扯推挤中去维持一种平衡，这可不是一种生活艺术，而是一种学术身份的危机管理。因此，在所工作的这些年，即使再渴望潜心修行式的学术工作，依然要去应对那些繁琐之事，哪怕是日常生活中的细小变动，都会是一个突发的困扰……我想说，这才是科研工作的真相，科研工作所受的各种牵绊，都是刺激学术研究的外在客观条件，有时构成了学术研究的某个来源或原始动力，有时是学术研究停滞不前或突获进展的意外因素。学术工作看似不沾泥土的办公室工作，但与农业种植极其相似，也是一种靠天吃饭的周期性劳动，也须在一番精耕细作之后，出"产"依然看天，所谓的"天"，就是远近距离之外各种条件和时机合力形成的不确定因素，这让学术工作在每一个细微的阶段中，也带有一种不确定性。作为一个科研工作者，就是永远要与这种不确定性为伴，且在朝夕相伴中磨炼才情、心智和能力。

说到底，快和慢都是相对，时间的流逝永远是快之又快的，但学者身份的管理却是慢之又慢的。作为一名科研工作者,正视身份管理这一常态问题时,更要想到自己渴望呵护的学者身份来自一个学术机构的赋予,上海社会科学院给了一个符号式的学者身份,相比之下,社会学所给了一个具体的学者身份,让你在仰首是春和俯首成秋的变幻中依然追求它的切实存在。因此,对待身之所依、心之所系的社会学所,要始终保持一种积极的眼光,要永远看到身边环境中的那些善意和美好,在所10多年,真心感谢社会学所给予的宽容,在此宽容之下,每个成员的成长进步和社会学所的持续发展自然相融!

所庆40周年之际,真心感谢社会学所,也感谢所里的每一位同事!

刘汶蓉
我进社会学所的那些事

刘汶蓉，女，副研究员，中共党员。1978年生。中国社会学学会、中国婚姻家庭研究会、中国社会学学会家庭社会学专业委员会理事。主要研究社会转型和发展脉络下的婚姻家庭变迁和代际团结问题，探讨家族主义文化在中国人日常生活中的现代呈现，以及中国家庭制度与社会发展、国家公共政策之间的关系。曾为美国内布拉斯加-林肯分校儿童、青年和家庭系列访问学者（2014年2—7月）。主持国家社科基金青年项目、一般项目、上海市社科基金专项课题。出版专著《反馈模式的延续与变迁：一项关于当代家庭代际支持失衡的再研究》等，在《社会学研究》《青年研究》等核心期刊发表论文10多篇，曾获得上海市第十四届（2016—2017）哲学社会科学优秀成果论文类二等奖，四次（2007年、2008年、2009年、2011年）获得上海社科界学术年会优秀论文奖。

我能成为上海社会科学院社会学研究所的一名科研人员，如果说不是纯属意外的话，也是时代的机缘巧合。虽然近20年过去了，但回首当年，踏入社会学所前后的那些人和事，仍历历在目。

一、结　　缘

2000年,我来到华东师范大学读硕士,终日在丽娃河畔游荡。因为专业是调剂的,所以对社会学几乎一无所知。但也许因为没有经历过枯燥的备考,反而对社会学充满新鲜感。一接触就被吸引,着迷于它对日常生活的另类解读,但未曾想过能以此为业。事实上,当时我对社会学的研究过程只停留在阅读艾尔·巴比《社会学研究方法》时的模糊想象。我知道从现实社会中搜集资料,是社会学与其他学科的重要区别;知道社会调查研究不同于记者的社会调查,写论文不是写新闻报道。可是,这一切是如何实现的呢?自己会有可能做真正意义上的社会学研究吗?

第一次接触社科院是去听尤尔根·哈贝马斯(Jürgen Habermas)讲座。这是一场震动上海学界的讲座,会场人山人海,那天的讲座主持人是社会学所所长卢汉龙研究员。结束后,大家都冲上台去请求签名,我和同学也壮胆前去,所以有了这张珍贵的照片。当时,上海社会科学院是沪上最著名的学术殿堂,我怎么也未曾料到自己后来会成为其中一员。

机缘突如其来。2001年10月,上海社科院社会学所"市场化转型中的青年择偶"课题在上海和成都两地做调查,我和几个同学被招募成调查员。这是我第一次接触社会学的抽样调查,也是我与社会学所缘分的开始。

虽然如何成为访员的经过现在已无迹可寻,但参加访员培训,真正走进淮海中路的社科院大楼5楼却记忆犹新。当时的大楼还没有翻修,楼道略显陈旧却泛着古朴的气息。在那里,我第一次见到了徐安琪老师,还有当时所里最年轻的李宗克老师。徐老师详

图 1　哈贝马斯讲座(2001 年,左一为刘汶蓉)

细地讲解了调查问卷的内容、抽样和入户的原则,以及执行访问的具体要求。接下来的一两个月,我拿着一份抽样名单,骑着自行车,沿着苏州河,挨家串户。那是我第一次走进上海人家,观察他们的居住环境和生活方式,与上海本地青年人对话。苏州河沿岸的旧小区,居民的住房条件黑暗而逼仄,青年人中很多没有上过大学,只是做三班倒的工人……这些真实的体验拉近了我与上海的距离。虽然被拒之门外的情况在所难免,但那时候的入户总体还不算很困难。因为年轻人多数白天在上班,所以大多时候只有周末和下班后才能去调查。如果敲开门后,年轻人不在家,我就问家长要他们子女的电话,然后打电话去另约时间。有的人会主动提出不愿意在家里接受访谈,希望避开父母,所以我们会另约地点。记得有的人约在中山公园边上的肯德基,也有的约在上班地点的附近。当时的我并没有明确的社会调查意识,但对科学研究满怀敬畏和神圣感,对能参与上海社科院的项目而感到幸运和骄傲。而且,调查遇到的新鲜事、新鲜人,为闭塞的学校生活带去了生机,从中获得的快乐大大抵消了"用热脸贴别人冷屁股"的尴尬,听更多人的故事甚至成为我骑车横跨上海的动力。回头看,这次调查其实是我日后从事家庭社会学研究的启蒙。

二、求　职

2002年6月,徐安琪老师筹备召开"家庭凝聚力国际研讨会",当时已经在社会学所就职的张亮师姐介绍我、薛亚利和孙苑芳去做志愿者。我被分配到的任务不仅是会议召开期间的服务和外宾接待,还有会议资料的翻译。其中,我负责翻译的约翰·德弗雷(John DeFrain)和大卫·奥尔森(David Olson)教授的主旨发言稿《美国婚姻和家庭面临的挑战——社会科学家的对策》,后经郑乐平老师校对,发表在《江苏社会科学》,并被《新华文摘》全文转载。这对我来说是一种极大的鼓励。会议期间,我发现徐安琪老师异常疲惫,甚至怀疑她有重病在身。有一次,看到她步履维艰地上楼,但当我去扶她的时候,她却淡然地笑了笑,说:"不用,我只是这几天有点儿累。"虽然没有更多的互动记忆,但她的坚毅和勤勉就此成为社科院社会学者的代表形象,深深印入了我的脑海。在我后来与徐老师共事的10多年中,她始终心无旁骛地为工作倾注全力,其人生姿态之纯粹一直令我神往,却又难以望其项背。

研究生二年级结束后,同学们都在为将来的工作寻找方向,多数人首选做公务员。有了之前与社科院老师交往的经历,我产生了走学术道路的渴望,希望从事一份"充满自由、智慧和灵性"的工作。带着这种简单的想法,抱着试一试的心态,2002 年 8 月 25 日,我写邮件给徐安琪老师,表达了想进社科院从事社会学研究的愿望。写信的时候一腔热血,但信发出去后却很忐忑,因为突然意识到自己连社会学所是否有招聘计划都不知道,就贸然打扰,也许太过唐突了。但令人欣喜的是,第二天就收到了徐老师的回信。她不仅肯定了我从事科研工作的道路选择,还热情洋溢地表达了欢迎之词,并且说如果推荐我进所不成功,还会推荐我去其他单位。接到这封信,心灵感受到的震动和温暖无比强烈。我在当天的日记中写道:"这封信不但解决了我的工作难题,而且极大地鼓舞了我,增强了我的自信和奋斗志向,更加深了我对社会学研究事业的热爱。"就在那一瞬间,我感到了人生理想的召唤和压力,"在社会学领域耕耘一生"这个想法一下子安顿了我焦躁的心灵。虽然现在看来,这种安顿其实很脆弱,精神困境和摇摆仍常以各种面目来袭,但当时这个理想和承诺真实地终结了我学生时代对职业的彷徨和焦虑。

后来,据当时的办公室主任王莉娟老师说,我求职之所以顺利,其实是因为在我们几个学生为家庭凝聚力国际会议做志愿者的时候,就已经通过了考察。整个研究生的三年级,我安心写毕业论文,参与徐老师一些课题的文献资料搜集和整理。期间,去徐老师办公室偶尔会碰到郑乐平老师。郑老师为人低调谦逊,讲话平和缓慢,每次碰到都会很关心地询问我近况。后来,郑老师邀请我和他一起翻译《人际沟通技巧》(作者:马修·麦凯、玛莎·戴维斯、帕特里克·范宁)一书。全书共二十一章,我承担其中七章。我在 2003 年夏天正式入职前完成了翻译的初稿,但校对花了很长的时间,该书一直到 2005 年才出版。出版社专门找了一位老专家李国海老师进行校对。李老师家住宝山彭浦新村,因为他不会用电脑，所有修改都是写在打印稿上的。记得我有几个周末到他家和他讨论翻译修改，常常一天只能解决几个问题，因为每一个问题都要花很长的时间进行讨论。李老师会翻出各种字典作比较和推断，直到满意为止。说是讨论，其实我起到的只是辅助作用，只是确定上下文的情境是否通顺，而对于语言本身，无论是英文还是中文我都无法发表专业的意见。这种感觉让我既沮丧又窃喜。沮丧于才疏学浅，学习道路之漫长；窃喜于命运眷顾，能有幸进社科院工作，和这些敬业又专业的前辈一起工作。

三、面　　试

用"未见其人、先闻其声"来描述当时的副所长潘大渭老师，真是再恰当不过了。毕业前夕，有一天，在学校宿舍接到社科院老师的电话，让我寄送一些求职材料。对方笑声之明亮，让电话听筒一米以外的人都听得一清二楚，"……哈哈！我叫潘大渭！不是'伟大'的'伟'，我可没有那么伟大哈……就是你吃饭的那个'胃'加三点水！哈哈哈!!"就这样，我在笑声里记下了材料递送地址和面试时间，开始了欢乐的入职过程。

当时没有求职报告制度。在面试会上，我甚至不记得是否讲了自己的硕士论文，以及未来的研究方向，更别提要完成多少发表或课题工作的承诺。我只记得在场所有老师都笑意盈盈，或眉飞色舞或喜气洋洋，气氛欢快极了。大约有老师询问了我工作以后住在哪里、家里父母兄弟姊妹的情况等。我均不知所以地小心翼翼作答，猜测问题背后到底有何深意。欢声笑语很长一段之后，终于有一位老师提出让我谈谈对社会学理论和研究的认识。记得自己当时只好硬着头皮背诵教科书，大概是围绕社会唯实论和唯名论两大范式讲了孔德、涂尔干、帕森斯、韦伯。观点当然是大而无当甚至含混不清,自然是越讲越心慌,正在心下嘀咕是不是还要继续讲,说说更不懂的库利、戈夫曼和符号互动论。突然,夏国美老师开口说:"可以啦!人家小姑娘都讲到韦伯了!"稍顿,见会场诸位老师有些愕然,她接着用掷地有声的口吻说:"我们社会学所女同志少,我非常欢迎你的加入!希望你进所以后能愉快工作!"然后大家纷纷表示赞同,面试就结束了。当时的我虽然懵懂,却已经再一次感受到了社会学所氛围的平等、宽容,老师们各有风骨,却始终以真诚、友好、亲切、没有身份等级和距离的态度对待年轻人,这足以构成我热爱这个集体的理由。

四、成　长

入职以后,所领导为鼓励青年人尽快成长,为我提供了很多学习和锻炼的机会。2004—2005年,所里安排我去了上海市精神文明建设委员会办公室挂职,去了香港科技大学参加"全国首届GSS高级统计讲习班"学习,还去柳州做了一个世界银行项目的社会评估调查。这些经历都在我人生轨迹里烙下深印,当时结识的人、遇到的事一直到现在也依然清晰可见。

2006年,徐安琪老师正式组建家庭研究中心。为了推动我国家庭学学科建设,传承和提升我所家庭研究的地位和影响力,徐老师设计了一整套包括课题研究、国际合作、学术会议、资料整理、公众传播等活动方案,并倾力创建了全国性的学术服务平台——中国社会学会家庭社会学专业委员会。这是一项艰巨而意义重大的事业,我有幸参与整个过程,在这个过程中慢慢积淀成长,慢慢体会做学问和做人的道理。除了我,中心专职的青年人员还有张亮、薛亚利。我们3个各有分工，但经常3个人加起来出活的速度还比不上徐老师一个人。记忆中，徐老师从来不讲大道理，但对我们写出来的东西每一个字都会仔细阅读，提意见，甚至一遍又一遍地修改，有时候她几乎是自己重头写过。徐老师为了实现振兴家庭研究的计划，每天十二三小时，几乎是没日没夜地工作，但每次见面，在讨论工作之余都会花很多时间听我们诉苦，讲生活中的鸡毛蒜皮琐事。像传统的师徒制那样，徐老师在一个一个具体项目，一件一件具体事务中传、帮、带，扶着我们在学术道路和人生道路上成长。

在徐老师的带领下，家庭研究中心成为我国家庭研究的旗帜，身为其中一员的我也收获了许多学术自信。特别有感悟的是，一个好的课题研究对青年科研人员成长的重要性。2007年，我全程参与徐老师国家课题"城乡比较视野下的家庭价值观变迁研究"，从问卷设计、调查执行、数据清理，到数据分析、论文撰写，再到2013年最终专著出版，一共用了5年时间。这期间，我用这个项目的调查数据发表了5篇论文，并完成了博士论文。而且，在博士论文写作过程中申请到了国家社科基金青年项目。整个课题组更是发表了19篇C刊和SSCI中期成果论文。总结经验来看，如果这个课题不是徐老师把控严格、前期准备充分、问卷设计合理、调查督导严格、数据清理仔细，恐怕难以取得这些成绩。因此，那些枯燥的文献阅读、资料翻译、指标讨论、数据核实至关重要，但往往因为这些工作时间长且暂时看不到成果，而对年轻人的耐心、信心和毅力产生挑战。回头看，在我们家庭研究中心，正是彼此的友谊和凝聚力克服了这些困难，让枯燥的光阴充满快乐。

现在想来，研究越是进行到后期，越会发现积累文献和跟踪学术前沿的重要性。当时，徐老师带领我们中心成员每年出版一本

图 2　家庭研究中心项目结题合影
（2013 年，左起为张亮、徐安琪、刘汶蓉、薛亚利）

《中国家庭研究》（共出版了八卷），不定期刊发《家庭研究通讯》（共刊发了 28 期），里面大量内容都是翻译和介绍国外优秀的婚姻家庭研究，而且对美国《婚姻家庭杂志》（*Journal of Marriage and Family*）每一期的目录都做了翻译。有过翻译经验的人会知道，翻译要经过逐字逐句、准确理解、严谨表述的过程，而这对论文写作时候的逻辑严密、文字精准有很大的帮助。虽然现在的学术评价体制不鼓励翻译，但许多同行私下交流时依然认为，年轻人要想进入某个研究领域，最好的办法就是认认真真翻译这个领域的著作或论文。

《中国家庭研究》年刊和《家庭研究通讯》电子期刊，除了翻译介绍国外经典和前沿研究成果之外，还汇总国内家庭研究新作、会议综述等。另外，我们还组织召开了很多国际国内研讨会、讲座，还从

2006年开始每年评选年度国内十大家庭事件,坚持做了11年。这些工作虽然受到学界的充分肯定和好评,对于提升家庭研究中心、社会学所的影响力有很大的作用,但因为社科院考核制度改革,这些工作无法计入考核评价范围,慢慢成为困扰中心成员的难题。虽然每个人的学术领悟和成长经历不同,但就我个人而言,能得到如此高效、敬业和有影响力的学术前辈的引领,能在一个如此团结和有战斗力的学术团队中工作,人生收获和感激之情绝非言语所能表达。

五、结　　语

当然,回首我的经历,有时代的特殊性。入职时上海的社会学博士教育刚刚起步,硕士毕业就有进入研究机构的机会。当时的学术研究和管理还没有高度专业化,没有严格和激烈的项目竞争、发表压力,也没有很多的横向课题、交办任务。经济收入不高,但工作氛围相当自由、开放和宽松。当时的考核要求只是每年累计有1.3万字的文字成果,且并未要求必须发表,内部研究报告也算。因为没有着急出成果的压力,所以进所以后,反而能安心以学习和积累为主,也算是度过了人生中最美好的一段时光。

"交情未曾改,天地忽趋新。"转眼间,我已经是目前社会学所最老的在职人员之一。一路走来,得到所里太多老师的帮助和支持,也收获了太多同仁的友谊和真情。人到中年,彷徨减少但奋勇之心也渐少。在庆祝本所成立40周年之际,回望来时路,重拾初心,倍感触动。那些个性鲜明、宽容、敬业而优雅的前辈们像一盏盏明灯,照亮着社会学所的过往和前路,也指引着我辈继续前行。那些被鼓励、被支持的画面再次驱赶我的怠惰,让我直面自己初涉社会学时那颗怦动的心。

夏江旗
读研三年琐记

夏江旗，男，中共党员。1979年生。主要研究领域为城市治理、历史与经济社会学、社会理论与政治哲学。主要研究论文包括《马克斯·韦伯的遗产》《对"价值无涉"方法论的检讨——兼及马克斯·韦伯的学术失误》《上海-香港：居民对居住空间的理解与使用》《生死关怀在现代政治哲学中的展开》《〈中庸〉教与新政治科学》等；译著包括《东周战争与儒法国家的诞生》（赵鼎新著）等。主持"上海构建新型社会治理体制研究""黄浦区加强城市管理精细化工作三年行动计划（2018—2020）"等市、区课题10余项，先后参与2010年"上海世博会对社会建设的启示"、2011年"社会管理体制创新"、2014年"创新社会治理、加强基层建设"等中共上海市委年度重大专项调研课题的研究工作。在《上海行政学院学报》《毛泽东邓小平理论研究》《科学发展》（上海市人民政府发展研究中心）等期刊发表论文多篇。多次担任上海市闵行区、杨浦区社会建设工作领导小组办公室年度创新项目指导专家。

2000年，我进入社会学研究所攻读硕士学位。当年上海社科院招进的硕士研究生有五六十人，社会学所只招收了我一人，其他所大多在两人或两人以上，因而被所里老师和同届其他专业的同学戏称为"独苗"。

"独苗"学生有着"独特"的压力。比如，有事一般不好意思请假，学生就我一个，如果请假，授课老师就要为了我一人暂停或调整当周的课程，影响老师的时间安排，便不免心生惶恐。当时老师们一般在自己的办公室授课，一师一生两人面对面，中间仅隔一张办公桌，偶尔遇到自己预习准备不足，又无其他同学可以引以为傲的，难免感到紧张。有时上课时间安排在午饭后，正是容易犯困的时间，就只能强挺着昏昏欲睡的脑袋，努力屏住不与周公见面。到了二年级时，下一届又招进了一名学生，有些课程终于可以有人"青春做伴好读书"了，有时外所的一些研究生也会慕名来我们所旁听专题课，整个课堂气氛就更加轻松热烈。

我们这届社科院研究生的学生宿舍更换了三处地址。当时入读时正逢我们院与上海交通大学联合培养研究生，于是第一年住在交大闵行校区。同届50多名研究生编成两个班，交大配备了班级辅导员，英语、政治和科学哲学等公共课程就在交大修习，由交大教师授课。在交大学习时，同学们平时喜欢在思源湖畔读书、散步、聊天，或者在图书馆查读资料。交大闵行校区图书馆有个特别之地——电影资料室，在网络不甚发达的当时，可以观看到不少经典电影。交大还有一个全国高校中顶尖的大学生交响乐团，每个学期在闵行校区举办两场交响音乐会，起初我和几位同学半是好奇半是附庸风雅地去听，不曾想被乐团艺术总监曹鹏先生诙谐通俗的指挥风格所吸引，直到工作后还去听过曹先生担任指挥的几场音乐会，这应该是在交大一年间留取的最美好的回忆之一。

研二时我们搬回到院本部住宿。男女生都住在三楼，研究生部办公区和学生活动室在五楼,就是现在我们社会学所和原来中马所的办公区。当时研三的学生和博士生也住宿在本部楼内,学生一多,整个研究生部也就热闹起来。记得2002年韩日举办足球世界杯期间,一大群学生每晚聚在院内草坪的空地上,支上一部老彩电观赛到深夜,赛况激烈紧张处,院内一片"加油"声"轰鸣",震动四邻。

住到院本部之后,与所里的联系非常方便,也与老师们慢慢熟稔起来,特别是入所工作不久的吴愈晓、梁海宏、李宗克等几位年轻老师,有一次我们一起去吴愈晓老师家串门,兴致来了,四个人冒着细雨打起了篮球。与此同时,所里老师们也开始给学生增加更多的学习和研究任务,所里的不少学术会议也可以经常来参加旁听,在很短的时间内就让人开始真切地感受到社科院浓厚的学术氛围。

研究生毕业时与老师和同窗合影(2003年,后排右一为夏江旗)

进入研究生三年级前夕,顺昌路的研究生部大楼建成,本部的全体学生也随之搬到那里,我们这一届学生也因此成为最后一届在院本部住宿过的学生。顺昌路宿舍距离院本部不远,就经常步行往返于两地之间。这段不远的路程要经过马当路周边成片的旧式里弄、上海著名的地标——新天地、复兴路历史风貌区、繁华的淮海路商业街,往返穿行其间,有时也驻足逗留,正是了解上海城市特点和社区生活样态的好机会。留意观察社区生活,既是社会学学科的独特要求,也是导师卢汉龙老师所一直谆谆教导的。2002年夏天,在卢老师的安排下,我有幸参加了耶鲁大学、香港中文大学和我们所联合组织的青年学者田野调查工作坊活动,调查主题就是香港和上海两地社区公共空间和居民生活方式的比较研究。在香港为期半个月的社区调查,让我第一次对香港的住房问题有了亲身感受。一个月的工作坊活动结束后,我把在两地的调查发现写成了一篇论文,投给了《社会》杂志,成为自己正式发表的第一篇学术文章。

2003年上半年我们进入了毕业季,当时正碰上"非典"疫情,外出找工作和实习都变得困难起来,大多数同学就只好老实待在宿舍打磨毕业论文,也因此,可能除了社科院恢复重建初期培养的一届研究生之外,我们那一届同学中留院工作的人数可能是社科院历史上最多的一届。至于学位论文的选题,要特别感激卢老师的宽允。卢老师以往指导的研究生学位论文选题均是应用社会学方面的,我出于自己的爱好和既有积累,选择了西方社会思想和韦伯社会学方法论之关系这一题目,确实不合规矩。记得工作之后所里请中国人民大学的郑也夫教授来作讲座交流,与郑老师闲聊到此事,郑老师打趣说,在社科院系统做社会学学位论文,你能选这个毕业论文题目,说明卢老师和你都是"浪漫不羁"的人。眼下整个中国又处在一场疫情的笼罩之下,愿这场厄劫早日结束,人们能够尽快重新恢复"浪漫不羁"的生活。

华　桦
一路风景　一路向前

华桦，女，副研究员，中共党员。1979年生。在《中国教育学刊》《教育科学》《教育发展研究》《青年研究》《中国青年研究》等刊物发表多篇学术论文，出版专著《教育公平新解——社会转型时期的教育公平理论和实践探究》《教育公平论》，译著《童年的未来》《为了孩子的缘故》。承担国家社会科学基金项目、上海市哲学社会科学规划一般课题、上海市"晨光计划"及各委办局课题多项。曾获法国外交部和人文之家基金会提供Hermes博士后项目资助，参与法国国家科学研究会资助课题"法国华人宗教"，与法国国家科学研究中心宗教、社会和政教关系研究所保持长期合作交流。获2011年度"上海市青年五四奖章"。

上大学的时候，乘车经过淮海路，经常看到一家"紫澜门"的女装店，旁边是三联书店和马可·波罗面包店，对面是邓记传菜。几家店包围着一条弄堂，往深处走，尽头就是上海社会科学院。过去10多年间，邓记传菜变成了黔香阁又换成了麻辣诱惑，最后消失不见，紫澜门的店面也早换了好几茬租客，马可·波罗面包房已然退场，但三联书店、光明邨、哈尔滨食品厂依然与社科院为邻。

2007年从华东师范大学教育学系毕业后，我进入上海社科院青少年研究所工作。在社科院的日子，大多数时间是在二楼的社会调查中心度过的。235乙是一间空间很高的办公室，长长的、阔阔的，透过玻璃窗，能看到一整片的绿阴。那时候社科院的食堂5元钱一餐，菜色普普通通，但西点颇为不错，西番尼、牛奶布丁好吃不贵。中午吃完饭可以去长乐路兜兜，2007年、2008年长乐路还开着不少店，虽然不复声势最盛的时候，但与现在的冷落萧条有天壤之别。复兴公园里的钱柜KTV，很是热闹过一阵子，也成为我们工作之余休闲放松的好去处。

从学校到工作岗位，我深刻感受到研究应用于实践的重要性。如何完成各种各样的课题，成为工作中的重要挑战。对于刚毕业的学子，无论在理论与实践相结合上，还是对政策的理解和把握上，都需要不断地学习和成长。在工作中，接触到了政府的不同部门，了解并参与了一项项政策、规划、指标的形成，也体悟到了发挥研究的专业性、服务政府、服务社会的价值所在。同时，作为一家立足上海、面向全国、走向世界的科研单位，社科院也为青年科研人员的不断成长提供了助力。

2008年，我获得法国外交部和人文之家基金提供的HERMES项目研究资助，在法国巴黎法国国家科学研究中心（CNRS）下属宗教、社会和俗世性研究所（GSRL）从事博士后研究，参与"法国华人宗教"课题，主要关注巴黎华人留学生基督教信仰，加强了与国外学者之间的交流。2013年，该课题获得了法国国家科学研究会资助，作为课题的国际合作学者，我于2014年受邀再次到巴黎进行田野调查，并于2016年参加结项国际研讨会。在法国期间，除了从事专业研究之外，我也深深被多姿多彩的法兰西文化所吸引，无论是在与法国人的日常接触中，还是流连于博物

调查中心同事合影(2009年,右三为华桦)

馆或是沉醉于塞纳河时,法国对传统文化的良好保护和传承给我留下了深刻的印象。在法国街头时常可见的建筑护栏昭示着法国对古老建筑的精心修缮和维护。巴黎地下如迷宫般的地铁通道,让我时时感叹如此便捷的交通竟丝毫没有破坏地面上完美的景致。站在市区中心,看孩童们在有着几千年历史的竞技场上欢腾玩耍,感受历史如此亲近地扑面而来。曾经花大量的时间游走于巴黎的郊外,去探访卢梭的退隐庐、凡·高的墓地、莫奈的故居,感受斯人已逝,精神永存。更喜欢徜徉在蒙帕纳斯和拉雪兹公墓,放眼望去,一片灰白,满目璀璨,体验瞬间与永恒。

最近5年,我研究工作的重心主要放在与新高考改革和教育机会平等的领域。这本就是与我自身专业相关并一直持续的研究。虽然过去出版过两本教育公平的著作,但一直深感对教育公平的研究太过空泛、流于理论,缺乏实践载体。正值2013年、2014年中央和国务院颁布了深化考试招生制度改革的文件,2014年上海启动了新高考改革试点,与此同时院里的招标课题中也出现了相关内容,成为我研究教育公平问题的新契机。在杨雄老师的鼓励下,我申报了院课题,此后的国家社科基金和上海哲社课题都是围绕这一议题展开。除了在上海的调查研究外,我先后赴台湾师范大学、政治大学从事基于上海和台湾比较的高考制度改革与高等教育的机会平等探究。通过过去几年对两岸高考模式变迁的持续关注,更加感受到两岸高考改革在文化和社会心态上的相似性。同时,也进一步发现,在高考形式渐趋相似的表象下,在制度设计的深层逻辑和影响效果上,实则不同。因此,两岸的高考改革走向,在某种意义上,无论是"形"还是"神",都存在较大差异。在台湾的访学,不仅补足了我之前在研究材料上的不足,也体验到生活中无处不在的"小确幸"。无论是师大的夜市、台大的汀州路,还是政大校门口因苏打绿走红的"政大茶亭",都给访学生活平添了烟火气和幸福感。

  在青少年研究所时,有不少同事是社会学专业毕业。在社会学研究方法上时常向他们请教,从一个统计小白慢慢积累和学习,获益良多。青少所与社会学所合并之后,熟识了更多擅长社会学不同领域研究的同事,进一步了解了更多社会学理论和研究方法。2015年沾李煜老师的"光",到西安交大参加了"实证社会科学研究方法夏季研讨班"。还"蹭过"整整一学期李骏老师为研究生开设的统计课。虽然统计总是屡学屡忘,但因着周围诸多同事提供优秀的智力资源,于我而言定量研究至少也慢慢变成了"熟悉的陌生人"。

记得刚工作的时候,姚佩宽老师正好退休。235办公室里,陶希东老师、刘晓明老师、我、刘程、何芳、李友权在一块儿工作。杨雄老师在五楼所长办公室,常常兜下来看看我们"在不在"。后来,大雷、晓兰、虎祥也加入了社调中心。现在大家都搬到了五楼,各自在不同的办公室。尽管不复大办公室的热闹,但平添了互相串门的机会,倒也自得其乐。刘晓明老师退休后仍在社联办公,也常常得见。

10多年,仿佛倏忽而过,楼下的两棵广玉兰依旧繁茂,大家也依然忙碌着,在这院子,在这楼里。

朱志燕
社会学所的高光时刻

> 朱志燕，女，文化人类学博士，中共党员。1979年生。英国利兹大学访问学者。主攻新疆问题研究，侧重民族志研究方法，重点关注族群、群体关系、族群认同、族群政治等研究主题。先后主持国家哲学社会科学基金、上海市哲学社会科学基金、中国博士后科学基金、国家民族宗教委员会等多个研究项目。多篇论文发表于《广西民族大学学报》《中南民族大学学报》《青海民族研究》等民族学领域重要刊物。

己亥2019年是我就职于上海社会科学院社会学研究所的第八个年头，在这说长不长、说短不短的8年之内我有幸亲身经历与见证了社会学研究所折桂"上海社科院庆祝新中国成立70周年十月歌会"的高光时刻！对于一所以从事社会科学研究为使命的科学研究机构，文艺领域的成绩好比某位学术大师的个人"兴趣爱好"一般本无甚值得引以为傲的资本，但是"台下一分钟，台上十年功"，歌会夺冠背后全体社会学所人的团队合作力、合唱练习负责人的敬业组织力，甚至每一次排练中合唱成员的快速领悟学习力及认真严谨的行动力都曾一次次地触动到我。

记不清曾几何时看到过这样一句话：搞科研将获得与所有其

他工作不同的奖励——你能遇到这个星球上最聪明的人,并与你共事;你会发现你周围的人的确不简单,都有令人非常佩服的一面,可能再"混"日子的人跟一般人相比也有一份自律和坚持;虽然每个人的天资和基础不同,可能各有差异,但不努力就可以完成任务的还真没有听说过。大家都比较训练有素。所以这是一个可以相互约束、相互见证、共同进步的群体。也许有人会觉得我在"过度阐释",抑或是文人的自我标榜,但是在近20次持续3个多月的排练过程中我确实一次次的感触良多。记得从第一次练歌时绝大多数人的"南腔北调"到经过指导老师用心指导每个人逐渐向"准专业"合唱慢慢接近的过程中,我不但看到了同事们对于新知识、新技能的不凡学习力,也感受到了每一个人勇于挑战自我、突破自我的人生态度。特别是最后一个月的多次密集练习,更让我看到了社会学所同仁克服学术、家庭多方繁忙工作、困难,认真做事的

图1　社会学所合唱队登台亮相的瞬间

行动力和为社会学所大局着想的团队公心。

持续3个多月的合唱准备过程带来的感想良多,当然,其中2019年9月26日下午社会学所合唱队登台比赛的那一刻给我留下了最为深刻的记忆。整整一天的化妆、彩排、候场、上场、夺冠、颁奖体现出了平时少有的仪式感,非有亲身经历者难以体验。现在还能清楚回忆起自己临近上场比赛时的紧张感、在台上镁光灯下歌唱时完全忘记自己存在的那种忘我感、听到社会学所夺冠消息时情不自禁欢呼雀跃的兴奋感。好在有擅长摄影的同仁及时拍摄下这些珍贵的照片,保留下了社会学所的高光时刻。

图2 主持人宣布社会学所夺冠的瞬间

何谓理想的工作岗位?我想能够实现个人的兴趣追求、在这个工作岗位上能够让自己看到更多值得自己学习与效仿的同事,以及周围的人能够体现出更多的值得尊敬的宝贵特质,通过从事这份工作可以时时找到激励自己在漫长而平淡的人生道路上继续前进的动力、激情足以。上海社会科学院社会学所在很大程度上正是我理想的工作之地！

李 骏
相知相遇 20 年　思海扬帆再启航

　　李骏,男,研究员,中共党员。1980 年生。现任社会学研究所所长。毕业于香港科技大学,主要从事当代中国社会研究,包括社会分层与流动、城市社会学、劳动社会学等。近年来在《中国社会科学》《社会学研究》《社会》Chinese Sociological Review、Research in Social Stratification and Mobility 等中英文学术刊物上发表多篇论文。曾获中国社会学会和上海市社会学会优秀论文一等奖,上海市哲学社会科学优秀成果三等奖,2013 年度上海社会科学院"张仲礼学术奖",2014 年度上海市"浦江人才""曙光计划""社科新人",2015 年度上海市"青年拔尖人才"以及 2019 年度全国"青年英才"等荣誉。为上海市徐汇区第十四届政协委员、上海市第十二届青年联合会委员、中国社会学会理事、中国社会学会城市社会学专业委员会副理事长、中国社会学会社会分层与流动专业委员会理事、上海市社会学学会理事。

　　社会学所成立于 1980 年,我出生于 1980 年,似乎冥冥之中,我们的命运轨迹注定相交。

一、学　　生

2001年底,我正大四,获得了保研的资格,等着直升母校华中师范大学社会学系的硕士生。一次在图书馆浏览全国研究生院信息时,偶然看到上海社会科学院的名字。对于一个生长于湖北、已经在武汉待了4年的年轻人来说,似乎看到了一个闯荡更大世界的机会,于是即刻电话联系了社科院招生办。当时APEC峰会即将召开,上海再有几天就要放假,而社科院接收推免生的截止日又即将来临,时间相当紧张。我按照郑乡明老师的嘱咐,第二天就带着材料坐着火车直奔上海,来到社会学所面试。面试的是卢汉龙、潘大渭等老师。结束后我正心怀忐忑,潘老师拍拍我的肩说:"小伙子,欢迎你来社会学所!"从此,20年的缘分就这样结下了。

2002年9月,我来到上海交通大学闵行校区报到。因为社科院与交大合作办学,研究生第一年在交大住宿和学习,之后再转到本院研究生部(当时是在顺昌路,柳州路分部还在建设)。在闵行交大时,印象最深的,除了思源湖畔,就是从莘庄到校园的那段"莘闵线"。当时地铁一号线只到莘庄,将淮海路总部与闵行校园连接起来的,就是地铁加这段公交。我清楚地记得,公交很破旧,等候时间很长,半路还会抛锚,而现在轨道交通五号线已经从莘庄延伸至奉贤,上海的基础设施建设大发展可见一斑。在顺昌路时,印象最深的,是骑车去总部经过复兴路-思南路时所感受的"梧桐秋影",那是上海一年中最美的时光,也是这座城市的一段经典人文生活景象,以至于我们班的毕业DV还特地加入了这个镜头。

回忆这三年,具体的学习和生活场景好多都已经淡忘了。但幸好我养成了存档的习惯,打开电脑中许久未动的文件夹,里面安静地躺着两份发言稿,或可作为总结。

一份是我在2004年研究生总结及表彰大会上的发言(时任研究生部领导的是魏茂娣老师,写作这篇短文时突然获知她因病去世,甚为惋惜),截取片段如下:

学生工作的压力并未挤占我的学习时间,相反却激发了我的学习斗志。在专业知识的学习和内化过程中,我从一年级起就有意识地进入研究型学习阶段,并把研究型学习和学习型研究相结合,最大限度地利用社科院的体制优势和研究生部的组织特色,取得了一定的成绩:第一学年,我参与了2项调研课题,发表了4篇专业论文;本学年,我共参与了5项调研课题,撰写了3篇调研报告,发表了3篇专业论文。其中某合作论文被人大复印报刊资料全文转载,某参会论文在刚刚召开的上海国际慈善论坛上交流。

另一份是我在2005年毕业典礼上的发言,截取片段如下:

三年前,当我们终于渡过那段艰难的"考研"历程,步入坐落在闻名遐迩的淮海中路的这方天地时,我们是欣喜而好奇的。从那一刻开始,每一名入学新生的个体生命历程,都与享誉全国、蜚声海外的上海社会科学院建立了永生永世的血脉联系。三年来,我们徜徉于闵行交大诗画般的写意校园,陶醉于顺昌路校舍多功能一体化的便捷生活,我们奔波于院部、分部、研究生部和图书馆,经历了繁忙的学业、课题、集体活动与社会实践。在上海这座充满朝气的国内一流的现代化国际大都市,我们观察、记录、比较;在上海社会科学院这座神圣的学术殿堂和人文社科研究基地,我们阅读、思考、写作。我们就像一群"文化苦族"之路上的行者,用勤奋和智慧去阅读21世纪之初中国社会转型进程中的风景变幻。

如今再看这两份发言,赫然发现,原来20年来我的生活是何等相似地与科研联系在一起,我的生命又是何等牢固地与上海联系在一起,而两者的交汇点,正是上海社科院。

图 1　社会学所硕士毕业论文答辩会(2005 年,后排左一为李骏)

二、学　　者

2005 年,作为优秀研究生和毕业生,我留院留所工作了,从科研序列的最基层研究实习员做起。记得刚参加工作,我就协助导师卢汉龙所长举办了"中国城市研究网络(UCRN)年会"。这应该是我第一次参加国际会议,虽然是以会务者的身份。当时,直接用英语发言交流、动辄提到新理论新方法新模型的国外知名教授和国内青年学者给了我相当大的震动。于是,一个想法自然而然地诞生了,我要考博,而且要去海外。

可想而知,难度很大,深思熟虑后决定申请香港的大学。在社会学所原副所长吴书松老师的引荐和郑乐平等其他所内老师的帮助下，经过一年不到的紧张准备，又是考雅思，又是反复思考、写作和修改研究计划，最终在2007年被香港科技大学社会科学部录取。回想起来，有两个场景记忆犹新：一是在春节前临近申请截止日的一两周内，我在出租屋里不知熬了多少个通宵；二是在4月电话面试的那一天，我在办公室不知等了多少个小时。

我虽然又重新成为一名学生，但因为有两年的工作经历，对研究的感悟自然与身边的同学有所不同，再得益于香港科大社科部在中国研究和量化研究上的一流师资力量，加快了我迅速成长为一名学者的步伐。

2009年，我的一篇课程论文《住房产权与政治参与：中国城市的基层社区民主》有幸发表在《社会学研究》上，实现了零的突破。之后，又在这本国内社会学顶级期刊上发表《中国城市劳动力市场中的户籍分层》，并在国内社会科学顶级期刊《中国社会科学》上发表《收入不平等与公平分配：对转型时期中国城镇居民公平观的一项实证分析》，这两项研究也都是在香港读博期间完成并发表的。

2013年初，在时任所长周建明老师的关心下，我从香港回到上海社科院社会学所工作，当年年底晋升副研究员。之后，一刻也没有放松。除了继续在《社会学研究》上发表《组织规模与收入差异：1996—2006年的中国城镇社会》《城乡出身与累积优势：对高学历劳动者的一项追踪研究》《非稳定就业与劳动力市场分割：对内地与香港的比较研究》等论文，又在《社会》上发表《中国高学历劳动者的教育匹配与收入回报》，还在SSCI和CSSCI期刊上发表一系列论文。期间，也连续获得了上海社科院张仲礼学术奖和上海市浦江人才、曙光计划、社科新人、青年拔尖人才等多项荣誉或资助。一时间，我成为别人口中的"优秀青年学者"甚至是所谓的

图 2　香港科技大学博士毕业典礼(2012 年)

"帽子学者",但个中辛苦,唯有自知。2018 年底,我晋升研究员。

回忆这段经历,我两次晋升时两本代表作的后记作了最好的总结。

在 2013 年出版的《住房产权与政治参与》一书后记中,我写道:

> 本书得益于我的第一次境外学习经历——在香港科技大学社会科学部所接受的严谨的社会科学研究训练,尤其是我的导师吴晓刚教授在他的一系列研究生课程上所传授的理论与方法知识。自从硕士毕业踏上研究岗位后,我就一直感觉"书到用时方恨少"。因此,能有机会到以定量研究和中国研究著称的香港科技大学社会科学部攻读博士学位,我深感荣幸。在科大的 5 年光阴,将是我一生中最难以忘怀的岁月。

本书是在我的第一个工作单位——上海社会科学院社会学研究所——完成的。作为地方最大的社科院,上海社科院学科门类齐全,是一个有历史、有大家的地方。我在社会学所读书、工作的这几年,遇到了许多良师益友,得到了很多关心帮助。从科大毕业回来后,所领导、所学术委员会也给予了我很大的支持,并欣然同意资助本书的出版发行。对此,我不胜感激。

本书的研究经费来自我申请到的第一项哲学社会科学规划课题——"住房私有化对城市基层社区民主的影响研究。"这其中还有一个小故事。我的这个研究计划,本来是用来申请国家哲学社会科学规划课题的,但只过了第一轮盲评,而没有最终入选。因此,我衷心感谢上海市哲学社会科学规划办公室的肯定,使这项研究不至于被湮没。

本书的核心观点首次发表于我在《社会学研究》上的第一篇研究论文——《住房产权与政治参与:中国城市的基层社区民主》。据我所知,这篇论文当时在编辑部引起了不小的争议,几经讨论,并且在我写了一封长长的答辩信并顺利通过外审之后,才最终得以发表。在这个过程中,我深刻地感受到了编辑部专业、严肃、民主的工作氛围,使我对国内社会学的一流学术刊物充满了信心。

在 2018 年出版的《中国城市劳动力市场的变迁与分层》一书后记中,我写道:

对学术研究者而言,除了接受良好的研究生训练,博士毕业后 5 年对职业生涯的发展也至关重要。这本书,就集中反映了过去一段时间以来,我在香港和上海两地持续关注的一条共同研究主线。

……

写下这些文字,才惊觉自己竟已年近不惑。10 年前的 2008

年,全球次贷金融危机爆发,我在上海至香港九龙的跨境列车上被南方暴雪困了50多个小时。20年前的1998年,香港尚未走出亚洲金融风暴的阴影,我从鄂西北的小山坳出发乘一夜的绿皮车到武汉上大学。30年前的1988年,中国大陆第一条高速公路沪嘉高速建成通车,物价指数的上涨也创造了新中国成立以来的最高纪录。40年前的1978年,中国决定改革开放。如今到了2018年,第二次世界大战和冷战后形成的全球经济和政治秩序正在面临新的调整,世界和中国都正站在十字路口。

时至今日,终此一生,我都十分感谢香港给我从学生成长为学者的机会。不仅感谢香港科技大学社会科学部和导师吴晓刚教授录取了我,也感谢香港政府和人民资助了我全额奖学金,还感谢香港带给我的全球城市体验。而这个机会,仍然是与上海密不可分。

三、学术兼行政

最近3年来,我开始学术、行政"双肩挑",逐步走上社会学所管理(同时也是服务)岗位。

2017年下半年,我被任命为社会学所副所长,分管科研和宣传。上任后,经与杨雄所长沟通,我分别做了几件事。科研方面,举办社会学所新智库沙龙和思海讲堂。沙龙主要定位于所内科研人员的交流,至今已举办近30期。讲堂主要定位于海内外知名社会学家的高端学术讲座,至今已举办近10期。宣传方面,全新改版、升级、上线了社会学所网站,实现了科研成果的定期发布和新闻报道的动态更新。每一篇新闻稿都是经我之手改定发出,至今已有近100篇。

2018年,我中途接手领衔的"都市社会学"创新团队面临终期评估。为此,我规划并落实了一系列项目。首先是在《华中科技大学学报(社会科学版)》上策划了一期"社会分层与社会心态"专题,三篇论文全部是由团队成员所写,并且全部被转载。其次是策划"思海社会学文丛",目前已顺利出版《中国城市劳动力市场的变迁与分层》《组织中的支配与服从:中国式劳动关系的制度逻辑》《大城市的新"土客"关系》三本专著。最后是主办、协办或承办了若干重要会议。先是于 2018 年 1 月与日本九州大学比较社会文化学府在福冈合作举办"第一届比较社会研究网会议",后又于 2019 年 3 月在新成立的东亚社会学会下设立"比较社会研究与方法网络"并在东京举办的首届年会上组织了专题讨论。另外,还主办了"第一届思海论坛"和"第十二届社会学与人口学研究方法研讨会",承办了上海市社会学会年会分论坛"改革开放 40 周年与社会心态",协办了"第六届应用社会科学研究方法研修班(武汉冬季班)",这

图3 第一届"思海论坛"与会代表合影(2018 年,前排左三为李骏)

都是在 2018 年一年之内完成的。

2019 年 4 月我开始主持工作，10 月任总支书记，11 月任所长。角色转换之快，是我自己始料未及的。12 月，院党委布置局级单位领导班子年度绩效考核和局级领导干部考核工作，我在汇报中对这一年的工作进行了总结，截取片段如下：

积极稳妥推进制度建设。建立了研究室主任例会制度，修订了考勤制度并试运行，设立了新进博士科研启动经费资助制度，修订了所学术委员会条例并举行改选，改进了绩效工资分配制度。在各项制度调整优化的推进过程中，始终坚持民主集中制，班子先酝酿初步方案，再召开研究室主任例会进行完善，再听取总支和支部委员、职工代表等各方面意见，获得了大家的理解、认可和支持。

持续夯实科研品牌建设。2019 年共举办新智库沙龙 14 期和思海讲堂 2 期。在院第八届世界中国学论坛上承办"中国脱贫经验与解决全球贫困"圆桌会议，并直接负责其中一个专题的前期联络邀请工作。中标院高端智库"大家讲坛"项目，邀请美国排名第一的智库布鲁金斯学会约翰·桑顿中国中心主任李成来院演讲。整合所党组织活动与所科研活动，例如：所党总支与所新智库沙龙携手举行党建研究专题讲座；党的十九届四中全会闭幕后所党总支及时召开所内传达和交流，效果良好。

当读者翻阅这本书时，"第二届思海论坛"举办在即。何谓"思海"？"思海"何为？我稍许改动了在"思海社会学文丛"总序中写下的文字，或可作为对这篇短文的总结和对社会学所未来的憧憬：

"思"为思南路之思，"海"为淮海路之海，"思海"又是"思想的海洋"，文化意象符合上海社会科学院传统学术研究机构和新型国家高端智库的定位。

思海者，思考上海也，我们将上海或上海所代表的都市社会作为重点研究场域。

思海者,变化不羁也,我们将中国社会改革开放以来的快速转型和变迁引入研究之中。

思海者,广纳百川也,我们在理论视角和研究方法上并不拘泥于社会学,而是兼容并包人文社会科学的整体知识成果。

思海社会学,致力于打造上海社会科学院的社会学创新品牌。

朱　妍

"返景入深林"：我在社会学所的 12 年

> 朱妍，女，社会学博士。1981年生。研究领域为经济社会学、组织社会学等。近年来主要关注全球化对企业及劳动力的影响、产业升级的微观动力机制、组织中的激励与约束等议题。曾在《社会学研究》《中国经济史研究》《社会科学》《社会发展研究》以及 Journal of Chinese Sociology 等国内外权威、核心期刊发表论文 10 余篇。出版专著《组织中的支配与服从：中国式劳动关系的制度逻辑》。主持一项国家社科基金项目"新时期产业工人技能形成的经济社会学研究"。

在 2007 年进入社会学所工作之前，我从没想过自己会去读博士、会走上科研道路。人的一生确实充满了偶然与必然的巧妙结合。

一、进入社会学所

我本科就读于中国人民大学（简称人大）经济学院的经济学基地班，这个班的特色就是讲授各种经济学基础理论。当时人大经济学院的老师们对于新古典经济学与马克思主义政治经济学各有侧重，讲课时各执一词，本科生常常云里雾里，不知该作何取舍，如何判断。十八九岁的我因非常偶然的机会，参加了宾夕法尼亚大学沃顿商学院的一个学生社团在国内的防治艾滋病宣传活动，并去到坦桑尼亚西南边陲小镇当了两周的"防艾"志愿者，之后便常常参加国内社会组织的相关活动。我这个 college kid 当时就对经济学痴迷于"模型化世界"的套路颇不以为然，尤其在看到了普通民众的困顿与无助后，常常觉得无论什么经济学理论，都解决不了这些人的生计问题，究竟要来何用。当时由于方法论教学的缺失，我尚无法意识到实证科学与规范科学的本质差异，但对于形式化实证研究的失望是难以抑制的。

之后我放弃了经济学院的直研机会，决心转一个学科读研究生。我把托福、GRE、雅思和 GMAT 考了个遍，申请去美国读政治学（political science）的博士，想着这个"冷门"学科应该没什么同道中人吧。无知无畏的结果就是连收了 10 多封被拒信，浪费了上千美元的申请费。幸好当时聊胜于无地申请了挪威奥斯陆大学的全奖 M.Phil.，结果就去了那个极北苦寒之地（虽然现在常常怀恋这个全世界最美、最友善的国度，但当时确实觉得冬天太漫长，太难熬了）。读硕士期间，我第一次接触到社会学的相关研究，而这些经典文献居然从来没有出现在经济学院本科生的书单中，可惜可叹。

2007 年初，我回到国内，想去一个非政府组织做项目官，找了一圈都没有合适的。之前做志愿者时候结识的朋友都跟我说，NGO 在上海发展的特别滞后，要找类似的工作得去北京。我当时已经准备好北上了，父亲让我不妨试试上海社科院社会学所。他与社会学所有两层关系，一是因为工作原因，见过所里的一些研究人员，其中就包括夏国美老师。有一次，他正好参加了夏老师组织的一个会议,会上卢汉龙老师也有发言,两位老师的风采都给我父亲留下了很好的印象,觉得社会学者谦逊、深刻又有人文关怀,一个由这些学者组成的机构应该不会太糟。二是他的一位至交是上海大学社会学系的应届毕业生,也是教授社会学的老师,从那位伯伯处,他断断续续地了解了不少社会学的发展情况,并把这些信息间接传递给了我。

我现在几乎都记不起自己当时是如何得知社会学所的招聘信息,又是如何向社会学所投递了个人简历。只记得当时是 2007 年 4 月,我只想着尊重一下父亲的建议,等过完劳动节,就北上求职。我一想到大学同学、志愿界的好友们都在北京,就觉得心驰神往,迫不及待要与他们会合。不久后,我接到一位老师电话,自称"社会学所陆晓文",通知我去面试研究助理。我心里想着要拒绝,但又觉得做什么事情都该有始有终。5 月某天上午,我走进 546 办公室,当时面试我的老师有卢汉龙、陆晓文、孙克勤、李煜等。记得是李煜出题,都是关于社会学理论和方法的,我一头雾水、答非所问,硬着头皮胡诌。从办公室出来的时候,心里想着这次肯定是黄了。未曾料想,过了一周,居然接到电话,通知我再去一次社会学所。这次"二面"居然直接告诉我 6 月 1 日来上班,试用期两个月。我就这么懵懵懂懂地成为社会学所的一员。若干年之后,李煜告诉我,当时看了我的简历,他直接 desk rejection,原因是我的简历里写了一堆各种 NGO 的志愿服务经验(其实我是懒到把投给福特基金会、UNICEF、乐施会等机构的简历一字未改地投给社会学所),而这些与社会学所研究助理的工作要求完全不相关,用李煜的话"就是 totally mismatch"。巧合的是,所里原本要招录的那位北京大学社会学系的硕士研究生不愿意离开北京来上海工作,这个空缺就让我递补了。

二、进入社会学

我虽然进了社会学所，但离进入社会学还差着十万八千里。

2007年6月1日开始试用期，到8月1日正式入职，还没摸着社会学的门把手，我就被派到杨浦区委政研室去顶替挂职，为期4个月。12月回到所里，就听说来年要办一个超大规模的国际会议，叫"世界中国学论坛"，而我们所要负责组织其中的一个分论坛。过完年，分论坛就进入了筹备阶段。

为什么我说自己离社会学十万八千里远呢？当时所领导开会讨论分论坛要请哪些专家，我记得拟邀请的境外学者包括Martin Whyte、John Logan、Deborah Davis、林南、吕大乐、陈志柔、吴晓刚等，境内学者则包括郑杭生、李培林、蔡禾、周晓虹、风笑天、杨善华等，都是顶有名的社会学家，我居然连他们名字都写不全，开会时又不好意思问，只能默默地用拼音记下，回头到网上去查。记得当时我们给与会学者安排了接风便餐，李培林教授的航班晚点了，他发来短信告知可能要晚到，我直接短信回复说，"那我们就不等您，先开吃了"，他回复不必等，他会自己解决晚饭。后来所里有老师得知后问我，"你知道李培林是谁吗，就这么没大没小，他可是中国社会学会的会长。"我才感到社会学的大牌学者都这么谦逊亲切，一定是这个学科本身特别有魔力。当时和Martin Whyte教授联系时，他不仅仔细校对参会论文摘要的中文翻译，还提醒我，他的履历当时注明是哈佛燕京学会的会长，但等到参加我们中国学论坛时他恰好卸任，所以简历中还是不必出现这一头衔为好。这种认真细致的风格让我颇为敬服。作为社会学的新人，做做会务还是有好处的，一次大会办下来，我基本上将国内外的知名研究者认了个全。

2008年,我还参与了潘大渭研究员领衔的"中俄社会结构与社会认同比较研究"。这个课题是与复旦大学社会学系合作,因缘际会地认识了后来的博士生导师刘欣教授。记得当年冬天召开的上海市社会学年会是由社会学所来承办的,我被安排报告一篇中俄比较研究,隐约记得是关于分配公平感的。刘欣教授是我所在分论坛的评议人,他非常含蓄地指出,这篇报告并不是一篇规范的研究论文,缺少理论问题和经验问题、必要的文献综述、理论对话以及系统的资料分析,我当时并不知道什么是"规范的研究论文",也就不知道如何回应评论人的挑战,只能尴尬地搓手剥指甲,佯装淡定。散会后,我长出一口气,急忙逃离会场。第二天刚到办公

图1 "中俄社会结构与社会认同"课题组合影(2010年,第二排右三为朱妍)

室,就接到李煜打来电话,说他们几位在社会学年会的饭桌上"密谋",觉得我该去正儿八经读个博士。作为评议人的刘欣老师认为我虽然未受科学研究训练,好在也没上"邪路",一张白纸倒也算"孺子可教",表示欢迎我报考复旦大学社会学系。李大师问我自己的意思,我毫不犹豫地答应下来,他说先别忙着答应,回去好好想一想,读博士可是条贼船,上了可下不来了。当时我正被社会学与社会学家的风采深深吸引,完全不知道博士学习意味着什么,"无知者无畏",大概就是这个意思。

三、"Connecting the Dots"

2015年,我从复旦大学博士毕业。经历了一段时间不长的迷茫期后进入企业与政企关系研究。这个领域在社会学所是比较边缘的,找不到同事一起来做,也不是主打领域。但由于所里整体的氛围是松散、自由、尊重个体兴趣的,我从来没有被强力"整合"过,也因此对社会学所的包容心存感激。2017年,时任所长杨雄老师问我是否愿意去上海市食药监局挂职半年,可以有机会深入监管部门内部来体察中国式的政企关系。这个视角和机会都属难得,况且我去的还是法律法规处兼国际合作处,既可以亲身参与到规范性文件的制订过程,还可以参与式观察外资企业与商协会如何游说监管部门,实在是令人激动。

现在回望进入社会学所的12年,我做的议题离"正统社会学"越来越远,从早期的阶级阶层,到中期的政治意识与心态,再到后期的政企关系与企业研究,越做越跨学科。纵然有时也会生出"绕树三匝,无枝可依"的感慨,但与不同学科背景的研究者思想碰撞所产生的研究热情是难以描述的。这也要感谢社会学所包容、宽

图 2　在上海市食药监局法规处挂职时参加"化妆品监管与政策论坛"
(2017 年,右二为朱妍)

容的氛围,以及这个平台所提供的各种机会。有些机会看似与手头的研究并不直接相关,但最终都变成了可以串联起研究想象力的 dots。

张友庭
岁月静好　馨香如故

> 张友庭，男，人类学博士，中共党员。1982年生。侧重田野调查等定性研究方法。重点研究分布于长城边疆、海疆地区的军镇卫所等特殊城市形态和生命历程；运用人文生态学视野研究快速城市化进程中的城中村、农民工、失地农民等特殊社区形态和特定人群；基于特大型城市的社会建设与社会治理决策咨询研究，重点聚焦于城乡接合部、城中村、大镇大居、镇域社区、城市综合管理、村居治理、集体经济等特定区域的社会治理、基层建设等领域。曾在《社会》《人文杂志》发表多篇论文；出版学术专著《晋藩屏翰：山西宁武关城的历史人类学考察》《社区秩序的生成：上海"城中村"社区实践的经济社会分析》；主持国家社会科学基金青年项目"农民工非正规就业问题的形成机制与分类治理研究"。

　　从来未曾如此，落笔竟是这般艰难。岁月的踌躇，时间的蹉跎，千思加万绪，千言加万语，如马蹄声脆，破碎在夜里……林阴路上，冬雨纷飞，路灯闪烁，蓦然回首，又一片落花纷飞，唯有馨香暖如故……

　　从来不曾忘记，2005年研究生复试的前一天，我第一次站在总部大楼前的欣喜和震撼。其实,与社会学所的结缘还要早上一年,正逢老舍先生笔下的"济南的春天",当时准备报考硕士研究生,不知该填报哪个学校,碰巧在一本社会学教材中看到一句话"上海社会科学院社会学研究所是社会学恢复重建后的第一个研究所",当时心想,这个社会学所成立时间长,又是专门做研究,一定很不错,一查也招研究生,很快就列为报考志愿首选。繁忙的备考复习过后,考研成绩总分386分,位列第一,复试通知书也很快就到了。当时,我提前两天来到上海复试,住在华政的高中同学那里,同学见我特别紧张,就建议我考试前一天到社科院走走,熟悉一下路线和环境。首先来到淮海路总部,才知道研究生部在顺昌路,就又赶往顺昌路分部。熟悉考试路线后,还有一些时间,同学告诉我在上海学习,上海图书馆、福州路书店两个地方必须知道,然后去了这两个地方,面对琳琅满目的图书,心想终于不用为找书发愁了。第二天,前往顺昌路进行研究生复试,陈秋萍老师负责安排顺序,面试老师是卢汉龙、潘大渭、孙克勤三位老师,记录是刘漪老师,一开始异常紧张,但几位老师的平易近人让我顿时放松许多,对抽取的现场考题、几位老师提出的问题一一作了回答,顺利地结束了研究生复试。一个月后,紧张撰写本科毕业论文的时候,就收到了研究生录取通知书。后来,在所里学习期间,与卢汉龙老师进行确认,才知道那本教材写错了,社会学所虽然筹备时间较早,但中国社科院社会学所才是第一个正式成立的研究所。直至今天,我仍然衷心感谢那位曾经写错教材的老师,这个美丽的小错误虽然不起眼,但由此触发了我与社会学所自2005年至今将近15年的情缘。

2005年9月,我在社会学所的研究生学习开始了。当时,研究生部与华师大刚签订合作协议,我们第一年要住在华师大中北校区,英语、政治等公共课由华师大老师上,专业课要赶到顺昌路研究生部上,就这样开启了从中江路到顺昌路穿梭来回的一年"劳燕"生涯,每次上课,路上需要两个半小时,直到第二年夏天搬回研究生部。现在回想起来,研究生课程授课老师的阵容异常强大,且每个老师上课都异常认真,其他专业的同学都非常羡慕。其中,有卢汉龙老师的"社会学研究方法"、徐安琪老师的"家庭社会学"、李煜老师的"社会统计学"、孙克勤老师的"社会保障"、周海旺老师的"人口学概论"、陆晓文老师的"中国文化"、郑乐平老师的"当代社会学理论"、徐浙宁老师的"社会心理学"、李宗克老师的"社会学概论"、韩俊老师的"经济社会学"等。所里还请同济大学的韩潮老师给我们上"西方哲学史"课程,还吸引了其他专业的不少同学前来旁听。印象特别深刻的有:研究方法课上,百忙之中的卢老师总是认真批改我们的课后作业,上面布满密密麻麻的红色批改痕迹,一些错别字都被细心地挑了出来,作业上面还经常有卢老师鼓励的评语,给我们这些社会学菜鸟莫大的鼓舞;社会统计课上,刚从香港留学归来的李煜老师意气风发,课程实际上浓缩了研究方法、社会统计、统计软件、论文写作等内容,全面解读了理论导向的社会学研究的逻辑思维,系统阐释了所谓"洋八股"规范论文的基本体例,让我们明白社会学研究到底是怎么一回事。除此之外,我也参加了所里老师的课题研究,比如,卢汉龙老师主持的中国住房产权制度变迁研究,卢老师亲自主持召开座谈会,让我们现场观摩座谈会调查,机会难得且收获满满;卢汉龙老师主持的慈善研究,孙克勤老师和我去市民政局(当时的办公地点在工部局大楼)拜访政策法规处,因为涉及政策比较敏感,不能录音,只能在笔记本上记录要点,然后再找个安静的地方把访谈内容默下来,这对我也是一个极大的挑战,所幸最终完成任务;夏国美老师主持的新型毒品问题研究,这次是问卷调查,调研组多次召开讨论会,刘漪老师是抛出问题最多的调查员,以尽最大可能实现问卷填答的标准化,问卷调查对象是关押在看守所的嫌疑人,站在拘押房铁门前进行问卷访问的体验至今难忘;陆晓文老师与市委政策研究室合作的上海市贫困家庭大型调查,分为问卷调查和入户调查,入户调查由团委组织大学生进行,我们主要负责入户调查资料的整理,数量有七八百份。其间,我应邀撰写了此次入户调查的情况小结,没想到被市委研究室调研处所采纳,也是一次收获满满的体验。此外,当时院、所两级的学术讲座和学术会议很多,印象深刻的是德国社会学家乌尔里希·贝克、美国历史学家黄宗智等几次大家讲座,让我们有了直接与大学者对话的机会,也由此更加坚定了自己的研究方向和既有的问题假设。

通过这些学业课程和调查实践的系统学习,我的社会学专业素养有了质的提升,相应的专业自信也建立起来。研一上学期的时候,斗胆把两万多字的本科毕业论文《寮村的"张公信仰"及其祭祀圈的扩大——当前中国东南宗族重建过程中村落文化整合的个案研究》投给了改版后的《社会》,非常幸运地得到编辑部的回音,执行主编仇立平老师亲自跟我多次联系,知道是本科论文后也没有嫌弃,根据学术体例的规范要求进行多次修改,后在《社会》2006年第4期正式刊发。前后5个月,整个过程下来,这也是研究生阶段学术训练的重要一课,至今仍对仇老师的亲切、真诚和细致敬佩不已。这是我公开发表的第一篇学术论文,就刊登在社会学专业的核心刊物上,不由让我对自己的研究提出更高的要求,很庆幸这一高标准要求仍延续至今。研一下学期的时候,非常幸运地参加了李宗克老师承担的课题"上海外来人口精神文明建设研究"。在课题研究过程中,李老师从来没有把我当成学生,而是作为研究合作者，从前期沟通、拟定计划、实地调研、形成框架到撰写报告，每个环节都进行充分的讨论，我得以系统地学习社会学调查研究的整个流程，特别是对于理论与实践之间的结合有了初步的经验。也是通过这个课题，结合当时对污名理论的兴趣，我开启了流动人口聚集的"城中村"研究，在调研、访谈和讨论的基础上撰写完成一篇两万多字论文《污名化情境及其应对策略——流动人口的城市适应及其社区变迁的个案研究》，再次向《社会》投稿，仇老师说杂志比较欢迎基于上海实际的社会学研究论文，后在《社会》2008年第4期正式刊发。在实证研究的基础上，我的社会学理论研究也得以展开。当时，所里的院重点学科是"社会转型与社会发展"，很多老师都会讲到中国社会的现代化转型，我们作为学生在耳濡目染中也有所了解。有天，碰巧在图书馆看到艾森斯塔德的《反思现代性》，阅读完毕后，对多元现代性理论与中国社会转型实践之间的理论衔接发生了兴趣，就在梳理国内外社会学者社会转型观点的基础上撰写了《多元现代性理论及其对中国研究的启示》一文，先在王莉娟老师的鼓励下投给了上海市社会学学会2007年学术年会，幸运地获得二等奖，后投稿发表在《人文杂志》2008年第2期，被《人大复印资料·社会学》2008年第6期全文转载。这篇论文极大地激励了我的社会理论学习，直至目前还在担任社会学理论课程的授课老师。此外，在周海旺老师的人口学概论课程上，我结合本科时学过的老年社会工作，撰写关于上海人口高龄化及其应对政策的课程论文，周老师几次找我讨论深化，也帮我逐字逐句地进行了修改，后因为篇幅原因拆成两篇论文分别发表。到研究生毕业前后，包括上述三篇在内，我总共公开发表了5篇学术论文。

研二的时候，由于我的兴趣总体偏向人类学，经过综合考虑，所里决定陆晓文老师担任我的硕士导师,因为陆老师对中国文化始终保有浓厚兴趣。我是陆老师指导的第二个研究生,第一个是陈铮颖师姐。和陆老师沟通几次后,得知我有读博的打算,陆老师建议我好好利用时间,好好读书,打好基础,并未给我安排课题研究任务,给我留足充分的自由空间。这段时间,在课程学习之余,我也尝试向一些机构申请面向学生的研究项目资助。其中,2007年3月,我作为团队负责人申请了《南风窗》杂志社2007年度"调研中国——大学生社会调查奖学金",题目是"合会:草根金融的运作逻辑及其社会意义",请卢老师和陆老师作为推荐人,5月底进入第二轮网上答辩环节,6月底正式入选。那一年,全国共有12支团队入选,包括北大、武大、中大、川大、浙大、香港科大等知名高校团队,《南风窗》那边看好我们的纯研究生团队,经费资助在既定的1万元标准基础上增加至1.3万元。项目申请下来后,与团队联系记者阳敏沟通后,组织团队7名成员赴贵州省织金县进行社会调查,没有经验的我们遭遇到严重的财务危机,不但花光了项目资助,每个人自己都填补了不少,所幸的是社会调查顺利完成了,并于10月初完成调研报告。其中,特别令人感动的是,有一天,与卢老师约好讨论报告框架,当天正好院里有紧急会议,办公室老师几次过来催促,卢老师说我这里也有事情要谈,谈完以后才匆匆赶往会场,卢老师作为所长,每天都有那么多重要的事情要处理,还对我们的小调研报告如此重视,至今想起来依旧感动不已。10月31日,在南风窗杂志社上海办事处的协调下,我们团队在研究生部四楼大会议室举行校园报告会,卢老师和陆老师在百忙之中抽出时间作为指导老师参会并进行精彩点评,取得了较好效果,很多其他专业甚至院外的同学听了都萌生了对社会学的浓厚兴趣,当晚上海电视台的"新闻夜线"作了新闻报道,新浪网等媒体也对此进行了专题报告。后来,南风窗上海办事处主任告诉我,那一年,在整个"调研中国"项目中,我们团队的研究报告质量是最高的,校园报告会的总体效果也是最好的。2009年,南风窗杂志社决定遴选部分优秀团队调研成果,编辑一本调研中国活动调研报告选集(2005—2008年),作为《南风窗》杂志2009年增刊,也将我们当时的报告简本、报告会实录、调研感想等内容收录其中。几乎与此同时,2007年6月,我也申请了中山大学"中国田野调查基金"2007年度课题资助,申请题目是"市场化进程与小农的风险规避:以宁镇基督礼拜堂为例",请陆老师和宗教所葛壮老师作为推荐人,10月底申报结果公布,我幸运地入选了,并获得4 300元资助,以此为基础构成我硕士毕业论文的主体内容。此外,从2006年开始,所里也提出研究生论文培育计划,每篇毕业论文提供3 000元资助,也为我们毕业论文的顺利推进奠定了基础。

研三的时候,我的主要任务是考博和毕业论文。当我提出准备考博的想法时,内心还是战战兢兢的,所幸卢老师和陆老师一直非常坚定地支持我,陆老师也用自己在工厂考大学的经历现身说法,帮助我消除了各种顾虑。具体到考博方向的选取,所里的专业训练让我有了质的变化,但出于对理论研究的偏好,最终还是选择了"技术流"色彩不那么浓厚的人类学。记得当时报考了上海大学(沈关宝老师)、北京大学(王铭铭)、中国社科院(罗红光)、中央民族大学(王铭铭)等4所学校,卢老师和陆老师都是我坚定的推荐人,印象深刻的是中国社科院的推荐信需要手写,卢老师把自己关在重点学科的办公室里整整写了一个小时,陆老师也花了不少时间细细撰写,热烈的推荐词至今让我羞愧不已。后来,由于各种原因,我最终被录取到中央民族大学攻读人类学博士学位,导师是本科三年级起因《漂泊的洞察》而念念不忘的王铭铭老师,这段博士报考阶段的事情虽然已经过去好多年,但这些感人的场景依旧历历在目。考博结束后,我才返回上海进入硕士毕业论文的最后冲刺阶段。当时,由于我在北京备考,所里先期举行一场毕业论文预答辩工作,陆老师和李煜老师与我进行多次联系确定论文进度,我返所后又为我和同学谢金霞举行第二场预答辩。毕业论文选题是"市场化进程与小农的风险规避:基督教传播的社会功能分析",准备综合运用詹姆斯·斯科特的农民道义经济学理论和米格代尔的外力冲击农村社会变革理论,以福建宁镇基督礼拜堂为个案进行研究。这原本是我自己本科毕业论文的最初选题,加之中国田野调查基金的支持,既有的理论准备和田野调查工作有序展开,三四年时间的前期准备还是比较充分,但仍存在研究脉络线索众多、理论实践衔接瓶颈等突出问题,导致初稿还存在不少 bug 而没有最终完成。在预答辩中,李煜老师作为主攻手,几个连续的极具杀伤力的"so what"之后,会场顿时硝烟弥漫,我试图隐藏的理论逻辑毛病暴露无遗,当时确实有一种想死的感觉。与此同时,陈烽老师仔细地阅读了我的论文初稿,立足我论文的既有理论逻辑,帮我回答了李煜老师提出的几个疑问,并就下一步深化完善提出建设性修改意见。会后,陈老师给我发来秦晖《传统与当代农民对市场信号的心理反应》一文,正好填补了斯科特与米格代尔之间的理论缝隙,围绕在论文上面的乌云顿时消散了……陈老师还逐字逐句地修改了我那未成形的论文初稿,帮助我去除多余线索以理清论文逻辑主线。在此基础上,经过与陆老师的几次深入讨论,重新阅读了费孝通、杜润生、秦晖、潘维等相关著述,一个星期后,重新启动昼夜颠倒的论文写作。这里也有一个小插曲,当时为迎接世博会,研究生部地下正在修建地铁 9 号线及马当路站,徐家汇路作为交通要道,每天白天不能施工,只能晚上时间施工,每天晚上 8 点,我们研究生部整栋楼就准时开始震动,活似一个巨型闹钟,早晨不施工的时候就赶紧去休息。经过一个多月与研究生部大楼"同频共振"的日子,我顺利完成将近7万字的毕业论文《市场化进程与小农的风险规避:基督教传播的社会功能分析——以福建宁镇基督礼拜堂为例》,并于6月初顺利通过答辩,答辩老师是张文宏、文军和孙克勤,最终分数是90分,评定为"优秀"等级。

论文答辩通过以后,围绕毕业论文还发生了一个不大不小的事件。2008年6月底,我正在等待最后的毕业典礼,憧憬即将到来的博士阶段学习。突然有一天,我接到一个陌生的手机电话,一接通,才发现是素昧平生的亚太所所长周建明老师。周老师来电话主要是两个事情:一是询问毕业论文,主要问社会调查的具体情况,比如在哪里调研、怎么进场、调研了多少天、记了多少笔记等,问得非常详细;二是介绍我去拜访曹锦清老师并听取论文建议,说和曹老师已经联系好了,给了我地址和联系电话。周老师的这一提议正中下怀,要知道我对曹老师也是向往已久,本科时看《黄河边的中国》,书根本就放不下来,生怕漏掉一个小细节。过了几天,我就和曹老师约好见面,曹老师把他的学生召集在一起讨论我的论文,让我收获满满。后来,到了毕业典礼那天,学位授予仪式过后,王荣华院长给我们进行毕业致辞,突然间冒出一大段讲我的毕业论文,前后持续七八分钟,完整介绍了我的整个调查研究过程,表扬了我用社会调查做理论研究的态度,并邀请我在博士学成之后返回院里工作。当时,我并不知情,突然遭遇,紧张得不知该做什么,这段热情洋溢的讲话内容已无法复述,但这么多年来,每次想起这段讲话,内心总是激动不已,这也构成我后来博士毕业后返回社会学所工作的精神动力。等我2011年返所工作后,周老师已调任社会学所所长,才知道,院长讲话的这一段是周老师建议加进来的,为了给院里的研究生培养树立一个导向。也是后来才知道事情的由来,周老师当时作为亚太所所长是院学术委员会委员,院学术委员会召集开会决定授予我们这一届毕业生博士和硕士学位,将近160名学生分散在十几个研究所,整个会议持续时间很长,研究生部把所有毕业论文都搬到会场,周老师为了慎重投票准备浏览一下这些毕业论文,在一大堆论文中发现了我的毕业论文,打开来看看,然后就有了前面发生的事情……也正是因为这个事情,得以和周老师结识至今。转眼之间已有11个年头了,我始终认为这是我人生之中最幸运的一件事情,周老师也许不知道,他在那次会议上的一次无心之举及返所后亲自带我做研究,不但改变了我的研究轨迹,也深刻地改变了我的人生轨迹,用"感谢"之词已然太轻太轻……后来,这篇幸运的毕业论文于2009年12月获得了上海市研究生优秀成果(学位论文)奖,总算不辜负诸位老师在

在曲阜调研时与社会学所同仁合影(2012年,后排右三为张友庭)

我硕士研究生3年中的辛苦付出……

感慨于艰难,感动于纯粹——这是我最近在参与所庆整理稿件时脑海中挥之不去的影像。一直以来,我始终认为,正是在硕士研究生这3年的变身,奠定了我从一个社会学菜鸟成为一名科研人员的基础,毫不夸张地说,社会学所确实是我时来运转的"贵所"。值此社会学所40周年所庆之际,我花了很长时间将自己的这一段经历写下来,因为我相信社会学所的每一个科研人员、每一个工作人员、每一个学生都有过这样的触动……纵然岁月静好,唯有馨香如故。这一充盈于每个人内心深处的馨香已然成为社会学所之灵,"灵之来兮如云",让世界拥有它的脚步,让我们保有这份馨香……这也许是我最后的一丝眷念……

当冷风吹熟了疲倦,将这枚珍藏已久的掌心枫叶,完整无缺地交给晚来的风吧……至少至少,闭上眼,感觉自己真的在缤纷之中……"我们在黎明的拂晓中武装,随着光明进入光辉的城镇"……把那个梦悄悄地随手撩起,又匆匆地抹去,遗留下一段淡淡的思绪,达于超然,跃于心望,所知,所悟,无始无终……

刘 程
社会学所伴我成长

> 刘程，男，副研究员，中共党员。1983年生。出版专著3本（含合著），在《社会》《青年研究》《社会科学》《南京社会科学》《探索与争鸣》等核心刊物发表论文20余篇。主持国家社科基金项目"转型时期普遍性社会焦虑的形成、分化与治理研究"（2019年）和"资本建构、资本转换与新生代农民工的城市融合研究"（2013年），主持两项上海市哲学社会科学规划课题，并获得上海市教委"晨光计划"和上海社会科学院哲学社会科学创新工程"青年人才"项目资助。作为核心成员参与的研究成果获得第七届和第八届上海市决策咨询研究成果奖二等奖。

我是2008年进入上海社科院工作的，至今已有11年。值此社会学所即将迎来成立40周年之际，回首这一段时光，本人亦有很多感慨。这11年间，上海社科院成功入选全国首批国家高端智库建设试点单位、社会学所与青少年研究所两所合并、上海社会科学院哲学社会科学创新工程顺利开展，以及本人自身的成长，都留下了许多精彩难忘的回忆。

一、与青少年研究结缘

早在我读研的时候（2005年），青少年研究所与市妇儿工委办共同筹备成立"上海市儿童发展研究中心"的平台，使得我有机会与社科院结缘。研究生毕业之后，我得以正式进入青少年研究所工作，所属研究室是"上海社会科学院社会调查中心"。同时，我也继续兼任"上海市儿童发展研究中心"的课题招标、课题管理、成果评奖等行政工作，使得我与青少年研究的缘分得以延续。时至今日，"上海市儿童发展研究中心"已发展成为本市儿童研究的重要决策咨询单位，产生了很好的社会影响。

在青少年领域，我个人的兴趣是流动人口研究——这是我从读大学以来一直颇有兴趣的一个主题。在所领导的支持下，我申报的"资本建构与新生代农民工的社会融合"课题相继获得上海市哲学社会科学规划青年课题资助（2011年）、上海市教委"晨光计划"资助（2012年），从而正式拉开了我关于新生代农民工社会融合的研究。2013年，经完善后的"资本建构、资本转换与新生代农民工的社会融合研究"课题再次获得全国社科基金青年项目资助。至2018年我的国家社科基金课题结题时，这些项目支持我在各类C刊发表10余篇论文并出版专著一本，可谓收获良多。

这一切，与社科院的高平台、所领导的支持、所里前辈的帮助是密不可分的。尤其是在2012—2015年我在复旦大学攻读博士学位期间，所里对我的工作时间和任务保持高度弹性，令我非常感动。

二、向"学术＋智库"双轮驱动的转型

社科院与高校的定位有很多不同之处。这 10 多年来，伴随着社科院向"学术＋智库"双轮驱动的深度转型，我的研究工作也发生了一些变化。进院之前，我从事学术性的研究较多。在进院之后，由于工作需要，我开始逐步学习如何开展各类决策咨询工作，这一段历程也让我受益颇多。2007 年，中央文明办原未成年人思想道德建设工作组委托杨雄研究员承担"全国未成年人思想道德建设工作测评体系"研制工作，2008 年，全国妇联又委托杨雄研究员承担"全国家庭教育指导大纲"研制工作，我都有幸作为核心成员参与其中。作为中央领导关心、中央部委委托的重要课题，这两项课题研究经历使我受益很多。我逐渐明白了"站位高、立意高"的道理，也明白了自身社会实践经历欠缺的不足，所幸这两项课题均获得成功——前者获得中央政治局常委批示 3 次、中央政治局委员批示多次，后者获得中央政治局常委暨国务院总理批示 1 次和中央政治局委员批示多次，且两个课题均获得了上海市决策咨询成果二等奖。

2014 年，上海社会科学院哲学社会科学创新工程正式启动。我个人成功入选首批"青年人才"队伍，所在团队"社情民意调查与公共政策评估"也成功入选首批创新型智库团队。此后，上海社科院又迎来了入选首批国家高端智库建设试点单位的喜讯。在 2015—2019 年间，杨雄研究员带领我们团队对上海市民开展了四次"上海市民生民意调查"（累计调查近万人），连续 4 年出版《上海民生民意报告》，并在各类媒体上发布新闻稿百余篇，产生了较大的社会影响。其间，我还参与了市教委、市妇儿工委、团市委等以

及各区县委办局委托的各类决策咨询课题 10 余项。这些经历,让我逐渐喜欢上决策咨询研究。

三、两所合并与个人发展

几年前,青少年研究所整体并入社会学研究所,这使得两所的发展均迈上了新的台阶。时至今日,社会学所已发展成为有 35 名正式员工的研究机构——横向对比高校科研机构,社会学所已经很具规模。作为社会学恢复重建后设立最早的社会学硕士点,社会学所的学位点在 2012 年也被批准为一级学科硕士点。目前,社会学所还是中国社会学会团体会员、中国社会学会青年社会学专业委员会理事长单位。社会学所在中国现代化进程中的许多重大社会理论与重大社会现实问题研究中已颇有建树。尤其是在社会转型与社会分层,以及婚姻、家庭、妇女、青少年等专题研究方面,

参加第八届世界中国学论坛(2019 年)

近年来社会学所的同仁不断有中标国家社科基金项目和市哲社课题等各类项目、不断有高水平的甲类论文发表、不断有专报获得各级领导的肯定性批示,发展态势喜人。

在所领导的关心和同仁们的帮助下,我个人的发展也在进入新的阶段。在此前的国家课题结项之后,2019年我又幸运地中标一项国家社科基金一般课题"转型时期普遍性社会焦虑的形成、分化与治理研究"。这既是我前几年从事社会信心、精神健康、地位焦虑与家庭教育等研究的延续,同时也是一个新的挑战。毕竟,作为一项社会情绪研究,我还只是一个新手。但好在我有足够的兴趣去继续这个话题。毕竟,社会焦虑真的在成为一种普遍性的社会情绪。这一研究有助于培育社会理性平和的社会心态,有助于防范化解社会风险、推动高质量发展和创造高品质生活。从这个意义上来讲,这项研究既有重要理论意义,也有很重要的现实意义。

我们即将迈入21世纪的第二个10年,社会学所也即将迎来40周年的生日,这一切都是值得期盼的。社会学所在前40年已经取得了令人称赞的成就,相信在今后的日子里定会不断迈上新的台阶;与此同时,我们也都会不断有新的收获。

束方圆
拾光随想

> 束方圆，女，中共党员。1985年生，2010年毕业于上海大学文学院，社会学专业硕士。同年7月进入上海社会科学院社会学研究所工作，任所学术秘书、教务秘书、外事专管员、人事和一支部宣传委员。

2010年，我有幸进入社会学所工作，想来也属机缘巧合。那年我即将毕业，同班一位男生投档了上海社会科学院社会学研究所的科研助理岗位，需要我导师写一封同行专家推荐信。当时我是师门的联络员，负责定期去导师家送信件和杂志。导师欣然答应，让我下周送信时顺便来取。第二周我来取信，却收到了两封推荐信，一封是给我同学的，一封是给我的。原来是师母知道后让导师也帮我写了一封，说社科院这么难得的机会，为什么不去试试？我这才后知后觉去网上搜索招聘启事，投了简历。

不久之后，我便接到了面试通知。当初我是免试直升本校研究生，所以并没有工作经验。这次面试实际上是我人生第一次正式的求职面试。现在回想从进所到现在的10年，我和社会学所经历了从"一见钟情"（面试）到"三年恋爱"（派遣），又熬过了"七年之痒"，未来是要一起"白头偕老"的。

如果说我和社会学所的相遇是偶然,真正促成我们结合的关键是我的"伯乐"刘漪老师。她从众多简历中一眼相中了我,给了我这次珍贵的面试机会。那天一起参加面试的几位女生其实都非常优秀,我的履历和表现显然也不是其中最好的,但是刘老师还是选择了我,因为她认为,综合考量下来,我是其中最合适这个岗位的。进所实习前,刘老师找我谈话,希望我能珍惜来之不易的机会,努力工作,用实际行动证明自己,也证明她的眼光没有错。进所后,刘老师更是手把手地传帮带,毫无保留地将自己多年的工作经验全部传授给我,一步步带领我步入正轨。我很幸运能够在初次踏入工作岗位的时候就遇到这样耐心又无私的老师,少走了很多弯路。更重要的是,她踏实认真的工作态度一直感染着我。刘老师说,我们所的行政工作一直得到各机关处室的一致好评,从来都是不甘落后的,你以后不能拖我们的后腿,对于院里各项规章制度要做到熟稔于心,对于领导布置的任务要完成得准确高效,对科研人员的服务要做到细致耐心。这10年里,我坚信学无止境,笨鸟先飞,先后在学术秘书、教务秘书、外事、人事岗位工作过,在锻炼中逐渐成长起来。

这一路走来,离不开领导的关心、前辈的指点和同事的帮助。所里老一辈们对于我们青年人的关心就像父母对孩子一样真挚而亲切。同事之间也是精诚团结,拧成一股绳。我们所的凝聚力在工会的各项团体比赛中展现得淋漓尽致,无论是拔河比赛还是合唱比赛,场上队员全力以赴,场下啦啦队也总是最热情洋溢的。在日常工作中,我们一直秉持"分工不分家"。虽然每个人都有自己的岗位,承担相应的职责,更多的时候是相互交叉,共同合作。有些时候可能并不隶属于谁的本职工作,可是谁也没有推脱或者抱怨。已经数不清有多少次了,为了一场会议、一次活动或者一个项

在费孝通旧居前与同事们合影(2019年,左三为束方圆)

目,一起加班加点,这种氛围感染着团队的每个人。

十年弹指一挥间,原来我已经陪伴社会学所共同走过了1/4的时光。还记得当年进所后的第一项工作就是整理所资料室里各类成果实物,按照姓名和时间进行分类排序。这次为迎接40周年所庆,有幸参与所史相关文集的编撰。该项目启动后的第一件事,就是翻出了当时我整理打包的这些实物,真是百感交集。在访谈老同志的过程中,我们也感慨于老一辈对于社会学所的深厚感情,对于科研事业的执着追求,以及对于我们年轻人的殷切期望。我们既是这段历史的亲历者,也是创造者,那些我们一起奋斗的岁月,一起捧起的奖杯,一起看过的风景,都是最珍贵的回忆。衷心感谢关心爱护我的前辈们和同事们,也希望社会学所越来越好!

梁海祥
相遇是巧合，却是最好的安排

> 梁海祥，男，社会学博士，中共党员。1987年生。美国杜克大学全球健康研究中心（DGHI）访问学者（2016—2017年），上海市"浦江人才"（2018年）。研究领域为健康社会学、社会分层与流动、城市社会学。主要研究议题是：一、健康不平等，具体关注城市区域中不同群体的健康差异，其博士论文研究青少年健康不平等产生的原因与机制，发表过多篇居住与青少年健康的论文。二、空间视角下的社会分层，基于Stata、ArcGIS等分析软件，对城市的空间数据进行处理与分析。关注移民群体，研究迁移经历对于个体教育获得的影响，相关成果获中国社会学学会优秀论文一等奖。关注城市空间中群体间的居住隔离，以及对健康不平等的影响。

梁海祥：

您好！您在网上投档的简历我所已收悉。经过我所招聘工作小组审核，您已通过初步筛选进入面试，特此通知。

面试时间为3月8日（周三），时间为一天，具体情况和流程安排详见通知附件。

如有问题欢迎随时咨询通知下方的联系人，谢谢。

上海社会科学院社会学研究所
2017 年 3 月 2 日

  2016 年 12 月 31 日是上海社会科学院招聘投递简历的截止时间,其实等自己想起来投简历的时候已经是 2017 年 1 月 1 日了。但好在那时是在美国杜克大学交流,那是美国东部时间的 1 月 1 日,八九个小时的时差帮助了我,我赶紧登录了社科院人事处的网站,填写了应聘简历。就这样处在美国东部时间 2017 年的我,赶在了北京时间 2016 年 12 月 31 日结束前成功投递了简历。那个阶段的自己还在为即将回国而做准备,办理各种材料、打包各类东西,还要准备博士毕业等事情,因此也没有时间想投完简历之后的事情。直到 2017 年的 3 月 2 日收到了社会学所的面试通知,才将我与社会学所又重新联系在了一起。

  带着自己的简历和论文,2017 年 3 月 8 日自己很早就到淮海中路 622 弄 7 号,上海社会科学院总部的地址。虽然自己在上海有 7 年的求学经历,但从没有来过上海社会科学院,这样面试就成了我第一次与社科院见面的契机。在门口进门登记时正好遇到了所里的老师,因此在老师带领下到了五楼的社会学所,后来才知那是办公室主任刘漪老师。虽然是自己的第一次学术面试,但还是认真地介绍了研究成果和未来打算,对于答辩老师的问题也还算做了恰当的回应。

  后来经历了等待,5 月 5 日又进行了院级面试,提交材料,直到 5 月 9 日录取名单在网上公示,应聘社会学研究所也算暂时尘埃落定。后来面对其他的工作机会,可能是亲切,或是缘分,最后 2017 年 10 月 25 日来到了社会学研究所正式上班,给自己学生阶段画上了一个句号。

虽然自己在面试前从没有到过上海社会科学院,但是自己的第一篇学术文章却是在 2011 年就发表在社会学研究所主办的《社会学》杂志上,题为《"无悔"时代的婚姻:生命历程理论下知青婚姻研究》,是根据自己的本科毕业论文修改的,现在看起来虽然显得稚嫩,但也算学术生涯的开始,让我第一次拿到了稿费。那时谁知道自己会读博士,博士毕业之后还来到了这个单位,现在想想也是巧合。

图 1 第一篇学术文章发表于《社会学》杂志

后来才知道我的博士导师,博士导师的导师都在社会学研究所工作过。后来才知道的还有很多事情,相遇是巧合,却是最好的安排。

入所的第一年主要协助组织了两次大型会议,自己也出去参加了好几次学术会议,第二年开始给研究生授课,课程为《社会统计》。自己在学生期间偶尔会给低年级的同学讲讲课,或者在网络平台讲讲方法应用,但正式承担教学工作却是第一次。

每次上课前的那个晚上总是要把课程理理顺才敢入睡,在去分部上课的地铁上也会打开教案再看看。面对学生,自己身份发生了转变,也在教学中自我成长。第一次课有 18 个同学上课,后来增加到 21 个还有一个旁听的,这样导致原来的小教室不得不换成了一个大教室,也让自己高兴了一番。在教学中,争取让学生听懂听明白,想着方法调动学生的积极性,不厌其烦地给学生理顺逻辑。自己在教学中也总结出了几种方法,例如用电子问卷的方式收集数据进行自我介绍,然后使用这个数据来分析,来教大家什么是数据,什么是抽样,什么是样本,等等。希望学生在分析自己数据时提高他们的兴趣,将统计知识与他们自身结合。另一个就是使用思维导图方式来梳理社会统计的整个脉络,让学生看清楚各

图 2　参加院拔河比赛与队友合影(2019 年,左三为梁海祥)

个统计方法的适用范围和延续过程。因此上课使得自己成长,也期望带着学生成长。

自己的研究兴趣和方向是健康不平等、都市社会学。在最初被认为是个不太重要的领域,甚至有人说:"上海人都很健康,还研究这个干什么。"但随着"健康中国"的提出,随着人们经济水平的提升、城市的发展,身心健康似乎变得越来越重要。自己成了所健康研究中心的副主任,自己要做的就是继续挖掘有意思、有意义的研究,用现在的资源不断地往前拓展。

现在进入社会学研究所已经有两年多的时间了,正好快要迎来她建立40周年。我现在还没有办法把自己的经历去与大的事件相挂钩,但是40年也都是由每个个体的一点一滴中不断积攒起来。在目前,我见证了社会学研究所的2/40的时光,可能与社会学研究所相遇是巧合,但却是最好的安排。

刘炜
"师承"与"补课"

> 刘炜,男,社会学博士,中共党员。1988年生。主要研究领域包括历史社会学、经济社会学、社会学理论研究等。近期研究议题:一是关于城市治理的历史社会学研究,具体关注地方政府在城市治理中的重要作用,博士论文研究建国初期天津经济管理中的动员机制,发表过关于新中国早期城市税收制度探索的论文。二是理论研究:(1)形式理论的建构与拓展,已发表基于门槛模型讨论的论文,并被人大复印报刊资料《社会学》全文转载;(2)社会学理论的发展史,主要关注社会学理论演进中的方法论问题,尤其针对中国社会学发展中的方法论总结和探索问题。

进所一年多,大体实现了从博士生向科研人员的身份转变。伴随这一转变而来的适应和挑战自当坦然接受,但转变之余,也非"一切坚固的东西都烟消云散了"。"变"与"不变"之间,细细想来,颇有玩味之处。

与讲求客观的科学主义不同,作为这一动态转变的"研究者"与"研究对象",具有充分干预的正当性和必要性。至今,能在身份转变中受益良多,自然离不开领导的关心、前辈的点拨、同侪的互勉以及同学的配合,为我把握好转变的方向无私提供了源源不断的"燃料",谢意拳拳,溢于言表。

在社会学所沙龙上报告论文(2019年)

为纪念所庆40周年,我有幸参与了针对退休老同志的口述史访谈工作。这也是深入了解所史渊源的难得契机。可以说,本所作为中国社会学史不可或缺的一部分,完整见证了改革开放后本学科的重建和发展。与几位老同志的面对面访谈,使我深切感受到两代学人之间的差异和差距。

就自身而言,相比于老前辈们,可能拥有更广泛的渠道,接触到社会学的各类前沿理论与方法论。然而,有时所长亦是所短,由于"实践感"的相对薄弱,容易走向"抽象经验主义"的偏狭。老一代学人所做学问讲求"不隔",所言之事近乎通透,这或许是起起伏伏的时代际遇和鲜活多样的生命历程才能赋予的。面对时代大潮,自有十足定力;面对学术论争,自有一番眼力。

"独立之人格"固然是学者的要义之一。但保有自主之余,也需兼顾他人。访谈中,老同志一再提及与其他部门开展合作,大家的意见有时会不统一。故解决之法,足见其格调。知其秉性,求同存异,迂回缓图,循循善诱,往往能达到甚至超过预期;一味坚持己见,不知变通,循规蹈矩,莫衷一是,往往只会适得其反。至于,穿凿附会,人云亦云,而不知己所不欲,勿施于人者,更非学者所为。其中深浅,不可不察。

毕业后,每每回想过往"师承"于"传道、受业、解惑"之中,效"事功"者多,而法"义理"者少,不免赧然。自度"师承"之难,难在"义理",难在"义理""事功"之协调。"义理"难学,或效法而暂不可得,或效法而终不可得,或但求效法而不知兼收精进;协调难解,或顾此而失彼,或取此而舍彼,运用之妙,存乎一心。此次访谈,每念及凡有一处之贤者皆可为师,若"义理"存焉,见贤思齐,再言"事功",尚可宽慰几分。

去年刚入职,所里安排我教授社会学理论课程。一来因初次承接教学任务,须臾不敢懈怠;二来因求学阶段并非专攻理论,需要充分备课。所以,名曰授课,实则"补课",给了我重新审视理论问题和尝试摸索教学方案的"补课"机会。

理论课一般始于学生的诸多困惑,例如"学社会学为何要从古典理论开始""古典理论对开展实际研究有何意义"。于我而言,这些困惑确实亲切,所不同的是,需要作为稍长于他们的研究者来回应他们眼中的"灵魂拷问"。专讲甲乙丙丁学说,或许贵在耐力;而探求学科意义,大约难在贯通。如果社会学的历史是"不断揭示出我们先前没有意识到的偏见之源,从而逐步使我们自身的思想精密化的过程",那么,教授古典理论就是与学生一同寻访这些思想的"童年",在源流回溯中,一一考察经典命题的历史变化。

上了课才越来越发现,在理论阅读和课程讲述之间其实还留有一段距离,看得懂并不代表能讲明白。从阅读到讲述,仍需跨越把握基本内涵、重新编辑符码、组织条理逻辑与言简意赅表达等环节。在这种理论"再生产"下,才能达到删繁就简、纲举目张的效果。然而,清晰易懂的课程讲述仅是面向之一。如果学生只满足于获得某个确定的最终答案,而缺乏独自在"坑"中持续"摔打"的实战经验,似乎又非求学的题中之意。若能常常感同身受于"事非经过不知难",无论对教或学,或许都有益无害。

授课即是"补课"。至今,有限的教学经历已然使我感到,如同寻觅研究问题一般,教与学亦会是一场永无止境的发现之旅,因为"穿行到城镇的另一端比一次环绕世界的航行要更困难,而要在自己家里进行一次发现之旅则是最最困难的"。

CHAPTER 03

社会学所大事记

1979 年

9 月

是 月 上海社会科学院决定筹建社会学研究学所,由黄彩英、薛素珍、王莉娟三人成立筹备组,黄彩英为负责人。

12 月

5 日 经上海市委宣传部批准,成立上海社会科学院学术委员会,黄逸峰任主任,李培楠、孙怀仁任副主任。下设哲学、经济学、部门经济学、世界经济学、历史学、法学、文学、情报学和社会学等 9 个学科组。

是 月 社会学所筹备组首次编印《社会学参考资料》,为油印本,不定期出版。至 1985 年,共编印了 96 期,约 250 万字。

1980 年

1 月

25 日 中共上海市委组织部同意并报请市委批准建立社会学研究所(筹)。

3 月

25 日 联邦德国索依希教授来访,并在锦江小礼堂作"应用社会学"学术报告,社会学所研究人员均出席。

6 月

10 日 汪道涵市长就社会学所研究工作情况写信给蓝瑛副院长:"我读了社会学所若干资料很有兴趣,但我觉得当前要解决理论与实际的联系问题,例如犯罪问题、精神病患问题、青年问题,等等。社科院可否就此研究研究,考虑若干措施?"

7月

是月 香港中文大学李沛良、刘创楚两位教授来院,分别作"社会学研究方法"和"近代社会变迁与中国社会的社会学"学术报告。

9月

是月 院领导先后召开6次院务会议检查各研究所1—8月贯彻科研规划的情况,社会学所(筹)编印的《社会学参考资料》1—8月共撰写学术文章39篇。

1981年

3月

13日 市委批复同意李剑华任上海社会科学院顾问,兼管社会学研究所(筹)工作。

4月

2日 院党委批准成立中共社会学所(筹)党支部委员会。经社会学所(筹)党支部大会选举,由黄彩英、陈树德、陆妙英三位组成,黄彩英任党支部书记。

7日 中共上海市委同意成立青少年研究所,该所受上海社会科学院和共青团上海市委双重领导,隶属上海社会科学院。

是月 意大利社会学者来访,介绍意大利教育社会学的发展历史和现状。认为,目前在研究方法上有一趋势,即纯理论的研究减少了,多半注重教育和经济的双重关系。

6月

13日 院党委决定,社会学研究所(筹)建立所务委员会,由李剑华、黄彩英、薛素珍、周荫君、陈树德5位组成,李剑华为负责人。

9月

是月 青少年研究所成立筹备组,成员为金志堃、段镇、施惠群、沈强新四人,由金志堃负责,编制暂定 20 人。

11月

9日 联邦德国社会学教授贝格尔来访,作"马克斯·韦伯论社会、经济和国家"学术报告,介绍当代西方社会学流派和社会学理论,并以社会学观点对现代化作了解释。

是月 青少年研究所正式宣布成立。

12月

28日—29日 中国社会学研究会会长、著名社会学家费孝通先生来沪参加 1981 年上海市社会学年会并发表讲话。次日,费孝通先生来院与部分科研人员座谈,就社会学的地位、发展与社会调查方法发表了自己的见解。

是月 日本社会学家访华团来访,介绍第二次世界大战后日本社会学发展情况,并对中国社会学者注重调查研究、重视探讨实际问题表示赞赏。

1982 年

3月

上旬 上海社会科学院经国务院学位委员会批准为首批硕士学位授予单位。批准授予学位的学科、专业共 21 个,包括社会学(人口理论)。

5月

6日 院科研处《简报》第 36 期刊登《社会学研究所重视对当前实际问题的调查》,介绍社会学所全体科研人员一方面努力学习革命导师的教导和社会学的基础知识;另一方面重视抓住当前社会问题，如青少年犯罪问题、青年就业问题、老年问题、妇女婚姻问题、独生子女教育问题等展开社会调查，分别写出调查报告23篇。市委宣传部办公室1982年5月31日编印的《宣传工作简报》第24期对此进行了详细转载，题为《上海社科院社会学研究所重视对当前实际问题的调查》。6月24日《文汇报》第二版以《上海社科院社会学研究所联系实际开展社会调查》为题作了简要报道。

6月

是月 青少所与团市委办公室联合主办的青年理论刊物《上海青少年研究》创刊，此刊为内刊，不定期出版。

7月

是月 加拿大约克大学社会学系教授罗里克来访，作"苏联社会学发展阶段和目前研究领域"报告，并就老年问题研究同有关研究人员进行座谈。

9月

是月 美籍华人社会学家李树青来访，作有关家庭起源的学术报告，对人类母系社会中由老年妇女掌权的传统看法提出异议。

是月 英国学术院和社会学研究理事会代表团来访，介绍近两年中英两国学术交流情况。

1983年

1月

10日 上海市教育学会、青少所、市教育局政教处、共青团上海市委学校部和少年部联合召开中学生理想教育研讨会。中心议题是根据青少年思想发展规律，讨论从理论和时间两方面进行理想教育。

是月 《上海青少年研究》由不定期出版改为月刊。

3月

16日 日本驻上海领事馆官员毛里和子来访，与社会学所黄彩英、薛素珍、陈如凤、王颐座谈，就社会主义与资本主义社会学的区别、对西方和东欧社会学的看法等交换了意见。

24日 印度妇女发展研究中心高级研究员克尔卡尔来访，与社会学所薛素珍、杨善华座谈，讨论我国当前婚姻、家庭、生育中存在的问题。

是月 青少所和共青团上海市委联合召开80年代如何深入开展学雷锋活动理论研讨会，共有300人参会。中心议题是在改革的80年代如何进一步开展学雷锋活动。

4月

2—8日 黄彩英赴成都参加由中国社会科学院科研办公室和民族、社会学、青少年问题学科规划小组召开的民族、社会学、青少年问题规划会议。

1984年

2月

16日 院召开法学所、社会学所、青少所部分科研人员"七五"规划设想座谈会，由副院长卢莹辉主持。与会者认为，全国哲学社会科学规划领导小组关于"七五"规划提出加强应用研究、多选综合性项目、组织力量攻关等基本意见是正确的，应该成为我们制定"七五"规划的指导思想；并就政治学与法学、青少年问题研究、社会学等方面在"七五"期间应该侧重研究的问题，提出了各自见解。

下旬 青少所与团市委联合召开上海市第一届青少年工作理论研讨会。100多名理论研究者和共青团、教育、宣传等部门的工作者出席会议。会议以"社会发展与青少年教育"为总题目,从"新技术革命与青少年工作对策""青少年教育思想的科学化、现代化""社会环境对青少年的影响""青少年工作方法论"四个方面展开讨论。

3月

31日 经院长办公室会议研究决定,部门经济所人口理论研究室并归社会学研究所(筹)。

4月

11—12日 法学所举行关于法的基本属性问题的学术讨论会,邀请情报所、社会学所的同志与会。会议主要讨论了关于法的定义,以及法的阶级性、社会性、基本属性等一系列问题。

5月

4—7日 日本社会福利学家访华团,在团长、日中社会学会会长福武直的率领下来沪访问交流,由社会学所负责接待。5日来院与社会学所部分科研人员座谈。

6月

是月 日本青少年研究代表团成员中村一郎来访,作"日本青年的社会规范意识"学术报告。

11月

26—30日 由青少所和共青团上海市委联合召开十四省市少先队科研横向协作会,有70人参会。

1985年

1月

是月 段镇任青少年研究所所长。

4月

29日 经中共上海市委批准,上海社会科学院社会学与人口学研究所成立。

10月

31日 张开敏任社会学与人口学研究所所长；丁水木任中共社会学与人口学研究所党支部书记兼副所长。

12月

是月 据院外事处汇总，自1978年10月至1985年12月，全院共接待来访外宾1273批，4184人。按学科分，社会学与人口学接待43批，122人；青少年研究所接待146批，600人。

1986年

2月

是月 《社会学参考资料》更名为《社会与人口》，同时改成铅印，由不定期出版改为季刊。至1987年年底，共编印了9期，约70万字。

是月 受全国少儿工作委员会委托，由青少所主办的我国首份少先队工作者群众性公开学术刊物《少先队研究》创刊。此刊为双月刊，主编先后由段镇、沈功玲担任，陈建强、倪新明等先后任编辑部主任。

8月

5日 院召开体制改革问题座谈会，经济所、部门经济所、哲学所、情报所、社会学与人口学所和历史所30余位研究人员出席会议。

9月

是月 社会学所与美国纽约州立大学奥本尼分校社会学系合作进行的"居民时间分配和生活质量"研究课题签署合作协议。根据协议，双方将互派课题研究人员赴对方协调研究工作。

10月

29日—11月4日 全国哲学社会科学规划领导小组召开"七五"规划会议。副院长夏禹龙、丁水木等学科组成员应邀参加会议。

11月

26日、12月3日 夏禹龙、朱庆祚召集历史所、部门经济所、世界经济所、法学所、社会学与人口学所等单位部分研究人员,讨论落实全国社会科学规划重点课题"上海香港比较研究"。基本确定此项目的研究重点放在探索香港经济发展的主客观原因及香港的政治、文化各方面。主要研究对象是香港,落脚点在上海。目的是进一步了解香港,为振兴上海提供借鉴,为党和政府制定上海发展战略及香港1997年后的政策提供参考意见。

12月

是月 所长张开敏获"1986年度全国计划生育工作先进个人"荣誉称号。

1987年

1月

10日 社会学与人口学所被核准为副局级单位。

是月《上海青少年研究》内刊更名为《当代青年研究》,由青少所主办,并面向国内外公开发行。主编金志堃。

2月

月初 联邦德国特里尔大学教授柯宁格来院访问,与院科研人员探讨苏联实行改革的前景,并与经济所、部门经济所、社会学与人口学所商议合作研究事宜。

3月

27—29日 日本日中社会学会第二次访中团在团长青井和

夫(前日本社会学会会长)的率领下来沪访问,社会学所负责接待。28日来社会学所访问,与部分研究人员座谈。

7月

是月 美国纽约州立大学奥本尼分校社会学系林南教授来社会学所参加"居民时间分配和生活质量"合作研究课题的协调工作。

8月

12—13日 院召开工作会议,会议围绕"深化院所改革,努力把上海社会科学院建设成为在国内外有影响的社科研究基地"这一主题进行热烈讨论。会议决定将全院研究所和直属单位划分为文史哲、经济、法学与社会学三大片。

11月

24—26日 青少所与共青团上海市委、上海青年干部管理学院联合召开上海市第四届青少年研究会,主要探讨现代化进程中的青年问题、政治体制和经济体制改革背景下的青年工作、青年学学科建设等问题。

12月

25日 经中共上海市编委批准,成立上海社会科学院人口学研究所,单位为处级。原社会学与人口学研究所同时更名为社会学研究所,单位为副局级。

1988年

4月

是月 社会学所所刊《社会与人口》更名为《社会学》,主编丁水木,副主编吴书松。

6月

7日 丁水木任社会学研究所所长。

是日 金志堃任青少年研究所所长。

7月

13—14日 社会学所和上海市社会福利研究会联合召开社会主义初级阶段社会保障理论研讨会。40多名来自全市24家单位的理论工作者和基层工作者参会。市委办公厅、市政府办公厅也派人参加会议。与会者认为，我国现阶段社会保障模式应具有下列特征：社会保障范围普遍化、社会保障形式多样化、社会保障内容多层次化、保障基金渠道多元化、公平与效率统一化、社会保障管理社会化。

8月

2—9日 美国哥伦比亚大学人类学教授孔迈隆来访，商谈"中国农村家庭组织"合作研究课题。由薛素珍负责陪同，所长丁水木、副所长吴书松与其商谈。

1989年

1月

是月 《社会学》杂志申领了内部期刊准印证，面向社会内部发行。

3月

7日 院召开庆祝三八国际妇女节大会。社会学所社会生活室获1988年度上海市"三八红旗集体"荣誉称号。

30日—4月2日 由青井和夫为团长、福武直为顾问的日本日中社会学会第三次访华代表团一行17人来沪访问交流，社会学所负责接待。4月1日与社会学所部分研究人员座谈。代表团还访问了徐泾镇、徐汇区新乐街道张家弄居委会和上海市社会福利院。

7月

月底 青少所受国家教委基础教育司委托,举办首次全国青春期教育理论与实践研讨会。出席会议的有国家教委和全国15个省、市的有关干部、教师70余人。会议围绕"青春期教育现状及经验""青春期教育对策""青少年性心理的发展""社会文化环境与青春期教育""青少年性失误"等五个专题进行讨论。

9月

27日 社会学所举行建所10周年庆祝活动。10年来,共取得各类科研成果1184项。其中发表专著5本、译著10本、翻译书2本、工具书3本、小册子5本。

1990年

年初 汪道涵欣然为社会学所刊物《社会学》题写了刊名。

2月

是月 社会学所与上海市社会学会联合召开"经济体制改革与现行户籍管理制度"理论研讨会。对社会学所承担的国家社科基金资助项目"现行户籍管理制度与经济体制改革的相互关系"课题研究的最终成果进行评估;同时邀请理论界专家和相关基层工作者与社会学所研究人员进行专题讨论。

9月

是月 社会学所组织吴泽霖先生学术思想研讨会。会上,请吴老同时代的著名社会学家李剑华及吴老的学生章人英介绍吴老先生严谨的治学态度和一丝不苟的研究作风。邓伟志、薛素珍、陈树德、许妙发等老、中、青三代学者则根据自己的了解及研究角度介绍了吴老先生的学术思想。

1991 年

是年 金志塈被选为1991—1994年度国际社会学会青年社会学研究会副主席（代表亚洲地区），负责亚洲地区的学术活动。

7月

23—27日 所长丁水木赴北京参加"中国社会学研究"国际研讨会。参加研讨会的有美、英、法、瑞典、荷兰以及港台地区专家、学者和大陆代表43名，观察员32名。丁水木提交论文《现代户籍制度的功能及其改革思路》。

10月

12—15日 在北京社科院社会学所所长宋书伟陪同下，法国巴黎第七大学社会学系主任比埃尔·福热罗拉其夫妇来沪参观并与社会学所相关人员座谈。

11月

9日 由市委宣传部和市纠风办主办，社会学所与《解放日报》《文汇报》两报理论部协办的纠正行业不正之风理论研讨会召开。所长丁水木、陆晓文参会，并分别在会上发言。

1992 年

3月

4日 院召开外事工作会议，社会学所等机构在会上交流做好出国人员思想教育工作和归国人员安置工作的经验。

4月

22日 社会学所与上海市社会学学会、《社会》杂志编辑部联合召开"改革进程中的社会问题及其对策研究"理论研讨会。

8月

21日 陈烽、卢汉龙、潘大渭、孙慧民、李灵等科研人员接待俄罗斯科学院社会政治研究所代表团。讨论了中俄两国现代社会政策发展问题,并同我院有关研究所探讨合作研究课题的可能性。

9月

是月 苏颂兴任青少年研究所所长。

11月

5—9日 丁水木、吴书松、卢汉龙接待美国纽约州立大学社会学系教授约翰·罗根,就合作课题的调查和研究工作进行商谈,并签署合作意向书。

是月 上海人民广播电台"市民与社会"专栏节目开播,丁水木、李灵、陆星、夏国美等科研人员先后作为该节目的特邀嘉宾参与主持讨论。李灵、陆星、夏国美3人轮流参加电台的短期工作,与节目组建立了良好的合作关系。

1993年

3月

8日 徐安琪获1993年度上海市"三八红旗手"荣誉称号。

26—28日 青少所与上海市青年联合会、上海青年报社联合举办"现代化与青年"亚洲青年国际学术研讨会,国内外60余名专家、学者参会,收到论文30多篇。会议重点讨论传统文化与现代意识的关系,青年社会性格、价值观念变化的走向,青年社会问题及其教育、控制,青年现状与需求以及相应规划的制订,对亚洲和中国青年研究工作的评估与展望等问题。

6月

3日 市府研究室、市经济研究中心、市体改委召开市政府决策咨询研究工作会议,所长丁水木被聘为第一批市政府决策咨询专家之一。

17—18日 社会学所与上海市社会福利研究会联合举办社区服务与社区发展理论研讨会。来自理论界专家学者和基层部门70余人参会。会议主要讨论关于社区服务的现状及其发展模式、社区发展是社区服务实践到一定阶段的必然产物等问题。

7月

7日 院党委决定,"邓小平理论研究中心"正式成为院直属中心,社会学所陈烽、青少所苏颂兴等任理事。

8日 上海市社会学学会举行年会并进行换届选举,所长丁水木、副所长吴书松、卢汉龙等三人当选为学会第四届理事会理事。理事会选举丁水木为副会长兼秘书长。

12月

24日 所长丁水木赴北京参加中国社会学学会社会发展与社会保障研究会成立大会,并当选为该会第一届理事会常务理事。在京期间,他与石祝三、吴铎拜访了全国人大副委员长费孝通、雷洁琼。

1994年

5月

6—9日 社会学所参与承办的"1994年中国社会学学术年会"召开。全国人大常委会副委员长、中国社会学学会名誉会长雷洁琼,民政部副部长阎明复,中共上海市委常委、副市长、浦东新区管委会主任赵启正,中共上海市委常委、宣传部部长金炳华,中国社会学学会会长袁方,中国社会学学会副会长陆学艺,中国社会学学会顾问陈道,上海市政协副主席、上海市社会学学会会长石祝三等参加会议并作重要讲话。全国人大副委员长、中国社会学学会名誉会长费孝通发来贺信,本次年会共收到论文170余篇。

5月

21日 卢汉龙任社会学研究所所长。

9月

2—5日 由青少所、澳门教育暨青年司和澳门学联等联合举办的第二届亚洲地区青年问题国际研讨会在澳门举行。日本、马来西亚、中国香港及澳门和内地专家、学者40余人参会,收到论文24篇。会议围绕青年参与的历史及现状,青年参与的社会环境和相关政策,教育、社团活动与青年参与素质的培养,独生子女消费,青少年进入社会时间,以及青少年挫折教育问题展开讨论。

20日 由社科院和市纠风办联合主办、社会学所承办的上海市职业道德建设研讨会举行。院长张仲礼致辞,市纪委副书记、监委副主任、市纠风办主任韩坤林作总结发言。会议共收到论文51篇。与会者就职业道德建设的理论探讨、政策研究及工作实践进行了广泛交流。所长卢汉龙、丁水木、王莉娟等参会。

11月

10日 社会学所和上海市婚姻家庭研究会联合主办"市场经济与家庭变迁"研讨会,本市高校、妇女工作者、新闻界、专家、学者和基层工作者40余人参会。会议主要讨论上海家庭的变迁概况、市场经济对家庭的影响、市场经济条件下的性和婚姻、建设适应社会主义市场经济社会的家庭等问题。

10—12日 社会学所主办华东六省一市社科院社会学所所长会议,交流华东各所学术研究情况,共同探讨中国社会学如何进一步发展,并商定成立华东地区社会学所学术成果评奖委员会。院党委书记、副院长严瑾出席会议,所长卢汉龙、副所长吴书松、丁水木、钟荣魁、徐安琪、王莉娟等参会。

1995 年

3 月

15 日 院长办公会议审定院邓小平理论研究中心等 4 个研究中心领导班子名单。会议同意成立"上海社会科学院妇女研究中心"。挂靠社会学所。

5 月

23 日 副所长吴书松等参加接待南斯拉夫总统夫人及副总理、外交部长等外宾。

30 日 美籍十大杰出女华人、美国纽约州卫生部长蒲慕蓉女士来所作题为"精神卫生与公共政策"报告。

11 月

是月 所长卢汉龙受聘为上海市第一中级人民法院廉政监督员和人民陪审员。

1996 年

5 月

6—11 日 上海市社会学学会和社会学所联合举办"社会学课题设计与操作研究班"。来自全国 24 个省市社会科学院的社会学所、大学社会学系及美国、中国台湾等地的代表参加研究班。院长张仲礼、上海市社会学学会会长石祝三、中国社会学学会副会长吴铎出席开幕式并致辞。院党委书记严瑾、副院长左学金出席开幕式。

8 月

2—6 日 所长卢汉龙赴沈阳参加 1996 年中国社会学学会理

事会,并当选为中国社会学学会常务理事。

12月

是月 市纪委、市监察委员会聘卢汉龙为上海市纪检监察特约研究员。

1997年

2月

28日 所长卢汉龙被市政府发展研究中心聘为市政府决策研究专家委员会专家(1997—1998年度)。

7月

15—17日 青少所、上海市青年联合会、青年报社联合主办第三届亚洲地区青年问题研讨会。来自日本、马来西亚、泰国及我国台湾、香港和澳门等10多个国家或地区的60多名学者参会。

10月

5—8日 社会学所召开"社会变迁中的婚姻质量"论文评讲会,来自国内外80余位专家学者和社会工作者参会。共收到论文近40篇。市妇联主任章博华,院领导张仲礼、严瑾、左学金等出席会议。

12月

4日 社会学所与市民政局联合举办上海市老年人权益保障研讨会,所长卢汉龙、副所长吴书松、王莉娟等参会。

1998年

1月

是月 所长卢汉龙当选为上海市第十一届人民代表大会代表。

2月

下旬 院邓小平理论研究中心领导班子调整,所长卢汉龙担任该中心副主任。

5月

是月 夏国美在上海市性教育协会第二次会员代表大会上当选为理事会理事。

6月

19日 上海市社会学学会换届改选,卢汉龙当选为副会长,吴书松当选为理事,王莉娟当选为副秘书长。

1999年

7月

28—31日 社会学所和国际社会学学会城市与区域发展研究会、美国社会学学会联合举办"中国城市的未来:面向21世纪的研究议程"国际研讨会。会议集中探讨中国城市发展与城市生活问题,包括城市发展规划、住房改革、环境质量、公共服务网络、社区、迁移和流动人口等诸多方面。对国内外业已开展的中国城市研究作了回顾,并确定需要进行的新课题。来自20多个国家和地区的120多位城市研究各科的学者参会。

8月

14日 青少所所长苏颂兴赴北京出席全国青年研究会成立大会暨青年创新问题研讨会,并当选为该会副会长。

12月

是月 杨雄参与写作的《中国大学生价值观研究》获1999年全国第二届教育科研优秀成果一等奖。

2000 年

1 月

25 日 社会学所举行建所 20 周年纪念座谈会，院党委书记程天权、院长张仲礼、上海市社会学学会会长邓伟志、所长卢汉龙出席座谈会并分别讲话。会议由副所长吴书松主持，全体职工参加座谈会。

9 月

1 日 院妇女研究中心和上海市妇女婚姻家庭研究会联合举办"婚姻法修改与妇女权益保障"专题研讨会。与会专家学者围绕离婚自由与限制离婚、配偶权和同居义务、维护妇女儿童合法权益和妇女财产权的保障等问题进行研讨。

12 月

是月 杨雄任青少年研究所所长。

2001 年

4 月

25 日 院长尹继佐会见德国法兰克福大学哲学家哈贝马斯教授，社会学所部分科研人员参加接待。

2002 年

1 月

11 日 院召开社会片行政合署办公工作会议。院长助理刘华介绍了社会片行政合署办公方案的要点，宣布社会片的社会学所、青少所、人口所和宗教所合署办公，建立社会片所长联席会议制度，并成立片办公室，王莉娟为办公室主任。

22日　院召开所长会议，正式宣布设立政治经济学、产业经济学、世界经济、国际关系、经济刑法、上海城市研究、文化发展研究、社会转型与社会发展等8个重点学科，同时确定了8名学科带头人、52名学科骨干、33名特色学者和14名优秀青年学者，并每年给予相应的科研岗位津贴。卢汉龙任社会转型与社会发展学科带头人。

2月

27日　院科研处被评为2001年度上海市科技统计先进集体，参加该项统计工作的学术秘书中，社会学所王莉娟等7位同志荣获先进个人称号。社会学所等5家研究所获得一等奖，青少所等8家研究所获得二等奖。

3月

25日—4月4日　应中国社会科学院邀请，国际社会学学会主席、以色列特拉维夫大学教授本·拉斐尔(Eliezer Ben-Rafael)、国际社会学学会前任主席、日本兵库教育大学教授佐佐木正道(Masamichi Sasaki)一行3人来华访问。在华期间，外宾访问了上海社会科学院，同上海的社会学教学与科研人员座谈。上海市社会学学会会长邓伟志、副会长吴铎，中国社科院社会学所副所长汪小熙陪同，社发院院长、社会学所所长卢汉龙，副所长潘大渭、孙克勤，社发院副院长、青少所所长杨雄以及人口所所长张鹤年等参加了座谈会。

4月

9日　院召开重点学科签约仪式暨科研成果配套奖励大会。社会转型与社会发展等6个重点学科被上海市委宣传部批准为上海市哲学社会科学重点学科。会上，院长尹继佐与8位重点学科的学科带头人签订了"上海社会科学院重点学科协议书"。同时，对在第五届国家图书奖及第四届上海市决策咨询研究成果评奖中获奖的卢汉龙等 5 位同志给予配套奖励。

16 日 清华大学孙立平教授、北京大学张静教授来所作学术报告。

5 月

是月 社会学所举行特约研究员(谢玲丽、马伊里、郭弈凯、戴律国)聘任仪式。

6 月

12—14 日 社会学所与美国内布拉斯加州立大学人力资源和家庭科学学院联合举办"家庭：优化与凝聚"国际研讨会。会议由所长卢汉龙主持,院党委副书记张济康致开幕词,邓伟志教授代表中国社会学学会和上海市社会学学会致辞,副院长左学金出席闭幕式并致辞。会议围绕"如何增强婚姻和家庭的凝聚力、如何优化婚姻和家庭生活"的主题,采用主题报告和分组讨论相结合的方式进行学术研讨和交流。

11 月

11 日 社会学所与市对外友协、智利驻沪商务处合作召开智利养老基金运作报告会。

22 日 社会片召开党总支成立大会。会上,院党委副书记张济康宣布院党委《关于同意成立中共上海社会科学院社会片总支委员会的决定》,宣读了《关于杨雄、王莉娟当选职务的批复》,同意杨雄任中共上海社会科学院社会片总支委员会书记,王莉娟任总支副书记。

12 月

是月 《当代青年研究》杂志继 1992 年、1996 年后第三次被评为全国中文核心期刊,并首次入选中国人文社会科学核心期刊。

2003 年

3 月

6 日 院举行"创新求知、开拓未来"庆三八表彰联谊会。社会学所徐安琪获"2001—2002 年度上海市三八红旗手"荣誉称号。

11 日 院妇女研究中心组织召开主题为"社会性别视角中的当代都市妇女状况研究"妇女研究论坛。社会学所徐安琪、夏国美等人参会并分别发言。

4 月

是月 应市民政局要求,社会学所承担上海市社会工作者职业资格考试培训教材《社会工作法律基础》撰写工作。

7 月

是月 所长卢汉龙受聘为上海市人大常委会立法和咨询专家。

9 月

9 日 院召开社会发展研究院成立大会。院党委副书记刘华主持会议,宣布上海社会科学院社会发展研究院正式成立,并介绍社会发展研究院的基本情况和运作机制;院长尹继佐到会并作重要讲话;社发院院长、社会学所所长卢汉龙和社发院副院长、党总支书记、青少所所长杨雄代表新组建班子相继发言。社会发展研究院成立后,将以全新的院务委员会、学术委员会、聘任委员会取代原有的新政合署办公、所长联席会议制、轮值主席制等原试行机制,进一步提高科研管理和行政管理效率,以更有效地发挥 4 家研究所科研力量的整合优势,促进社会研究相关学科的发展。

25 日 青少所召开"青年失业现象分析"学术讨论会,与会学者就城市化进程加快,以及产业结构升级导致青年失业现象的结构性矛盾等问题进行了探讨。

10月

27—28日 社会发展研究院与法国现代中国研究中心联合主办以"人力资本与能力建设"为主题的中法论坛,20余位著名专家就"精英与政治""政治精英培训""人力与培训""转型与分层""转型与知识分子"等主题作了演讲,并进行了广泛而深入的讨论。社会发展研究院院长、社会学所所长卢汉龙和法国现代中国研究中心主任纪野教授共同主持会议,院长尹继佐在会上作题为"世界进入能力主义时代"的主题发言,卢汉龙就精英与发展能力问题作了主题发言。法国驻沪总领事薛翰出席会议并致辞,院名誉研究员、著名学者王元化也为论坛发来了书面致辞。

11月

1—2日 社会学所举办"社会科学与艾滋病:理论和实践"研讨会,这是社会科学界首次组织多学科专家探讨我国艾滋病问题的理论研讨会。国内社会学、伦理学、法学、流行病学和公共卫生政策的研究者与实践者共60余人出席会议,就如何利用社会科学的理论和方法来指导防治艾滋病进行了探讨。国家性病艾滋病预防控制中心王若涛研究员、中国社会科学院邱仁宗研究员和中国人民大学性社会学所所长潘绥铭教授分别在会上作了题为"中国艾滋病的现状与挑战:社会科学视角""中国艾滋病法律改革建议:政策和伦理问题""性存在(sexuality)和艾滋病"的主题报告。

10日 社会学所夏国美研究员作为特邀专家出席了清华大学、戴蒙艾滋研究中心、中国医学科学院、中国协和医科大学主办的"AIDS与SARS国际研讨会",并作了题为"艾滋病病毒和人:我们拒斥谁?"的演讲。

21日 日本《朝日新闻》上海支局记者冢本和人就中国艾滋病的

防治、中央政府卫生部承诺将对贫困的患者免费提供医疗服务措施等问题访问了夏国美研究员,她结合自己的研究,就中国在这一领域进行的努力和现状对该记者作了宣传和介绍。

12月

30日　社会发展研究院召开生活方式研究学术交流会,获2003年国家课题立项的社会学所副研究员陶冶介绍全国生活方式研究的概况、申报课题的设计思路、研究内容和预期成果、设计课题4个要素等内容。

2004年

1月

是月　《2004年上海(系列)发展蓝皮书》出版发行。蓝皮书包括经济、社会、文化和环境资源四大系列,由院长尹继佐担任主编。自2005年后,《上海社会发展报告》蓝皮书由社会学所负责,主编卢汉龙。

2月

20日　院举行"HIV/AIDS社会政策研究中心"成立仪式。院长尹继佐到会致辞,并宣布上海社会科学院HIV/AIDS社会政策研究中心正式成立。副市长杨晓渡出席成立仪式并为中心揭牌。中心挂靠社会学所,夏国美任该中心主任。

3月

5日　哲学所俞宣孟研究员来社会学所作题为"如何认识和理解哲学思想,西方哲学家如何认识和理解当代社会"的学术报告。

12日　上海市发展和改革委员会发布了《上海市"十一五"规划重大研究课题招标报告》,确定了31项中标课题,上海社会科学院获得6项。包括卢汉龙主持的"'十一五'期间上海建设'以人为本'的社会事业体系的内涵、目标及重点研究"课题。

24日 社会发展研究院召开"协调和均衡上海社会发展的趋势与战略"论坛。研讨内容涉及大学生就业问题，工读学生教育、调适和就业，大学生教育的传承和创新，青少年心理健康教育的系统生态观，当代青少年犯罪的特点，青少年德育教育的改革，青年干部的教育，以及创造经验的评估等。

25日 院举办首届上海现代化论坛，主题为"协调和均衡——上海社会发展的趋势与战略"。中共上海市委副秘书长陈旭、中共上海市委政治文明办公室副主任施凯、上海大学社会学系主任邓伟志、清华大学人文社会科学学院副院长李强，以及社会发展研究院院长、社会学所所长卢汉龙等应邀在会上分别以"转变政府职能与中介组织发展""依法治市与社会治理""以人为本与社会进步""城市发展与社会稳定""小康社会与社会可持续发展"为题作演讲。

4月

是月 青少所召开"风险社会中的主观幸福"学术报告会。与会者阐释了风险社会的四个基本特征，风险社会中的主观幸福、主观幸福与心理健康的关系、主观幸福的理论，并根据风险社会中引人关注的若干问题，探讨了就业、失业与主观幸福的关系等。

5月

14日 由市妇儿工委、市妇联、市教科院和《解放日报》等共同主办，青少所、市妇联儿童工作部、市教科院家庭教育研究与指导中心、《新闻晚报》等联合承办的"未成年人思想道德建设研讨会暨上海市家庭教育研究中心"揭牌仪式举行。来自家庭、学校和社区的代表在专题研讨中分别作了精彩发言，沪上知名社会学家、心理学家、哲学家及教育问题专家亦从各自的角度就新形势下未成年人面临的问题和困惑展开深层次讨论。

24日 青少所、上海家庭教育研究中心和上海盈昌实业有限公司联合召开现代学校数字化沟通模式研讨会。会上,以未成年人思想道德建设为背景,就当前青少年发展的学校联系方式、数字化沟通技术的模块设计、运作效应,以及试点情况进行探讨。

31日—6月3日 社会发展研究院与上海统计局、英国曼切斯特大学卡西·马休人口普查和社会调查人口研究中心联合举办"中英合作社会调查和统计方法国际研讨班"。中外学者就有关生命周期、社会分层、移民和健康、失业风险中个人地理性的变化等问题进行交流和讨论。

6月

15日 社会学所召开"近15年来欧美社会学发展概况"学术交流会,法国学者德弗诺与同事一起对"多次比较研究以及所采用的多元分析框架"等问题作了介绍。

是日 青少所召开"社会进步与青少年养成教育"学术交流会。就养成教育的界定、多学科视角下的养成教育、素质教育与养成教育、青少年社会化与养成教育,以及社会转型时期的青少年养成教育等问题进行探讨。

22日 社会学所召开"理论取向的实证研究"学术交流会。就理论的内涵与研究假设的构成,理论命题→操作化→建立研究假设,建立研究假设时容易发生的几种谬误、理论取向的实证研究与决策取向的实证研究之比较等问题进行交流。

7月

9日 社会学所召开问卷设计讨论学术交流会,主要介绍问卷设计的技术要点和须注意的问题,尤其侧重介绍理论假设、概念形成和量化指标之间的关系。

13日 青少所召开关于青少年社会发展报告书的构想学术交流会。

16日 院妇委会召开2004年年终工作总结暨优秀女科研人员表彰会。夏国美、徐安琪分别获院"巾帼建功——优秀女科研人员奖"荣誉称号。

8月

9—10日 所长卢汉龙、徐安琪应台湾"中央研究院"社会学所邀请,赴台北参加"社会经济发展与妇女家庭地位:三个华人社会之比较"学术研讨会。卢汉龙和徐安琪分别在会上作题为"市场化转型中的过渡一代:大陆中年人的家庭生活与职业生活""上海家庭的权力关系及其影响因素分析"的学术报告。

9月

20日 社会学所召开流动人口权益保护问题学术交流会。会议就全国流动人口发展及对中国经济社会发展影响、目前中国流动人口中权益侵害现象及危害、中国流动人口权益保护的对策分析等问题展开交流。

20—21日 青少所召开全国青少年养成教育研讨会,会议围绕"社会进步与青少年养成教育"等问题分5个论坛进行讨论。院党委书记、院长王荣华出席论坛开幕式并致辞。

21日 社会学所召开"描述统计在社会学研究中的应用"学术交流会。结合本所单亲家庭调查和择偶观调查,就数据录入、整理和分析、用SPSS解决基本描述性统计等问题进行介绍和交流。

24日 社会学所召开"SPSS统计指标的具体含义"学术讨论会。就SPSS中的统计分析的检验指标的解释、理论来源和判断方法，以及抽样调查的理论在社会调查中的运用和 SPSS 的作用等问题进行探讨。

是月 社会学所与上海市慈善基金会联合成立"上海慈善事业发展研究中心"，卢汉龙任中心主任。上海慈善事业发展研究中心是一个多学科、多领域参与的开放性公共平台，旨在发动、联系和组织本市各方面的专家学者以及慈善实践工作者，以问题为导向，以发展对策为宗旨，总结中国尤其是上海的经验，积极探索具有中国特色、上海特点的慈善事业理论和实务方法；同时，积极引进与吸取世界先进的慈善发展理念与方法，使中国的慈善事业逐步走向成熟，得到更为健康和有效的发展。

10 月

10 日 社会学所召开"决策和后悔的值理论比较"学术交流会。张结海副研究员指出该值理论拓展了诺贝尔奖得主 Kahneman 教授的标准理论（Norm theory），并提出影响后悔的主要因素除了 Kahneman 的做与不做因素之外，还发现原因和后果强度也对后悔有影响。

22—23 日 青少所召开所三年发展规划院外专家务虚会。就加强未成年人思想道德建设的年度报告、大学生群体研究系列、"青少年研究"文库的建设、决策咨询报告和社会热点问题的把握、所内部的队伍建设和聘请院外专家来所任讲席教授的设想等内容作了介绍。

12 月

3 日 社会学所召开"扩大中等收入与重构现代化社会结构"学术讨论会。与会专家学者就当前中等收入群体的基本状况（以合肥市为例）、如何定义中等收入群体、扩大中等收入群体的若干思路等进行探讨。

14 日 社会学所召开收入分配与社会发展学术讨论会。与会专家学者就经济增长与收入分配的理论、社会政策与收入分配的关系、财政体制的改革与调整,以及有关当前收入分配的调查情况等进行探讨。

15 日 由上海社会科学院主办,上海市法学会、上海市立法研究所、美国天普大学协办,社会学所承办的"艾滋病立法国际论坛"召开。会议旨在为上海的艾滋病立法提供理论框架和专家建议。上海市人大常委会副主任胡炜,人大常委会法工委主任、立法研究所所长沈国明,人大常委会教科文卫主任夏秀蓉,上海社会科学院副院长熊月之等 10 多位领导及美国驻上海领事馆总领事夫人 Nancy Spelman 出席本次论坛。院 HIV/AIDS 社会政策研究中心主任夏国美主持会议,有来自美国、加拿大和澳大利亚法学、公共卫生等领域的国际著名专家,以及国家疾病预防与控制中心、上海社会科学院、清华大学、复旦大学、华东政法大学等高校、研究机构及法律领域的学者参会。

16 日 社会学所召开"大都市社会结构的组织变迁"学术讨论会。与会专家就社会变迁中组织结构的新变动、新经济组织等新型社会组织的定位与发展、社区建设与组织再造等进行探讨。

2005 年

4 月

7 日 围绕构建和谐社会主题,社会发展研究院召开"社会稳定与社会发展"专题研讨会。复旦大学社会学系教授胡守钧、华东师范大学社会学系教授陈映芳、上海交通大学政治与管理学院教授胡伟、市社联科研处处长徐中振、市政治文明办公室主任徐可畏、卢湾区委政策研究室主任庞啸以及所长卢汉龙、副所长孙克勤等分别在会上发言。

23—24日 院城市与区域研究中心和华东师范大学中国现代城市研究中心联合举办"21世纪中国城市转型和发展"学术研讨会。会上,院城市与区域研究中心和各地城市与区域研究方面的有关专家进行了深入交流并达成合作意向。同时,卢汉龙被华东师范大学中国现代城市中心聘为兼职教授。

5月

13日 美国国家科学基金会(NSF)社会、行为、经济学部Wanda E. Wand等一行5人来访。常务副院长左学金主持座谈会,所长卢汉龙等出席座谈,议题涉及城市可持续发展、长江三角洲地区发展、管理与决策科学、计算机对社会的影响,以及基金管理、犹太及中东冲突等。

23日 应院党委副书记童世骏邀请,台北大学社科院副院长、政治系教授江宜桦,台湾"中央研究院"人文社科中心研究员蔡英文、张福建来访,与上海社会科学院部分学者就哲学、政治学、社会学、经济学等学科的问题进行探讨。社会学所陆晓文等出席座谈会。

7月

14日 应法国驻沪总领事邀请,所长卢汉龙等人参加法国国庆活动。

17—21日 社会学所与上海市心理咨询培训中心、上海婚姻家庭研究会和美国内布拉斯加州立大学教育和人类科学学院联合举办"家庭压力与心理咨询"高级讲习研讨班。美国内布拉斯加州立大学林肯分校家庭与消费科学系、美国北伊里诺斯州立大学家庭、消费和营养科学系以及澳大利亚纽卡斯尔大学"家庭行为研究中心"的学者、教授应邀出席研讨班,并就"家庭凝聚力评估""美国婚姻家庭咨询与治疗的发展历史、基本概念和方法""家庭压力和治疗""婚姻调适和临床治疗""青春期教育、家庭暴力和亲子关系的心理咨询""社区发展与家庭"等问题进行演讲和专题研讨。

8月

25日 上海市社会学学会、社会发展研究院和英国伦敦政治经济学院联合举办"全球公民社会与中国和谐社会"理论座谈会。澳大利亚塔斯马尼亚大学高默波博士、上海大学邓伟志教授、英国伦敦政治经济学院常向群博士分别在会上作主题发言。

31日 澳大利亚悉尼大学副校长June Sinchlair教授等4人来访，与上海社会科学院签署学术交流备忘录。社会发展研究院院长、社会学所所长卢汉龙等参加会见和座谈。

10月

是月 张结海的《共同参照点的测量方法》刊登在《实验社会心理学》上，引起了全球同行关注。这是中国学者首度在社会心理学领域全球排名第二的权威杂志上发表论文。

11月

15日 院HIV/AIDS社会政策研究中心主任夏国美主持的福特基金会资助项目"中国艾滋病社会预防模式研究"举行结题报告会。会议由社会发展研究院院长、社会学所所长卢汉龙主持。夏国美对课题研究成果作了简要报告，与会相关部门的政府官员和专家学者对课题研究成果《中国艾滋病社会预防模式研究》作了精彩点评，代表们对该研究成果给予了充分肯定。上海市卫生局、市CDC艾滋病中心等政府部门领导，中国协和医科大学、复旦大学等高校的专家学者，以及本市部分民间团体成员和多家媒体代表共40余人参会。福特基金会项目官员李文晶女士出席会议，副院长熊月之到会并作发言。

24—26日　由上海社会科学院、市妇联、新民晚报社联合主办，青少所、市家庭教育研究会和市家庭教育研究中心联合承办的第五届上海"为了孩子"国际论坛举行。论坛主题为"儿童安全与社会责任"。上海市副市长严隽琪、上海社会科学院常务副院长左学金、联合国儿童基金会小野正博等分别在开幕式上致辞，国际儿童安全联盟主席皮特森、上海市政协副主席、上海社会科学院党委书记、院长王荣华，上海市妇联副主席史秋琴分别在闭幕式上致辞，200余位来自美、英、法、德等11个国家和国内京、津、浙、粤等23个省市及香港地区的专家学者、政府官员和非政府组织代表出席论坛。

12月

9—10日　上海社会科学院HIV/AIDS社会政策研究中心举办艾滋病防治立法论坛。院党委副书记童世骏出席论坛并致辞。论坛围绕上海艾滋病立法进行专家讨论和评论，并举行了意见征询会，倾听与会代表对"上海市艾滋病防治条例专家建议综合稿"的具体意见。来自北京、云南、上海等地的专家学者，人大和政府官员、民间组织和部分媒体代表60余人参加论坛。北京大学人口所所长郑晓瑛教授也出席本次论坛。

13日　社会发展研究院举行学术报告会，由香港大学社会工作系主任梁祖彬教授介绍香港的社会保障与社会福利概况。

19日　上海社会科学院与上海市慈善基金会联合主办，社会学所承办的"营造慈善文化，健全社会保障——2005年上海慈善理论研讨会"举行。与会专家与学者就慈善意识、慈善事业与社会保障体系的衔接、慈善事业与构建和谐社会、慈善立法、慈善超市、慈善事业与福利彩票等问题展开广泛讨论。社会学所所长、上海慈善事业发展研究中心主任卢汉龙作题为"转型期上海慈善事业发展研究"的主题报告。

31日 根据南京大学中国社会科学研究评价中心发布的公告,青少所主办的《当代青年研究》(学术卷)入选2006年度CSSCI来源期刊。

是月 上海市教育发展基金会2005年度"曙光计划"评选揭晓,社会学所张结海入选。

2006年

1月

13日 院召开2006年上海发展系列蓝皮书新闻发布会。常务副院长左学金到会致辞,原院长张仲礼出席新闻发布会,社会科学文献出版社范广伟专程到沪与会并致辞。四本蓝皮书的主编陈维、卢汉龙、蒯大申、王泠一分别介绍了2006上海发展蓝皮书中的重要观点和内容框架。《解放日报》《文汇报》及新华社上海分社、《人民日报》华东分社等媒体记者应邀参加新闻发布会。

2月

14日 美国福特基金会新任项目官员贺康玲(Kathleen Hartford)上任后首次来访,商讨合作事宜。所长卢汉龙、副所长潘大渭、青少所所长杨雄与贺康玲就未来合作项目交换意见。

4月

7日 院召开"荣辱观的向度与尺度"研讨会。会议围绕荣辱观的时代性、实践性、系统性、层次性和树立社会主义荣辱观的着力点等展开讨论。历史所、哲学所和社会发展研究院的专家学者参加研讨会。

14日 院召开2006年科研工作会议,会议主题为"加强学科建设,提高智库能力"。院新一轮重点学科包括社会发展研究院的

"社会转型与社会发展"。

5月

6日 上海市副市长杨雄来院听取了世博会城市实验区项目的汇报。课题执行组长卢汉龙就世博会城市实验区的功能定位、理念定位、形态定位以及对展示内容、招展对象和展场的空间布局等相关问题向杨雄副市长作了详尽汇报。

15日 举行上海社会科学院家庭研究中心正式成立暨中国家庭研究网站（http：//www.familystudy.org.cn/）开通仪式，同时举行"传媒与家庭生态环境的优化"研讨会。与会人员对传媒如何在优化家庭环境中发挥积极作用进行探讨。中心挂靠社会学所。

17日 应上海市人民对外友好协会邀请，丹麦艾斯堡人民高校学生代表团一行13人来访，就有关中国政治体制和社会发展状况与社会学所陆晓文和郑乐平进行座谈。

6月

24日 美国芝加哥大学社会学系赵鼎新教授受邀来社会学所作有关"社会认同"的专题讲座。主要围绕社会认同的来源与概念演变、对西方工人阶级的认同研究，以及社会认同研究的价值倾向展开介绍。

8月

29日 2006年度院重大项目"世博后的上海战略"正式启动，该课题由院长王荣华担任组长，卢汉龙等担任专家顾问。课题组由来自社会发展研究院等其他研究所的20多名科研骨干组成。

9月

5—7日 由社会学所和市妇女学学会合办的"家庭暴力：有效预防和系统应对国际学术研讨会"举行。会议以"整合资源、系统应对""儿童虐待/忽视的应对""家庭暴力的调查、起诉和执法""虐待的干预和预防"等六大主题,对家庭暴力的概念、反家暴的法制建设和公众意识,对受害者的保护、救助和全方位支持,以及建立系统的协同应对机制方面展开参与式讨论。中美学者、社区工作者共 90 多位代表参加了研讨会。

11 月

29 日　由上海社会科学院、上海市慈善基金会、文汇报社和上海市志愿者协会 4 家单位联合主办,社会学所承办的"志愿精神与义工建设——2006 年上海慈善理论研讨会"举行。内地和港台地区近百名慈善理论研究专家和实务工作者围绕会议主题进行了热烈讨论。

12 月

14—15 日　由上海社会科学院主办、美国欧道明大学协办的"城市化、性别与公共健康国际研讨会"举行。会议涵盖流动人口与健康、城乡医疗与公共健康、性别与发展、健康与艾滋病、性与艾滋病、毒品与艾滋病等专题。美国欧道明大学社会学和犯罪系教授杨秀石、美国约翰·霍普金斯大学公共卫生学院 Carl Latkin、中国社会科学院哲学所教授邱仁宗、院 HIV/AIDS 社会政策研究中心主任夏国美,以及上海市社会学会会长邓伟志分别作主题演讲。

月底　由院家庭研究中心发起的首届"十大国内家庭事件"评选结果揭晓,各大新闻媒体广泛报道。主要评选出对中国婚姻家庭有重大或独特影响,以及有前瞻性的文化或政策导向意义的公众事件。

是月　院家庭研究中心编撰的《中国家庭研究》(第一卷)正式出版。此后每年一卷连续出版八卷,它以书代刊的形式填补了家庭研究学术性刊物的缺位，在一定程度上满足了家庭学研究者和学校师生的需求，获得学界普遍认可。

2007 年

4 月

18 日 社会学所等单位 20 多名科研人员赴杨浦区调研。这是上海社会科学院与杨浦区双方领导共商院区合作后的首次专家调研活动。

25—26 日 由中国青年社会学研究会和青少所主办，当代青年研究杂志社承办的"当代青年研究论坛暨青少年研究基础理论建设研讨会"召开。会议围绕"反思与展望""定位与路径""视野、理念与方法""现实需求与理论回应"四个专题展开。中国青年社会学研究会会长谢昌逵在开幕式上致辞，青少所所长杨雄在闭幕式上作总结发言。会后，上海市政协副主席、院党委书记、院长王荣华会见与会代表并讲话，希望青少年研究能在不断深入、总结和完善的基础上，在理论上有所创新和突破。

27 日 徐安琪当选为 2007 年度上海市劳动模范。

5 月

10 日 澳大利亚莫纳什大学政治学与社会学系高级讲师乔·琳德莎（Jo Lindsay）博士受邀来所作主题为"当代澳大利亚家庭：将职业工作与家庭照料相结合"的专题讲座。

11 日 院妇女研究中心和德国艾伯特基金会上海办公室合办主题为"团结就是力量——论当今德国妇女组织"学术报告，由德国著名性别研究专家李雅瑞（Astrid Lipinsky）博士主讲。李雅瑞是德国波昂大学汉学系博士、亚洲发展援助项目短期顾问和评估人员和"女权在亚洲系列"总编辑。

6月

25日 由研究生部张友庭、谢忠文、魏薇、孙鹏、秦卫俊、彭小贵、罗亭林7位2005级硕士研究生组成的上海社会科学院调研团队从全国近450个团队中脱颖而出，成为2007年"调研中国——南风窗中国大学生社会调查奖学金"入选团队，其调研题目为《合会：草根金融的运作逻辑及其社会意义》，指导老师为社会发展研究院院长、社会学所所长卢汉龙。

7月

19日 由家庭研究中心主任徐安琪牵头，潘允康、李银河、杨善华、风笑天等11位国内婚姻家庭研究专家共同提交的《关于成立中国社会学会家庭研究专业委员会（筹）的申请》在长沙举行的第十七届中国社会学会常务理事扩大会议上获得通过。随后，中国社会学会家庭研究专业委员会筹委会成立，徐安琪担任总协调人，上海社会科学院家庭研究中心设秘书处。

20—22日 第十七届中国社会学年会在湖南长沙隆重举行，大会主题是"和谐社会与社会建设"。其中，社会学所承办"中国家庭现状和研究：十年回顾和展望"分论坛。

8月

20日 上海社会科学院"人类健康与社会发展研究中心成立仪式暨人类健康与社会发展学术研讨会"举行。院党委书记、院长王荣华，常务副院长左学金和党委副书记洪民荣出席中心成立仪式和研讨会。中心挂靠社会学所，夏国美任中心执行主任。院党委书记、院长王荣华为中心聘请的20位学术顾问和22位客座研究员颁发聘书。

27日 青少所所长杨雄获"全国家庭教育工作先进个人"荣誉称号。

9月

19—21日 由上海社会科学院、市妇联、华东政法大学、新民晚报社等单位联合主办,青少所承办的第六届上海"为了孩子"国际论坛举行。来自美国、德国、英国、南非等20多个国家和地区的近300名专家学者以及从事儿童保护的联合国官员出席论坛,围绕"儿童权利保护与社会责任"这一主题展开交流和讨论。论坛通过《促进儿童权利保护和儿童参与》宣言。上海市政协副主席、院党委书记、院长王荣华出席开幕式并致辞。中国社会学会副会长、全国政协常委邓伟志,上海市人口和计划生育委员会主任谢玲丽、法国国家科学研究中心研究员让-查尔斯·拉葛雷、日本青少年研究所所长千石保、联合国儿童基金会香港委员会副主席孔美琪等领导和专家先后作主题报告。社会发展研究院副院长、青少所所长杨雄主持大会。

11月

19日 上海市妇联、妇女学学会和婚姻家庭研究会联合举办"妇女发展与社会公共政策"理论研讨会。市妇联主席张丽丽作"深入贯彻落实科学发展观,准确把握和着力推进解决当前上海妇女'三最'利益问题"主题演讲。社会发展研究院院长、社会学所所长卢汉龙应邀作"社会主义和关注妇女民生问题"的主题演讲;徐安琪研究员作"家庭视角的公共政策初探"专题演讲。

12月

5日 由上海社会科学院、上海市慈善基金会、文汇报社联合主办,社会学所承办的"慈善理念与社会责任——2007年上海慈善理论研讨会"举行。上海市慈善基金会理事长陈铁迪,安徽省政协副主席、安徽省慈善事业发展研究中心名誉主任战秋萍,上海市慈善基金会副理事长袁采、郭开荣,副院长熊月之、《文汇报》副总编汪澜等参加研讨会。来自国内12个省市120余位慈善理论研究专家和实务工作者就政府、企业、市民、新闻媒体等各界的慈善理念与社会责任问题展开热烈讨论。上海慈善事业发展研究中心主任卢汉龙作"关于企业社会责任"的主题报告。由上海市慈善基金会发起的上海慈善理论研讨会从2004年起已连续举办了4届，先后公开出版《慈善：关爱与和谐》《慈善文化与社会救助》《志愿服务与义工建设》3本研究文集。本届研讨会共收到论文35篇，计划择优结集公开出版第四本研究文集。

25日 由院家庭研究中心、上海婚姻家庭研究会和《现代家庭》杂志社合办的"家庭和谐与社区发展"理论研讨会举行。近百位家庭研究、教学、妇联和社区工作者，以及部分媒体工作者参与，市妇联主席张丽丽发表讲话。

2008年

1月

4日 院党委副书记童世骏，社会发展研究院院长、社会学所所长卢汉龙，经济所副所长沈开艳走进控江中学和高中生代表对话，标志着由上海社会科学院主办，青少所、上海电台"市民与社会"、东方网上海频道、控江中学等联合承办的"社会科学讲堂"校园行活动正式启动。本次活动由上海电台著名节目主持人秦畅主持，并通过上海电台"市民与社会"栏目进行现场直播，东方网上海频道现场图文直播。活动旨在繁荣发展哲学社会科学，服务、回馈社会，鼓励青少年关注和思考社会问题，吸引更多优秀学子成为未来的社会科学家。

是月 所长卢汉龙当选为上海市第十三届人民代表大会代表。

3月

7日 上海市举行各界妇女纪念三八国际妇女节98周年暨

第五届巾帼创新奖表彰大会。夏国美获第五届"上海市巾帼创新奖提名奖"和上海市"三八红旗手标兵"荣誉称号。是日,《新民晚报》A20 版对夏国美作了整版的深度报道。

4 月

28 日　社会学所徐安琪荣获 2007 年度"全国五一劳动奖章"。

5 月

29 日　由上海社会科学院主办,青少所、院党委宣传部、向明中学联合承办的第六届社科讲堂校园暨 2008"社科杯"上海中学生社科征文颁奖典礼举行。市委宣传部副部长潘世伟、市教委副主任尹后庆、华东师范大学党委书记张济顺等特邀嘉宾出席颁奖典礼。

9 月

10—12 日　由中国社会学会家庭社会学专业委员会(筹)和上海社会科学院家庭研究中心合办的"家庭:全球化背景下的资源与责任研讨会暨中国社会学会家庭社会学专业委员会成立大会"召开。中国社会学会会长李培林,中国社会学会副会长、社会学所所长卢汉龙,著名家庭研究专家邓伟志教授分别致辞。大会通过了《中国社会学会家庭社会学专业委员会章程》,投票选举产生了中国社会学会家庭社会学专业委员会的 45 名理事,徐安琪当选第一届委员会主任。同时召开"家庭:全球化背景下的资源与责任"学术研讨会,54 位来自境内外的家庭研究学者和专家围绕家庭价值观、家庭结构和家庭关系、家庭生态环境的优化、和谐社会与家庭建设等专题进行了研讨。

10 月

9—13 日　社会学所夏国美出席在希腊罗德岛召开的世界公众论坛"文明的对话"第六届会议。此次会议主题为"当代社会发展模式对话",来自全球 60 多个国家和地区的 600 多名政府首脑、科学家、艺术家、专家学者和宗教界代表与会。夏国美研究员在会上作"消除文明的对抗：以人为本的实用模式"演讲。

11 月

24 日 院俄罗斯研究中心主任、社会学所潘大渭博士荣获"索罗金科学贡献奖"。俄罗斯科学院社会学所所长、科学院通讯院士 M.戈尔什科夫教授亲自来院为潘大渭颁发了金质奖状和银质胸章。以著名社会学家 P.索罗金命名的"索罗金科学贡献奖"是俄罗斯科学院为纪念俄罗斯社会学研究恢复 50 周年而设，是授予那些对俄罗斯社会学研究作出贡献的社会学家。该奖授予的名额预设 100 名，其中 90 名授予俄罗斯本国学者，10 名授予国外学者。潘大渭是首位获此殊荣的外籍学者。

12 月

19—20 日 由上海社会科学院主办，美国欧道明大学协办的"健康、公平与发展国际研讨会"在上海举行。院长王荣华出席会议并致辞。来自约翰·霍普金斯大学、杜克大学、加利福尼亚大学等 9 所美国高校及日本、中国香港的 15 名专家学者与来自北京等国内社科院和高校的 50 多名专家学者出席会议并发言。会议就"多学科视角下的健康公平与发展"进行了充分研讨。美国国立卫生研究院官员出席此次会议。

2009 年

1 月

3 日 由院家庭研究中心发起、中国社会学会家庭专业委员会专家提议推出的"2008 年十大国内家庭事件"揭晓："汶川抗震救灾中爱情和亲情的伟力创造生命奇迹""'问题奶粉'严重危害儿童健康引起连锁反应""农民购买彩电、洗衣机、冰箱、手机可享受政府财政补贴在当地陆续实施""冼东妹在北京奥运会52公斤级柔道比赛中成功卫冕,成为中国奥运史上第一个'妈妈冠军'""人大代表建议法定结婚年龄改为男女相同或女大于男以缓解性别比例失调现状""中国社会学会家庭社会学专业委员会成立大会在上海召开""江苏省无锡市崇安区法院作出我国首项人身安全保护裁定,对家庭暴力加害人采取民事强制措施""复旦大学教授根据基因遗传的性别特征建议'子随父姓、女随母姓'""北京大学拒绝招收不'孝敬父母'的学生引起社会关注和讨论""台湾地区卸任领导陈水扁及其家人涉嫌贪污、洗钱的世纪惊天大案首轮侦察终结被起诉"入选。

3月

20日 周建明任社会学研究所所长。

5月

9—11日 由青少所等单位主办的"当代青年研究论坛暨第二届青少年研究基础理论建设探讨会"召开。来自全国各地的60多位学者参会,围绕"青少年研究的理论视角""方法论探讨""学科化反思""世界视域和青少年工作实践的理论观照"5个专题展开讨论。

15日 院家庭研究中心在"国际家庭日"举办家庭研究论坛。来自政府部门、高校、心理咨询业的专家学者、社会工作者以及媒体记者出席论坛。

16日 以林文程执行长为团长的财团法人台湾民主基金会访问团一行6人到访。社会发展研究院院长、社会学所所长、院台湾研究中心副主任周建明等接待来访的台湾客人。双方就一年来两岸关系发展的情况、台湾政局、大陆发展态势、两岸扩大交流合作、当前国际局势等问题交换了看法。正在上海访问的台湾"国策研究院"资深顾问陈鸿基,战国策国际顾问股份有限公司总经理吴春城,实践大学副教授张美慧,以及上海国际问题研究院港澳台研究所执行所长严安林也应邀参加了座谈交流。

27日 由社会学所、院俄罗斯研究中心和上海市社会学学会共同举办的"中俄社会结构与社会认同比较研究"学术研讨会举行。会议回顾交流了社会学所、院俄罗斯研究中心和俄罗斯科学院社会学所合作课题"转型期中俄社会结构和社会认同比较研究"的初步成果,就中国与俄罗斯两国在社会转型期的社会结构变化、社会意愿和社会认同的变化,以及两国居民的生活质量等问题展开讨论。所长周建明、上海市社会学学会常务副会长卢汉龙、院俄罗斯研究中心主任潘大渭、俄罗斯科学院社会学所第一副所长 P. 科济列娃,以及本市科研院校的 30 余名中外学者与会。

30日—6月2日 院妇委会组织本院 11 位承担 2008 年度上海市妇女研究课题的学者参加"2009 上海社会性别与女性人才发展"国际论坛。来自美国、加拿大等国的专家,以及国内妇女研究学者 300 余人出席论坛。社会学所夏国美以"论中国文化背景下的女性成才之路"为题在论坛上作专题演讲。

7月

7日 由张五岳所长率领的台湾淡江大学大陆研究所学生参访团一行 30 人到访。社会发展研究院院长、社会学所所长周建明,法学所所长顾肖荣分别向台湾同学介绍了改革开放以来大陆社会建设,特别是社会保障体系建设的历程、现状、问题、趋势和大陆法制建设的进程,以及立法工作的情况。

9月

15日 社会发展研究院举办社会建设理论研讨会,来自院内外 30 余名专家学者出席会议。社会发展研究院院长、社会学所所长周建明,《探索与争鸣》杂志社执行副主编秦维宪,上海市社会学会副会长卢汉龙等 9 位学者作了主题发言。

是月 由上海社会科学院等单位联合主办,青少所等承办的第七届上海"为了孩子"国际论坛举行。

10 月

22—23 日 由青少所主持编制的《全国家庭教育指导大纲》结题会在北京召开。会议由全国妇联儿童工作部部长、中国家庭教育学会副会长兼秘书长邓丽主持,全国妇联书记处书记赵东花、全国妇联原主席沈淑济、刘海荣及中国家庭教育学会副会长赵忠心等领导和专家出席结题会,并给予肯定。

29—30 日 青少所与江西省高校心理健康教育研究会、武汉大学发展与教育心理研究所等单位,在江西南昌大学联合举办全国第二届大学生研究学术论坛。论坛以"关爱生命·阳光成长"为主题。来自全国 14 个省市、67 所高校和研究机构的 130 多位专家学者围绕"大学生生命观教育""和谐心理与和谐校园、和谐社会的构建""大学生阳光心态的塑造""大学生心理健康教育内容与途径""大学生心理危机预防与干预"等议题展开深入研讨。

11 月

19 日 社会学所举行变迁中的中国和俄罗斯社会研讨会。本次会议是社会学所与俄罗斯科学院社会学所联合组成的"中俄社会结构与社会认同比较研究"课题组在国内召开的第二次研讨会。

27 日 由上海社会科学院、上海市慈善基金会主办,社会学所承办的"创新与发展——2009 年慈善论坛"举行。民政部、中国红十字基金会有关领导和北京、上海等 10 多个省市慈善理论研究和实务工作者100多人出席论坛。

12月

12日 由社会学所、上海市社会学学会和台湾中流文教基金会联合主办的"两岸社会发展论坛"学术研讨会举行。来自台湾的学者发言涉及"宗教在台湾社会发展中的功能与作用""台湾医疗保险体系""台湾社会流动与底层研究""网络与台湾公民社会的形成"和"台湾社会运动研究"等议题。共有100多位来自上海社科院、复旦大学、华东理工大学和上海大学等单位的教研人员和研究生参会。

2010年

1月

6日 上海社会科学院2006-2008年特色学科建设考核评估结果揭晓,社会学所家庭学被评为院新一轮特色学科而进入下一轮资助。

3月

19日 社会学所举行建所30周年庆祝大会。市委宣传部副部长、院党委书记潘世伟,院党委副书记洪民荣、市人口计生委副主任孙常敏出席会议并分别发言。社会学所在职和离退休同志、院机关处室领导及社发院兄弟单位领导等70多人参会。中国社会科学院名誉学部委员陆学艺应邀到会,并作题为"社会建设的理论与实践"学术报告。

是月 青少所申报的"儿童公共政策研究"在2010-2012年度院特色学科公开招标中被纳入新一轮特色学科资助范围。

5月

是月 由青少所《当代青年研究》杂志社、浙江师范大学思想政治工作研究所联合主办的第三届青少年研究基础理论建设研讨会在浙江举行。

6月

13日 社会学所举行"江浙沪'十二五'规划中社会建设部分专题讨论会"。来自长三角地区的10余名专家学者就三省市"十二五"期间社会发展的趋势背景、总体目标及重点工作展开热烈讨论，同时，对三地在社会管理、社会治理、社会政策等方面协调发展的可能性进行了深入探讨。

19—26日 社会学所科研人员赴甘肃青海考察，着重考察古浪马路滩林场在腾格里沙漠的治理工程，并参加植树活动；考察古浪黄羊川为农民服务的农村数码站、农村小学；考察兰州外来穆斯林人口集中居住的社区、穆斯林妇女扫盲学校、学前班；听取了兰州军区介绍新疆"七五"事件报告；参观青海中国原子城、深入藏民家中了解他们的生活生产情况。

7月

14日 上海社会科学院举行社会建设研究基地揭牌签约仪式。市委宣传部副部长、院党委书记潘世伟和市社会工作党委书记、市社会建设工作领导小组办公室主任施南昌为合作建立"上海社会建设研究基地"揭牌，并签署了《上海市社会建设工作领导小组办公室与上海社会科学院合作建立"上海社会建设研究基地"备忘录》。基地挂靠社会学所。施南昌主任与社会学所所长周建明签订了委托和承担社会建设重点课题《上海世博会对社会建设的启示》协议书。

10月

6—15日 院家庭研究中心邀请美国家庭关系委员会前主席、家庭生活教育家委员会主任、佛罗里达州立大学家庭与儿童科学系教授 Carol Darling 博士，美国圣路易斯大学咨询和家庭治疗系教授 Craig W. Smith 博士，美国内布拉斯加州立大学儿童、青少年和家庭研究系教授 Ruth Yan Xia 博士，印度塔塔社会科学院家庭和儿童福利所代所长 Lina D. Kashyap 博士等 7 人，在上海社会科学院、上海婚姻家庭研究会、华东师范大学社会工作系等作专场讲座，来自专业委员会的上海会员、高校师生、妇联、社区工作者近 200 余人参会并研讨。

11 月

2 日 上海社会科学院、民盟上海市委、上海大学共同举办"纪念费孝通诞辰 100 周年暨费孝通学术思想研讨会"。来自上海各界的近百位与会代表出席研讨会。

12 月

28 日 由上海社会科学院、上海市慈善基金会、文汇报社联合主办，社会学所承办的"2010 上海慈善论坛"举行。论坛主题为"转型期慈善事业发展思考"。本市与外省市慈善理论研究和实务工作者 150 人参会。

是月 由上海社会科学院和瑞士国际儿童权利协会共同主办的儿童权益与保护研讨会召开。青少所与人口所联合承办本次会议。

2011 年

1 月

10 日 由上海社会科学院、共青团上海市委员会等单位主办，青少所等单位承办的第十届上海青年发展战略论坛举行。院党委书记潘世伟出席论坛开幕式并讲话。来自北京、广州、深圳和上海的青年研究专家、青年工作者和青年志愿者代表等 350 余人应邀参加论坛，并以"志愿精神与青年责任"为主题开展研讨。

3月

3日 根据国务院学位委员会《关于下达2010年审核增列的博士和硕士学位授权一级学科名单的通知》（学位〔2011〕8号），社会学所被授权社会学硕士学位一级学科点。

4月

19日 上海大学董国礼教授受邀在社会学所作"当代中国国家与社会关系的演变"学术报告。

5月

13日 浙江省社联蓝蔚青教授受邀访问社会学所，并作"浙江省社会管理的情况介绍"报告。

20日 台湾"中研院"社会学所教授陈志柔受邀来所作"近年来社会群体行动的特点和趋势：基于新闻事件资料库的初步分析"学术报告。

6月

7日 美国布朗大学社会学系John Logan教授受邀来所参加有关城市发展的小型研讨会，并作题为"中国的阶层、地位和住房问题"的学术报告。

7月

8—10日 院家庭研究中心联合家庭期刊集团，在广州共同举办"华人社会和谐家庭论坛暨第九届全国家庭问题学术研讨会"。来自美、英、加、日等国和中国大陆及台湾、香港地区的学者共提交了69篇论文，100余人参会。

8月

1日 由上海社会科学院、市妇联、中福会和新民晚报社联合主办，青少所等承办的第八届上海"为了孩子"论坛开幕。全国妇联副主席甄砚，市十届政协副主席、上海家庭教育研究会会长王荣华,市委宣传部副部长、院党委书记潘世伟,市妇联主席张丽丽,中国福利会副主席、党组书记王禄宁,《新民晚报》总编辑陈保平,联合国儿童基金会驻中国办事处代表等出席开幕式。论坛下设"社会政策与儿童发展""儿童健康与保护政策""困境儿童福利"三个专题分论坛和"'童'一个地球,我的低碳生活"儿童分论坛。

16 日 社会学所与市社会建设工作领导小组办公室联合举办加强社会建设和管理立法保障座谈会。会议邀请市人大、市政府法制部门、政法部门、法学界和社会学界的 8 名专家座谈。座谈会围绕中央、国务院关于加强社会管理的要求,就本市在社会建设和社会管理方面的现状和存在问题、加强立法的必要性、立法保障方面的工作经验,以及在社会管理领域立法的议题和建议等方面进行深入探讨。

10 月

12 日 社会学所举行"变迁中的俄罗斯社会"学术报告会。

12 月

1 日 上海社会科学院、上海市慈善基金会等单位主办,社会学所承办的"蓝天下的至爱——2011 上海慈善论坛"举行。国内研究慈善文化建设与慈善事业发展的专家、学者,以及慈善事业工作者等近 200 人参加论坛。

20 日 网络名人(@红别民工)吕延武在社会学所主讲"我所亲历的中国民工的现状",介绍东莞农民工的情况。

28 日 美国约翰·霍普金斯大学社会学系 Beverly Silver 教授来所作"世界危机与 21 世纪的工人阶级"的专题演讲。

2012 年

2 月

17 日 《新民周刊》高级记者胡展奋受邀来社会学所作"当前

社会心态"的报告。

24日 上海大学社会学系教授、《社会》杂志执行主编仇立平教授受邀来所主讲"社会学论文的写作与发表"的讲座。

3月

13日 社会学所举办"关于经济与社会协调发展和知识管理"学术研讨会,德国不来梅科技大学教授莫妮卡、雷娜等外方学者参加,并作"在中国的外资企业的知识管理和人力资源管理"主题发言,城市与人口发展研究所周海旺作"人才问题及其有关政策"、社会学所朱妍作"知识阶层的社会地位与分析"的学术报告。

30日 中国社会科学院社会学所副所长张翼来所作题为"中国人口变化趋势与人口政策调整"的学术报告。

4月

16—22日 社会学所所长周建明等一行3人赴台湾考察台湾社区建设情况。参访期间,出访团与台湾大学社会科学院的专家学者、台北市和新北市的"区公所"官员就"两岸社区发展的经验和问题"进行专题座谈与交流,通过典型案例和相关介绍,进一步了解台湾开展社区建设的历程与经验。

6月

15日 南京大学公共管理学院、南京大学社会风险和公共危机管理研究中心主任童星教授,受邀来社会学所作"社会管理创新与社会体制改革研究"的学术报告。

7月

3日 南京大学社会学系风笑天教授受邀来社会学所作"中国独生子女问题研究"学术报告。

10日 香港科技大学社会科学部吴晓刚教授受邀来社会

学所作"Fertility Decline and Gender Inequality in China"学术报告。

18—22 日 俄罗斯科学院（圣彼得堡）社会学所所长、俄罗斯科学院通讯院士 H.H.伊利谢耶娃,俄罗斯科学院圣彼得堡社会学所副所长 A.A.克列钦访问社会学所。19 日,伊利谢耶娃所长来所作题为"当今的俄罗斯家庭：多样性中的统一性"(Russian Family Today: Unity in Diversity)的学术报告。俄方拜访院家庭研究中心,确立双方合作项目"现代化进程中的家庭：中国和俄罗斯"。该项目最终出版俄语、中文、英文三本专著：2015 年 10 月,俄文版专著 *СЕМЬЯ В РОССИИ И КИТАЕ ПРОЦЕСС МОДЕРНИЗАЦИИ*（叶列谢耶芙娜,Е.И.和徐安琪主编）在圣彼得堡的 Нестор-История 出版社出版；2016 年 6 月,中文版专著《现代化进程中的家庭：中国和俄罗斯》（徐安琪和叶列谢耶芙娜,Е.И.主编）在上海社会科学院出版社出版；2016 年 11 月,英文版的 *THE CHINESE FAMILY TODAY*（徐安琪、John DeFrain 和刘汶蓉主编）一书由伦敦的 Routledge 出版社正式出版。

9 月

13 日 社会学所卢汉龙主持的"新生代农民工群体研究：基于流动人口服务和管理的视角"课题,获 2012 年度国家社会科学基金重大项目。

25 日 上海市农民工人大代表张雄伟和技术工人洪刚受邀来社会学所,分别作题为"从农民工到农民工代言人"和"我的光荣与梦想"的报告。

10 月

19—26 日 社会学所科研人员前往山东济宁市、泰安市、济南市、东营市等地进行以农村社区建设为主题的国情考察活动。

参观考察了济南市天桥区大桥街道、泰安市岱岳区天平街道大陡山村,了解各地公共服务体系建设情况等,并在济南大学与包心鉴教授和社会学同行就社会建设与社会管理进行了学术交流。

11月

16日 华中科技大学中国乡村治理研究中心主任贺雪峰教授和南昌航空大学文法学院田先红副教授受邀来社会学所作"中国农村土地问题研究"和"当前信访状况"的学术报告。

20日 俄罗斯科学院(圣彼得堡)社会学所专家受邀来所作"俄罗斯当前社会问题与社会政策"的学术报告。

12月

4日 由经济所牵头,社会学所、城市与人口发展研究所和宗教所共同参与的"上海新市民的现状及问题"小型座谈会举行。副所长陆晓文等学者与来自加拿大滑铁卢大学社会学系的董维真教授开展了深入而热烈的讨论,就上海新市民的现状及问题交流了各自的研究发现和观点。

11日 由上海社会科学院、上海市慈善基金会和文汇报社主办,社会学所承办的"蓝天下的至爱——2012上海慈善论坛"在沪举行。论坛以"创新、规范、发展"为主题。

2013年

1月

9日 社会学所召开"当前农民工研究"小型研讨会,香港浸会大学潘毅,北京大学刘爱玉、卢晖临等学者参加研讨。

2月

是月 上海市教育发展基金会2012年度"曙光计划"评选揭晓,青少所程福财入选。

5月

3日 文学所副所长蒯大申受邀来社会学所作题为"对上海街镇文化体育中心评估"的学术报告。

7日 趋势咨询公司研究员梁海宏受邀来社会学所作"大数据与社会学研究"的报告。

14日 臧得顺、朱妍介绍参与市委研究室"上海市外来人口调查"课题的相关情况,并分享在青浦香花桥街道蹲点调研的田野笔记。

24日 社会学所与华中科技大学中国乡村治理研究中心联合举办"乡村治理的逻辑与城镇化的挑战"研讨会。

6月

4日 巴黎第七大学 Gilles GUIHEUX 博士受邀来社会学所作题为"Migrant workers and the garment industry in China: Flexibilities and opportunities"(中国成衣业中的外来工:适应性与机会)的学术讲座。

14日 社会工作组织负责人郑波受邀来社会学所作题为"社会工作的理念和方法——参与社区矫正安置帮教的实践与探索"的报告。

25日 密西根大学高敏(Mary Gallagher)教授受邀来所作"从比较政治学来分析中国的权威主义法治"的讲座。

28日 加州大学尔湾分校苏黛瑞(Dorothy Solinger)教授来所作"对于中国不同城市低保政策及低保家庭的研究"(AUTHORITARIAN ASSISTANCE: WELFARE AND WEALTH IN URBAN CHINA)的学术报告。

9月

10—17日 社会学所徐安琪、张亮、刘汶蓉等由副所长陆晓文带队赴俄罗斯圣彼得堡参加"现代化进程中的家庭：中国和俄罗斯"研讨会。

27日 杨雄任社会学研究所所长。

10月

25日 英国曼彻斯特大学社会学教授李姚军来所访问交流，并作"Social Mobility in China and Britain：A Comparative Study"的学术报告。

11月

3日 社会学所与上海市社会学学会共同举办社会学家章人英先生学术思想交流会，敬贺其百岁华诞。华东师范大学吴铎教授主持并题词"社会学界常青树，人瑞德高照后学"。

12日 社会学所邀请台湾弘道老人福利基金会林依莹执行长、宋琬婷督导来所交流，所长杨雄及全体研究人员参加交流会。

19日 社会学所召开"社会心态与社会情绪"研讨会，复旦大学桂勇、上海大学孙秀林以及社会学所张结海作专题发言。所长杨雄及20多位研究人员参加研讨会。

22日 上海市人大代表、人民调解员柏万青受邀来所作"群众工作与社会工作"的报告。

26日 来访的俄罗斯科学院社会学所研究员米沙、莲娜和尤莉亚作"俄罗斯当前社会状况"的分析报告。

30日 在国家人力资源与社会保障部和国家卫生计生委员会联合开展的表彰"全国艾滋病防治工作先进集体和先进个人"活动中，夏国美获"全国艾滋病防治先进个人"荣誉称号。

12月

3日 院家庭研究中心、社会学所、青少所联合举办"父亲角色的新解读——社会学视角下的《爸爸去哪儿》"专题论坛。从性别分工、父亲角色、孩子观念及媒体传播等多重视角,对《爸爸去哪儿》进行了全方位的解读。

13日 台湾家庭暨儿童福利基金会认养处处长萧琼琦、社工处王圣基,伊甸社会福利基金会执行长特别助理侯明、洪若耘来社会学所学术交流,并作题为"台湾的公益与慈善:专业化与国际化"的报告。

21日 由上海社会科学院、上海市慈善基金会主办,社会学所、至爱杂志社承办的"蓝天下的至爱——2013上海慈善论坛"在沪举行。论坛以"现代慈善的媒介发展"为主题。

2014年

1月

14日 上海市教育科学研究院普教所副所长、上海市 PISA 项目秘书长陆璟教授受邀来社会学所介绍 2012 年 PISA 项目情况和数据使用。

17日 南京大学社会学院翟学伟教授受邀来社会学所作"个体、关系、社会:中国人的家庭生活及其价值观探讨"的学术报告。

2月

25日 纽约大学韩文瑞教授受邀来社会学所作"When Parents Go To Work — Understanding the Phenomenon and the Implications to Social Policy"的学术报告。

是月 上海市教育发展基金会 2013 年度"曙光计划"评选揭晓,社会学所李骏入选。

3月

14日 复旦大学社会发展与公共政策学院社会学系教授周怡受邀来社会学所作"文化社会学的视角:以慈善捐赠为例"的学

术报告。

4月

20日 由上海社会科学院、上海市慈善基金会等共同主办,社会学所承办的上海市慈善基金会成立20周年系列活动——"上海慈善公益论坛"举行。论坛主题为"现代慈善的理论与实践"。来自政界、学界、公益慈善界和爱心企业人士200余人参加此次论坛。

25日 澳大利亚新南威尔士大学社会政策研究中心助理研究员Megen Blaxland博士来社会学所,作题为"澳大利亚的早期儿童教育和照料:历史、改革和补助"(Early Childhood Education and Care in Australia: History, Current Reform and Subsidies)的报告。

5月

13日 为纪念"国际家庭年"20周年,院家庭研究中心、社会学所、上海市婚姻家庭研究会召开庆祝国际家庭年20周年座谈会。市妇联副主席黎荣、所长杨雄、著名社会学家邓伟志,以及来自北京、上海的婚姻家庭理论研究专家学者、妇女干部50余人参加座谈会。

6月

10日 台湾"中研院"伊庆春、吴齐殷两位教授受邀来社会学所分别作"台湾青少年成长历程研究"和"台湾青少年的友谊网络与成长出路"的学术报告。

12日 上海市教委副主任尹后庆受邀来所作题为"上海基础教育均衡发展和异地高考政策设计"的讲座。

7月

1日 中国社科院社会学所研究员、《青年研究》杂志主编单光鼐受邀来社会学所作"关于近年群体性事件的思考"学术报告。

11月

15日 由社会学所承办的"上海市社会学学会2014年学术年会"在上海社会科学院举行。本届学术年会主题为"创新社会治理，促进社会发展"。共计100余位来自本市各高校和科研院所的社会学研究人员与会。

是月 李骏获"2014上海年度社科新人奖"。

2015年

1月

9日 院党委书记潘世伟来社会学所宣布青少所整建制并入社会学所。

13日 社会学所召开形势报告会，邀请全国人大代表、上海社会科学院经济所副所长张兆安作"当前我国及上海经济形势趋势及思考"报告。

是月 院长王战开展创新工程大调研，深入社会学所等单位，了解全院第一批30多个创新团队的进展情况。

4月

3日 俄罗斯科学院社会学所所长M.戈罗什科夫院士受邀来社会学所，作题为"乌克兰危机对俄罗斯社会意识和社会生活影响"的学术报告。

5月

8日 中国社科院民族学与人类学所社会研究室主任张继焦受邀来社会学所，作题为"'伞式社会'——观察中国经济社会结构转型的一个新概念"的学术报告。

6月

5日 社会学所郑乐平、刘汶蓉接待来自波兰社科院哲学—

社会学所的 Joanna Kurczewska 教授、Hoanna Bojar 教授、Artur Kosecianski 博士和 Galia Chimiak 博士。

9 日 南京大学社会风险与公共危机管理研究中心副研究员张海波博士受邀来社会学所,作题为"风险社会中的常态与非常态——从国家到个人"的学术报告。

7 月

11—12 日 中国社会学会家庭社会学专业委员会、中国婚姻家庭研究会和院家庭研究中心联合主办的社会转型与家庭建设论坛在长沙召开。论坛共收到论文和摘要 39 篇,其中 23 篇论文围绕家庭建设与社会政策、家庭关系和家庭认同、家庭问题和社会服务、社会流动与婚恋生育等,与会者就这些议题进行了广泛交流。

10 月

28 日 社会学所与台湾暨南大学教育学院联合举办教育质量与社会公平研讨会。

29—30 日 社会学所与上海市妇联联合举办"为了孩子"国际论坛。论坛以"家庭教育与儿童发展"为主题,聚焦探讨家庭教育问题。200 余位来自中、美、俄、法等 11 国的专家学者参会。

11 月

2 日 所长杨雄应邀参加在广东省中山市举行的家庭教育国际论坛,并作大会主题发言。

12 月

3—4 日 社会学所科研人员赴江苏江阴市妇联下属婚姻家庭指导中心、华西村以及常熟市琴湖管理区锦荷佳苑社区开展国情调研。

29 日 由上海社会科学院、上海慈善基金会联合主办,社会学所承办的"互联网背景下的慈善创新:挑战与思考——2015 年上海慈善论坛"举行。来自各慈善公益组织的管理者及从业人员、企业家、专家学者、政府官员等约250人参加了本届论坛。

是月 第十届(2015)国内十大家庭事件揭晓:"习近平关于家庭建设的讲话意义深远""'全面二孩'时代开启亟待配套措施""《虎妈猫爸》热播引发家庭教育理念的反思"等事件入选。该活动由院家庭研究中心发起、中国社会学会家庭社会学专业委员会专家推荐并评议。自2006年至今已是第十届,主要推选对中国婚姻家庭有重大或独特影响,以及有前瞻性的文化或政策导向意义的公众事件。

2016年

3月

11日 上海社会科学院举行首批上海市青年拔尖人才颁奖仪式。院党委书记于信汇到会讲话,并为获得该荣誉的社会学所副研究员李骏颁证。

15日 中国社会科学院社会学所研究员李春玲来社会学所作题为"中国中产阶层与中等收入群体的现状及发展趋势"的学术报告。

22日 英国曼彻斯特大学李姚军教授受邀来社会学所,作题为"Class matters: a study of minority and majority social mobility in Britain (1982—2011)"的学术报告。

4月

22日 俄罗斯科学院社会学所副所长一行来社会学所交流合作课题事宜,所长杨雄、程福财、陆晓文接待。

5月

25日 社会学所、上海社会科学院社会治理研究中心、上海市社区发展研究会、《解放日报》理论评论部联合举办"草根社群的张力和中国社会转型：《柏万青现象：黄浦江边的中国社会》出版座谈会"。

27日 德国专家学者、《时代周报》记者、作家Kerstin Bund（克尔斯汀·布恩特）女士受邀来社会学所主讲"幸福胜过金钱——Y世代想要怎样的生活和工作"的学术报告。

6月

6—8日 中国社会学会家庭社会学专业委员会、社会学所、美国家庭关系委员会（NCFR）和上海市妇女联合会联合举办上海市家庭教育指导者（国际）工作坊。来自全国各地的150多位学员参与研讨。

10月

15—16日 由中国社科院社会学所主办，社会学所承办的"供给侧结构性改革与社会学创新研讨会暨全国社会科学院系统社会学所所长会议"在上海举行。中国社科院学部委员、副院长李培林出席会议并致辞，会议由中国社科院社会学所所长陈光金主持，来自全国各省市自治区社科院系统的社会学所所长、社会学研究背景的院领导等专家学者近70人参会。所长杨雄和陆晓文等部分科研人员参加。

12月

15日 由常州市工学院教育与人文学院党委书记杨玲教授带队的"常州市未成年人成长发展研究项目组"一行，就未成年人成长发展评估指标设计及评估等主题来所交流，所长杨雄、副所长程福财、魏莉莉和裘晓兰参加接待。

2017年

2月

是月 社会学所与俄罗斯科学院社会学所（圣彼得堡）的合作

项目"转型社会中的家庭代际团结(2016—2018)"在莫斯科举行中期成果汇报会。这是自2012年以来两所合作的第二项课题项目。

4月

25日 新加坡国立大学社会学系教授Chua Beng Huat受邀来社会学所作题为"新加坡的国有企业、国家资本主义与社会再分配"的学术报告。

6月

16日 社会学所与院台港澳办联合举办"城市发展与社会政策沪港学术研讨会暨庆祝香港回归20周年论坛"。来自香港理工大学、香港中文大学、上海大学和中国社会科学院社会政策研究中心、华东师范大学等沪港两地10位学者,围绕"就业政策与社会公平""城市化与社会政策""慈善公益与社会政策"议题进行研讨和交流。

7月

3日 社会学所与俄罗斯科学院签订合作备忘录,所长杨雄、副所长程福财参加签字仪式。

8月

24日 英国斯克莱德大学社会工作与社会政策学院院长伯纳德·哈里斯教授和安德鲁·埃克尔斯博士受邀来社会学所,分别作题为"十九世纪英格兰和威尔士公共卫生干预的发展"和"远程照顾技术的复杂性:英国远程照顾(Telecare)的经验"的学术报告。

9月

26日 德国耶拿大学社会学教授受邀来社会学所作题为"现代性方案与现代化进程:世界的加速及异化危险"的学术报告。

10月

27—30日 由中国社会科学院社会学所主办,山东省社会科学院承办的"中国社会发展阶段特征与未来趋势研讨会暨全国社会科学院系统社会学所所长会议"在山东莱芜召开,副所长李骏出席会议。

11月

2日 由上海市民政局、上海社会科学院指导,社会学所、市老龄科学研究中心和上海慈善社会公益事业服务中心联合主办的首届弘毅大养老论坛举行。120位包括政府部门代表、专家学者、企业代表和公益机构代表参会。

7日 社会学所举办"新智库沙龙"第一期——2017年决策咨询成果交流会,陆晓文、雷开春、薛亚利、张友庭、朱妍、朱志燕各自阐述了相关领域研究成果。

2018年

1月

16日 社会学所举办"思海讲堂"第一期,由美国芝加哥大学教授、浙江大学客座教授赵鼎新作"十九大后中国的大走势"报告。

27日 社会学所与日本九州大学比较社会文化学府在日本福冈合作举办第一届比较社会研究网(Comparative Social Research Network,CSRN)会议。日本九州大学比较社会文化府副学府长三隅一人教授、社会学所副所长李骏出席本次会议。此次会议旨在推动比较社会研究,尤其是该领域内中日学者间的深入交流,建立青年一代社会科学研究者的合作网络。

3月

6日 社会学所社会发展与社会政策研究室获2017年度"上海市巾帼文明岗"荣誉称号。

5月

6日 2018年"上海市家庭教育高峰讲坛"启动仪式暨2018年首场讲座举行。社会学所为承办单位之一。

8日 上海真爱梦想公益基金会创始人、理事长潘江雪来社会学所主讲"跨界推动社会创新——真爱梦想的公益创新之路"的报告。

22日 美国马里兰大学教育学院王慈欣教授受邀来社会学所,作题为"家长给孩子更多自由好还是严格监督好——两项对于中国上海以及美国拉丁美裔青少年研究"的学术报告。

6月

1日 社会学所举办"思海讲堂"第二期,中国社会科学院《社会学研究》编辑部主任杨典应邀作"金融化、全球企业高管薪酬体系变革与社会不平等"报告。

2日 由社会学所、都市社会学创新团队主办的首届"思海论坛"在沪举行。

7月

3日 芝加哥大学Max Palevsky教授、浙江大学千人计划教授赵鼎新受邀来社会学所作"中国北方游牧帝国的世界史意义"的学术报告。

9月

10日 陆晓文荣获2018年度"上海社会科学院优秀教学奖"。

10月

26日 最高人民检察院未成年人检察办公室和上海社会科学院联合主办、社会学所承办的中国校园欺凌现状与治理研讨会举行。

27日 由上海市社会联合会、上海市社会学学会主办,社会学所承办的"上海市社会学学会 2018 年学术年会暨改革开放 40 周年与社会发展研讨会"举行。来自复旦大学、华东师范大学、上海大学、华东理工大学等各高校的 177 名师生参加了本次社会学年会。

11月

3—4日 由社会学所、都市社会学创新团队主办,北京大学社会研究中心承办的第十二届社会学与人口学研究方法研讨会举行。由来自北京大学、复旦大学、香港科技大学等多家高校和学术机构的 110 多名学者和学生参会。

14日 社会学所与上海市精神文明办联合发布"上海未成年人成长发展指数",并首次发布"上海未成年人成长环境指数"。

27日 社会学所与上海市妇联共同发布《改革开放 40 年上海女性发展调研报告》,全方位描述了改革开放 40 年来,上海女性发展和性别平等事业的变迁趋势和特点。新华社、《人民日报》《中国妇女报》《解放日报》《文汇报》等均较大篇幅进行了报道。

2019年

2月

19日 香港大学社会学系博士、华东师范大学社会发展学院副教授姚泽麟受邀来社会学所作"制度、伦理与执业行为:关于城市医生职业社会学研究"学术报告。

3月

8—9日 "东亚社会学会(East Asian Sociological Association, EASA)成立暨首届学术年会"在日本中央大学举办。社会学所副所长李骏与日本九州大学比较社会文化学府副学府长三隅一人教授在学会下设立比较研究和方法论(Comparative Research and

Methodology)研究网络,并在年会上组织了专门的研讨单元。

15日 社会学所与台湾暨南大学教育学院签署合作协议暨举行2019两岸研究生论坛。

30日 2019年"上海市家庭教育高峰讲坛"启动仪式暨2019年首场讲座举行。社会学所为承办单位之一。

是日 社会学所副所长李骏当选上海市青年联合会第十二届委员会委员。

4月

16日 伦敦大学亚非学院中国研究院副院长、终身教授刘捷玉受邀来社会学所作"中国农村养老现状:人口流动下的照顾循环"的学术报告。

5月

10日 由上海社会科学院、中国青少年研究中心主办,社会学所、团中央青运史档案馆承办,上海青年干部管理学院协办的"纪念五四运动100周年理论研讨会"举行。院党委书记于信汇、中国青少年研究中心副主任刘俊彦、上海团校副校长王冰等领导出席并致辞。李玉琦、黄志坚、陆玉林等来自全国各地的25位专家学者作了发言。所长杨雄、副所长程福财等出席。

11日 由社会学所承办的上海市青年联合会"纪念五四运动100周年理论研讨会"举行。共青团上海市委副书记、上海市青年联合会主席刘伟出席并致辞,上海市青年联合会社会科学界别主任、华东师范大学常务副书记王宏舟作会议总结。上海市青联委员、社会学所副所长李骏参加会议。

14日 中国社会科学院社会学研究所编审、《青年研究》副主编张芝梅受邀来社会学所作"学术研究与学术表达"的讲座。

24日 社会学所举办"思海讲堂"第三期,香港中文大学社会学系谭康荣教授受邀作题为"数据爆炸时代的社会诊断"的学术报告。

28日 法国卡尚高师(ENS-Cachan)社会学博士、巴黎第七大学访问学者,现任华东师范大学社会发展学院副院长的赵晔琴副教授受邀来社会学所作"'东北人'在巴黎:社会建构与身份认同"的学术报告。

6月

4日 美国内布拉斯加大学儿童、青少年和家庭学系教授,华东师范大学特聘教授夏岩受邀来社会学所作"如何以学术研究推动公共政策?——以家庭政策为例"的学术报告。

11日 日本名古屋大学社会学博士,现为同济大学社会学系主任朱伟珏受邀来社会学所作"绅士化与上海中心城区的社会-空间重构"的学术报告。

18日 社会学所举办"思海讲堂"第四期,香港中文大学政治与行政学系教授、美国俄亥俄州立大学政治学博士李连江受邀来社会学所,作题为"在学术界求发展—研究选题与学者使命"的学术报告。

9月

9日 社会学所与智库建设处联合举办国家高端智库大家讲坛,邀请美国布鲁金斯学会约翰·桑顿中国中心主任、资深研究员李成演讲,题为"美国智库的运作和对中国智库的启迪",主要包括智库的特性、智库运行发展的机制、智库发展的前景和挑战三个方面。

11日 第八届世界中国学论坛在上海国际会议中心举行。社会学所承办第五圆桌"中国脱贫经验与解决全球贫困"分论坛。

17日 中国人民大学社会学系教授郝大海受邀来社会学所

作"祛魅与转型：1949 年后中国的社会变迁"的学术报告。

24 日 上海社会科学院举行"庆祝中华人民共和国成立七十周年"纪念章颁发仪式。院党委书记于信汇出席并致辞，党委副书记王玉梅献花祝贺。社会学所荣休研究员徐安琪获此殊荣。

27—28 日 由中国社会科学院社会学所主办，南京市社科联（院）和创新型城市研究院承办，《南京社会科学》杂志社和南京市社会学学会协办的"理论与实践：中国社会现代化的战略研讨—2019 年全国社科院系统社会学所所长会暨青年论坛"在南京召开。副所长李骏和苑莉莉博士参加会议。

11 月

8 日 李骏任社会学研究所所长。

是日 上海公安学院教授、上海市公安局特聘高级教官、上海世博会首席安保培训师、著名刑侦专家金晓屏受邀来社会学所作"上海警务改革与社会治理实践"讲座。

12 月

16 日 韩国育儿政策研究所所长白仙姬博士、都南希博士和 Wondoon Park 博士一行参观访问社会学所并举行座谈会。所长李骏、杨雄、魏莉莉、刘程、裘晓兰和院国际合作处副处长刘阿明等参与接待。

CHAPTER
04

社会学所
重要成果

上海市哲学社会科学优秀成果奖

获奖时间	获奖者	成果名称	奖项类别
第一届 (1979—1985)	张开敏	控制人口与发展经济	优秀论文奖
	陈 烽	社会学的研究对象及其学科地位再认识	论文奖
第二届 (1986—1993)	陈 烽	社会形态的两重划分与我国当前社会变革的实质	论文一等奖
	丁水木等	现行户籍管理制度与经济体制改革	论文二等奖
	姚佩宽等	青春期教育调查报告书	论文三等奖
	卢汉龙等	社会指标与生活质量结构的模型探讨	论文三等奖
第三届 (1994—1995)	陶 冶	社会转型期的人民内部矛盾辨析	论文二等奖
	徐安琪	中国离婚的现状、特点和趋势	论文三等奖
	丁水木等	转型时期的上海市民社会心态调查和对策	论文三等奖
	苏颂兴	职业技术教育，推动当代青年职业意向的分化与综合	论文三等奖
第四届 (1996—1997)	苏颂兴	上海独生子女的社会适应问题	论文二等奖
	段 镇	少先队的自动化	著作三等奖
	徐中振 卢汉龙等	社区发展与现代文明－上海城市社区发展研究报告	著作三等奖
	卢汉龙	劳动力市场的形成和就业渠道的转变——从求职过程看中国市场化变化的特征	论文三等奖

续 表

获奖时间	获奖者	成果名称	奖项类别
第五届 (1998—1999)	徐安琪等	中国婚姻质量研究	著作三等奖
第六届 (2000—2001)	苏 萍	谣言与近代教案	著作二等奖
	徐安琪等	父母离婚对子女的影响及其制约因素	论文二等奖
	陈 烽	市场经济现代文明与当代社会主义及其初级阶段	论文三等奖
	夏国美	围不住的春色——当代性伦理新论(跨世纪伦理新视野丛书,陈超南等)	著作三等奖
第七届 (2002—2003)	徐安琪等	单亲主体的福利:中国的解释模型	论文一等奖
	卢汉龙	社区服务的组织建设	论文三等奖
	杨 雄	上海应重视八小时之外的城市社会治理	内部探讨优秀成果奖
第八届 (2004—2005)	卢汉龙等	上海通志·社会生活卷(上海通志,黄美真等)	著作一等奖
	夏国美	中国艾滋病社会预防模式的变革	论文二等奖
	李 煜等	婚姻市场中的青年择偶	著作三等奖
	包蕾萍	生命历程的时间观探析	论文三等奖
	卢汉龙等	促进社会和谐发展与稳定的分析与思考	内部探讨优秀成果奖
第九届 (2006—2007)	李 煜	制度变迁与教育不平等的产生机制:中国城市子女的教育获得	论文一等奖
	卢汉龙等	中国城市居委会工作的比较研究:上海与沈阳	论文三等奖
	夏国美	上海新型毒品的蔓延态势和对策建议	内部探讨优秀成果奖

续 表

获奖时间	获奖者	成果名称	奖项类别
第十届 (2008— 2009)	程福财	流浪儿——基于对上海火车站地区流浪儿童的民族志调查	著作一等奖
	卢汉龙等	转变中的上海市民	著作二等奖
	周建明	美国国家安全战略的基本逻辑——遏制战略解析	著作三等奖
	包蕾萍	中国计划生育政策50年评估及未来方向	论文三等奖
第十一届 (2010— 2011)	臧得顺	"谋地型乡村精英"的生成：巨变中的农地产权制度研究	著作二等奖
	李 煜	婚姻匹配的变迁：社会开放性的视角	论文二等奖
	夏国美	结构性行为干预的社会学探索——一项针对服务业女性风险性行为的研究	论文三等奖
	周建明	公安警力严重不足，城市管理形势严峻	内部探讨优秀成果奖
	陶希东	推进中国都市化发展的战略选择	网络理论宣传优秀成果奖
第十二届 (2012— 2013)	包蕾萍	独生子女神话：习俗、制度和集体心理	著作二等奖
	魏莉莉	90后"与未来国家竞争力	著作二等奖
	周建明	"封建论"是对概念的误植，还是马克思主义中国化的产物——兼评冯天瑜先生的《"封建"考论》	论文二等奖
	徐安琪	离婚风险的影响机制——一个综合解释模型探讨	论文二等奖

续表

获奖时间	获奖者	成果名称	奖项类别
第十四届 (2016— 2017)	雷开春	青年网络集体行动的社会心理机制研究	学科学术奖 著作二等奖
	刘汶蓉	转型期的家庭代际情感与团结——基于上海两类"啃老"家庭的比较	学科学术奖 论文二等奖

上海市邓小平理论研究和宣传优秀成果奖

获奖时间	获奖者	成果名称	奖项类别
第二届 (1995— 1997)	陆晓文	论市场经济行为规范的道德两重性与社会主义精神文明建设	论文三等奖
第三届 (1999— 1999)	卢汉龙	发展社区与发展民主：我国基层社会的组织重建	论文二等奖
第四届 (2000— 2001)	卢汉龙	经济多元化发展中的社会文化建设	论文二等奖
第五届 (2002— 2003)	杨 雄	法治进程与上海市民（法制建设与社会治理丛书，刘云耕等）	著作一等奖
	卢汉龙 杨 雄	社会阶层构成新变化（江泽民"三个代表"重要思想研究丛书，尹继佐等）	著作二等奖
	丁水木等	邓小平社会理论研究	著作三等奖
第七届 (2006— 2007)	杨 雄 陶希东	我国特大城市社会稳定面临的挑战及对策思路	论文二等奖
	卢汉龙	构建和谐社会：探索中国特色社会主义发展模式	论文三等奖
	徐安琪等	家庭：和谐社会建设中的功能变迁和政策支持	论文三等奖

续 表

获奖时间	获奖者	成果名称	奖项类别
第十一届 (2014—2015)	杨 雄	巨变中的中国青年	著作二等奖
第十四届 (2016—2017)	杨 雄	努力走出一条符合特大城市特点和规律的社会治理新路子	中国特色社会主义理论奖论文类一等奖
	张虎祥等	中国社会治理的转型及其三大逻辑	中国特色社会主义理论奖论文类二等奖

上海市决策咨询研究成果奖

获奖时间	获奖者	成果名称	奖项类别
第二届 (1998)	杨 雄	上海社区功能和社区发展评价指标体系研究	政策建议奖
第四届 (2002)	卢汉龙	"十五"期间上海社会发展研究：发展的阶段判断与思路、战略、对策研究	二等奖
	陈建强	21世纪初上海家庭教育发展预测研究	三等奖
第六届 (2009)	卢汉龙等	转型期上海慈善事业发展研究	二等奖
第七届 (2011)	杨 雄	全国未成年人思想道德建设测评体系研究	二等奖
第八届 (2013)	杨 雄	《全国家庭教育指导大纲》编制研究	二等奖

续表

获奖时间	获奖者	成果名称	奖项类别
第十届 （2015）	李煜等	上海市民社会态度报告	一等奖
	包蕾萍	单独两孩政策对上海的影响及对策	三等奖

国家哲学社会科学基金项目

课题名称	负责人	立项时间	备注
我国城市家庭现状及发展趋势：五城市家庭研究	薛素珍	1982	"六五"规划重点项目
当代中国青年职工状况	李景先 金志堃	1983	"六五"规划重点项目
现行户籍制度与经济体制改革的相互关系	丁水木	1987	"七五"规划重点项目
中国九大城市老龄问题及对策研究	潘穆	1987	"七五"规划重点项目
上海与香港比较研究：上海福利与上海保障	姚锡棠 卢汉龙	1987	"七五"规划重点项目
中国农村婚姻家庭研究	徐安琪	1987	"七五"规划重点项目
社会主义的社会稳定与机制研究	丁水木	1992	一般项目
苏俄意识形态和社会学兴衰	潘大渭	1996	"九五"规划重点项目
现代社会发展中的城市社区精神文明的作用与机制研究	孙慧民	1997	一般项目
企业组织文化比较研究	卢汉龙	2000	一般项目
趋向小康生活的城乡居民的生活方式类型研究	陶冶	2003	一般项目

续 表

课 题 名 称	负责人	立项时间	备 注
社会结构的变化与阶层的主观认同	陆晓文	2005	一般项目
日常生活中非主流文化对国民素质影响的研究	孙抱弘	2006	一般项目
留守经历对农村儿童影响机制的研究	佘 凌	2006	青年项目
城乡比较视野下的家庭价值观变迁研究	徐安琪	2007	一般项目
当代中国的代际流动研究	李 煜	2008	青年项目
流浪儿童的社会融合问题研究	程福财	2008	一般项目
全球城市区域跨界治理模式与中国经验分析	陶希东	2009	青年项目
大都市就业结构性短缺问题及其对策研究	臧得顺	2011	青年项目
当代家庭代际文化观念变迁研究	刘汶蓉	2011	青年项目
90后人才培养与我国未来国家竞争潜力研究	魏莉莉	2011	青年项目
新生代农民工群体研究：基于流动人口服务和管理的视角	卢汉龙	2012	重大项目
信访难案的解释与治理研究	孙克勤	2012	一般项目
促进兵团民族关系和谐与维护新疆长治久安研究	朱志燕	2012	青年项目
西方"新社会运动"对我国青年政治参与实证研究	杨 雄	2013	一般项目
基于家庭的青少年流动人口心理健康发展及干预对策研究	徐浙宁	2013	一般项目

续表

课　题　名　称	负责人	立项时间	备　注
青年参与网络集体行动的社会心理机制研究	雷开春	2013	青年项目
人口"家庭化"流动的效应、困境及对策研究	薛亚利	2013	青年项目
资本建构、资本转换与新生代农民工的社会融合研究	刘　程	2013	青年项目
互联网时代社会情绪变化的新模式及新机制研究	张结海	2014	一般项目
社会组织持续创新能力研究	郑乐平	2014	一般项目
"法律孤儿"的社会救助问题研究	何　芳	2014	青年项目
中国梦背景下"90后"人生追求的现状、成因及培养策略研究	魏莉莉	2014	青年项目
农民工非正规就业问题的形成机制与分类治理研究	张友庭	2014	青年项目
特大城市的基层社区分化与分类治理研究	李　骏	2015	青年项目
困境儿童国家保护制度研究	程福财	2015	一般项目
城市化过程中农民工恋爱、婚姻问题研究	王　会	2015	青年项目
全球超大城市社会治理模式与中国经验分析研究	陶希东	2016	一般项目
我国信访制度的风险评估与分类治理研究	刘正强	2016	一般项目
新生代流动人口未婚同居的成因、趋势及社会效应研究	张　亮	2016	一般项目

续 表

课题名称	负责人	立项时间	备注
新时期产业工人技能形成的经济社会学研究	朱妍	2018	一般项目
加强预防和化解社会矛盾机制建设研究	杨雄	2018	重大研究专项
全国未成年人思想道德状况调查研究	杨雄	2018	特别委托
网络舆情中的社会态度转变模型研究	雷开春	2018	一般项目
"高选择—低选择"高考制度下新时代高等教育的机会平等研究	华桦	2018	一般项目
精准扶贫战略下慈善信托的资源整合机制研究	苑莉莉	2018	青年项目
乡村振兴战略中的地权改革与社会转型研究	臧得顺	2019	一般项目
转型时期普遍性社会焦虑的形成、分化与治理研究	刘程	2019	一般项目
大城市青年人的婚恋趋势、困境与社会过程研究	刘汶蓉	2019	一般项目
文化软实力视域下华裔新生代中华文化认同研究	裘晓兰	2019	一般项目

上海市哲学社会科学基金项目

课题名称	负责人	立项时间	备注
城市社会问题研究：国外城市问题研究	潘大渭	1984	"六五"规划重点项目
城市居民生活质量与时间分配	卢汉龙	1987	"七五"规划重点项目

续　表

课　题　名　称	负责人	立项时间	备　注
上海老年人口	卢汉龙	1987	"七五"规划重点项目
"七五"期间上海社会保障问题研究	陈如凤	1987	"七五"规划重点项目
青年创造教育研究	苏颂兴俞啸云等	1987	"七五"规划重点项目
上海青少年司法制度研究	金志堃	2000	"八五"规划重点项目
马克思的社会发展三形态理论与当代中国的社会转型	陈烽	1996	"九五"规划重点项目
建立社会保障体系	吴书松	1996	"九五"规划重点项目
邓小平建设有中国特色社会主义理论与上海改革开放	卢汉龙	1997	"九五"规划重点项目
社区保障与社会稳定研究	吴书松	2000	"九五"规划重点项目
社会主义市场经济公平与效率研究	卢汉龙	2000	"九五"规划重点项目
社区文化建设与群众参与研究	徐中振孙慧民	2000	"九五"规划重点项目
进入青年期的独生子女社会适应问题研究	苏颂兴	2000	"九五"规划重点项目
上海社会老龄化高峰期前的经济储备和社会储备研究	孙克勤	2001	一般项目
上海社会报告书(主题"社会预警与社会稳定研究")	杨雄	2001	一般项目

续 表

课题名称	负责人	立项时间	备注
上海社会报告书（主题"社会组织与社会管理研究"）	杨 雄	2002	一般项目
社会学视野下的禁毒研究	夏国美	2002	一般项目
单亲家庭的福利及其社会政策	徐安琪	2002	一般项目
非赢利部门与政府关系之研究	郑乐平	2002	一般项目
上海移民社会文化冲突与融合研究	张结海	2002	一般项目
文化、经济与社会：多维度下的中国秘密社会	苏 萍	2002	一般项目
社会结构及阶层的变化与消费的象征意义	陆晓文	2003	一般项目
社会变迁与上海流失生问题治理	董小苹	2003	一般项目
特大城市管理模式研究	杨 雄	2004	重点项目
现代社会公共伦理生活发展与青少年思想道德建设重心的研究（2004—2006）	孙抱弘	2004	一般项目
社会心理学的新发展：建构主义社会心理学的理论和实践	李 维	2005	一般项目
家庭压力和因用：女性资源、认知和社会支持	徐安琪	2005	一般项目
深化公共服务和社会管理体制改革研究	卢汉龙 孙克勤	2006	重大子课题
中俄社会结构与社会认同研究	潘大渭	2007	一般项目
都市社会的代际流动：模式和变迁	李 煜	2007	一般项目
进一步完善上海社会保障体系研究（新形势下加强管理，推进社会研究系列）	孙克勤	2007	系列课题

续 表

课 题 名 称	负责人	立项时间	备 注
上海志愿者队伍建设研究（积极推进以改善民生为重点的上海社会建设研究系列）	孙克勤	2008	系列课题
住房私有化对城市基层社区民主的影响研究	李 骏	2009	青年项目
新时期加强国民素质教育的理论和实践研究（上海加强社会主义精神文明建设研究系列）	孙抱弘	2009	系列课题
新时期加强未成年人思想道德教育研究（上海加强社会主义精神文明建设研究系列）	杨 雄	2009	系列课题
新形势下完善上海城市社区治理结构研究（"上海城市发展与管理研究"系列）	陆晓文	2010	系列课题
新形势下深化上海城市社会管理体制改革研究（"上海城市发展与管理研究"系列）	陶希东	2010	系列课题
资本建构与新生代农民工的社会融合	刘 程	2011	青年项目
"解缠"：上海疑难信访治理研究	刘正强	2012	一般项目
新形势下学雷锋活动的时代特色和实践形式研究（深入学习弘扬实践雷锋精神研究系列）	杨 雄	2012	系列课题
社会建设及社会管理创新研究（2012XAL001）	陶希东	2012	系列课题
社会建设及社会管理创新研究（2012XAL054）	郑乐平	2012	系列课题
培育社会主义核心价值观研究	王 芳	2012	系列课题

续 表

课 题 名 称	负责人	立项时间	备 注
新"土客"关系中的权利冲突和化解途径研究	康 岚	2013	青年项目
残疾儿童遗弃问题现状、影响因素及对策研究	谢佳闻	2013	青年项目
家庭代际支持与养老服务政策：美国个案及其启示	刘汶蓉	2013	中青班专项课题
上海探索构建中国特色社会管理体系研究（加快上海社会建设和社会管理体制创新研究系列）	卢汉龙	2014	系列课题
上海未成年人思想道德建设回顾和展望研究（社会主义核心价值观融入国民教育体系研究系列）	陶希东	2014	系列课题
"农民工二代"政治价值观与社会稳定	曾燕波	2015	一般项目
高考新政下高等教育的个体选择与机会不平等	华 桦	2015	一般项目
"社区基金会"与基层社会治理创新研究	李宗克	2015	一般项目
上海基层协商民主实证研究（创新社会治理，保障和改善民生研究系列）	张友庭	2015	系列课题
营造有利于创新创业上海城市社会环境研究（创新社会治理、服务和保障民生研究系列）	杨 雄	2016	系列课题
上海儿童友好型城市评估体系研究	裘晓兰	2016	一般项目
上海海归青年政治意识形态调查	王芳	2016	一般项目
流动人口永久迁移意愿的分化机制及政策支持体系研究	刘 程	2017	青年项目

续 表

课 题 名 称	负责人	立项时间	备 注
改革开放40年与上海居民消费生活变迁	陆晓文	2017	系列课题
改革开放40年与中国青年发展	杨 雄	2017	系列课题
超大城市空间视角下的健康不平等研究——以上海为例	梁海祥	2018	青年项目
新时代加强和创新社会治理研究(B)	陶希东	2018	系列课题
职业文化视角下的金融风险形成机制研究	刘 炜	2019	青年项目
世界超大城市社会治理的国际比较研究	张虎祥	2019	一般项目
新疆人口战略研究	朱志燕	2019	智库专项后期资助课题

上海市人民政府决策咨询研究项目

课 题 名 称	负责人	立项时间	备 注
转型期上海慈善事业发展研究	卢汉龙等	2005	
上海社会发展主要抓手及财力投放研究	卢汉龙	2007	
上海政府公共服务满意度调查	杨 雄	2009	
上海市民文化需求调查	杨 雄	2010	
城乡接合部镇村两级土地开发行为及经济社会后果研究	周建明	2012	
上海市民社会道德感调查	杨 雄	2012	
上海白领生存与发展状况调查	杨 雄	2012	

续 表

课题名称	负责人	立项时间	备注
上海社区资源利用状况调查	杨 雄	2012	
上海公共交通体系满意度调查	杨 雄	2012	
上海市民社会心态调查	杨 雄	2012	
上海小康社会建设状况调查	杨 雄	2012	
关于推进上海社区治理能力现代化的突破口和举措研究	郑乐平	2014	
优化配置本市社区儿童活动场所研究	裘晓兰	2018	

图书在版编目(CIP)数据

初心不惑：社会学所40年 / 上海社会科学院社会学研究所课题组编.—上海：上海社会科学院出版社，2020
 ISBN 978-7-5520-3148-5

Ⅰ.①初… Ⅱ.①上… Ⅲ.①社会科学院—历史—上海 Ⅳ.①G322.235.1

中国版本图书馆CIP数据核字(2020)第074229号

初心不惑：社会学所40年

编　　者：上海社会科学院社会学研究所课题组
责任编辑：董汉玲
封面设计：周清华
出版发行：上海社会科学院出版社
　　　　　上海顺昌路622号　邮编200025
　　　　　电话总机021-63315947　销售热线021-53063735
　　　　　http://www.sassp.cn　E-mail:sassp@sassp.cn
排　　版：南京展望文化发展有限公司
印　　刷：上海盛通时代印刷有限公司
开　　本：890毫米×1240毫米　1/32
印　　张：15.875
插　　页：4
字　　数：374千字
版　　次：2020年6月第1版　2020年6月第1次印刷

ISBN 978-7-5520-3148-5/C·196　　　　　定价：158.00元

版权所有　翻印必究